Analysis 1

Ein Lehr- und Arbeitsbuch

von
Karl-August Keil
Johannes Kratz
Hans Müller
Karl Wörle

Bayerischer Schulbuch-Verlag · München

bsv mathematik

Bearbeitet von

Professor Dr. Friedrich L. Bauer
Oberstudienrat Walter Czech
Studiendirektor Dr. Helmut Dittmann
Lehrer Werner Fahmüller
Professor Dr. Manfred Feilmeier
Studiendirektor Rainer Feuerlein
Oberstudienrat Jürgen Feuerpfeil
Studiendirektor Klaus Flensberg
Oberstudiendirektor Dr. Franz Heigl
Studiendirektor Hans Honsberg
Oberstudiendirektor Franz Jehle
Studiendirektor Dr. Karl-August Keil
Oberstudiendirektor Johannes Kratz
Studiendirektor Paul Mühlbauer
Studiendirektor Hans Müller
Studiendirektor Dieter Roth
Oberstudienrat Hans Schmitt
Oberstudienrat Horst Sedlmaier
Privatdozent Dr. Klaus Spremann
Professor Dr. Peter Stingl
Studiendirektor Dr. Helmut Titze
Studiendirektor Helmut Volpert
Professor Dr. Hansjörg Wacker
Oberstudienrat Harald Walter
Studiendirektor Karl Weinhart
Studiendirektor Karl Wörle
Studiendirektor Peter Wohlfarth
Diplom-Physikerin Ilse Zeising
Oberstudiendirektor Dr. Herbert Zeitler
und anderen

1978
3. durchgesehene Auflage

München 19, Hubertusstraße 4

Einband: Philipp Luidl, München
Satz: Fotosatz Tutte, Salzweg-Passau
Druck: Sellier GmbH, Freising
ISBN 3-7627-3211-6

345 · 7 98

Inhalt

Vorwort

Die „Analysis", eine Neubearbeitung der bisherigen „Infinitesimalrechnung", ist für den Mathematikunterricht in der neugestalteten gymnasialen Oberstufe (Kollegstufe) bestimmt. Das Werk gliedert sich in zwei Teile. Der erste, hier vorliegende Band befaßt sich mit der Einführung in die Differentialrechnung und mit ersten grundlegenden Anwendungen. Im zweiten Teil, der mit der Integralrechnung beginnt, werden die Kenntnisse aus der Analysis vertieft und zu dem für die Schule üblichen Abschluß geführt.

Das Stoffgebiet der Analysis nimmt auch heute noch im Rahmen der Schulmathematik einen besonders wichtigen Platz ein, der ihm auch durch das Eindringen neuer Gebiete, wie Wahrscheinlichkeitsrechnung, Statistik und Informatik, in den Themenkreis der Schule nicht streitig gemacht werden kann. Immer noch bilden die Verfahren und Methoden der Infinitesimalrechnung das unverzichtbare Rüstzeug für naturwissenschaftliche, technische und wirtschaftswissenschaftliche Berufe.

Das vorliegende Buch ist zwar um einen präzisen Aufbau und um eine klare Begriffsbildung bemüht, es sieht aber nicht das Hauptziel der Analysis im lückenlosen Beweisen von Sätzen und in einer möglichst kompromißlosen Darstellung der abstrakten Theorie. Unter Beschränkung auf die wesentlichen Grundbegriffe und Grundaussagen der Analysis wird versucht, den Anwendungen bei der Untersuchung von Funktionen im mathematischen und außermathematischen Bereich genügend Raum zu geben. Von grundlegender Bedeutung ist der Satz vom Supremum (Vollständigkeitseigenschaft der reellen Zahlen), der sich als das tragende Beweisprinzip der ganzen Analysis erweist. Grenzwertbetrachtungen bauen auf dem Umgebungsbegriff auf. Sie reduzieren sich im wesentlichen auf Stetigkeitsuntersuchungen. Die Behandlung des Grenzwerts von Funktionen im Unendlichen und von Folgen dient lediglich als Motivation für infinitesimale Gedankengänge. In Anbetracht der Bedeutung des Stetigkeitsbegriffs für die Differentialrechnung konnten sich die Verfasser nicht entschließen, eine abgeschwächte „Stetigkeit", wie sie in der gegenwärtigen didaktischen Diskussion häufig propagiert wird, zugrunde zu legen, zumal sie der Meinung sind, daß dadurch die theoretischen Überlegungen im ganzen nicht einfacher werden.

Obgleich sich das Buch, wie schon oben erwähnt, auf das Wesentliche beschränkt, ist nicht daran gedacht, daß alle im Lehrtext durchgeführten Begründungen im Unterricht behandelt werden sollen. In manchen Fällen wird eine Skizzierung des Beweisgedankens genügen. Die Darstellung ist aber so gehalten, daß der Lernende die Möglichkeit hat, im Selbststudium auch solche Überlegungen nachzuvollziehen, die im Unterricht nicht oder nicht ausführlich erörtert wurden. Schließlich beruht allgemeine Studierfähigkeit, ein Grundanliegen der Kollegstufe, zu einem wesentlichen Teil auf dem Vermögen, selbständig mit einem Buch arbeiten zu können.

Die Einteilung der Aufgaben in grundlegende Übungen (schwarze Numerierung), in Wiederholungs- und Ergänzungsaufgaben (blaue Numerierung) und in Aufgaben mit höheren Anforderungen (rote Numerierung) soll eine sinnvolle Auswahl erleichtern. Manchen Abschnitten sind Ergänzungen und Ausblicke angefügt, in denen vor allem Anwendungsprobleme aus Physik und Technik behandelt werden. Da derartige Betrachtungen in besonderer Weise die Bedeutung und Tragfähigkeit der Analysis vor Augen führen, sollten sie im Unterricht nach Möglichkeit nicht übergangen werden. Sie stellen für den Schüler wichtige Motivationen dar, die ebenso wie die zahlreichen Beispiele im Lehrtext dazu beitragen können, die Analysis interessant und verständlich zu machen.

Die Autoren danken für alle Anregungen und Verbesserungsvorschläge von seiten der Gutachter. Ein besonderer Dank gilt Herrn Universitätsprofessor Dr. Friedrich Kasch für viele wertvolle Ratschläge bei der Abfassung des Manuskripts. Die Verfasser werden aber auch weiterhin für kritische Hinweise und Anregungen dankbar sein.

Im Juni 1975 Karl-August Keil · Johannes Kratz · Hans Müller · Karl Wörle

Kennzeichnung der Aufgaben

● Diese Aufgaben bilden das Grundgerüst. Ihre Behandlung ist für das Verständnis und die Festigung des Lehrgutes notwendig.

● Aufgaben zur Vertiefung und Weiterführung. Aus ihnen sollte in Anpassung an die zur Verfügung stehende Zeit eine angemessene Auswahl getroffen werden.

● Diese Aufgaben bieten zusätzlichen Stoff oder stellen höhere Anforderungen. Sie können ohne Schaden für den Gesamtlehrgang übergangen werden.

Einsatzpunkte für bsv Lehrprogramme

Parallelprogramme

Zu Abschnitt:	2.3./2.4.	Freyberger	**Geometrische Folgen und Reihen**
	2.5.	Roth/Stingl	**Vollständige Induktion**
	3.1.	Walther	**Grenzwerte**
	6.4.	Wiedling	**Wirtschaftsmathematik**

Programme zur Wiederholung und Ergänzung

Röttel	**Der Logarithmus** – Einführung
Röttel	**Der Logarithmus** – Anwendungen
Keil/Keil	**Wiederholung der Algebra I** (Termumformungen, Lineare Gleichungen und Gleichungssysteme)
Keil/Keil	**Wiederholung der Algebra II** (Quadratwurzeln, Quadratische Gleichungen und Potenzgesetze)
Hofmann	**Der Absolutbetrag in Gleichungen und Ungleichungen**
Steidle	**Wurzelgleichungen**

1. EINFÜHRUNG IN DIE ANALYSIS

1.1. Problemkreise der angewandten Analysis

Um uns einen ersten Einblick in die Thematik der Analysis[1] zu verschaffen, wollen wir zunächst einige typische Probleme und Fragestel ungen betrachten, die mit dem mathematischen Rüstzeug der Analysis bewältigt werden können.

1.1.1. Optimierungsprobleme

Beispiel: Welches unter allen umfangsgleichen Rechtecken hat den größtmöglichen (optimalen) Flächeninhalt?

Wir wissen bereits aus der Geometrie[2], daß das umfangsgleiche Quadrat diesen optimalen Inhalt hat. Die Begründung dafür liefert der Höhensatz.
Wir können die Aufgabe aber auch unabhängig von der Kenntnis der pythagoreischen Lehrsätze algebraisch lösen. Wir bezeichnen dazu die Maßzahlen der Seitenlängen eines beliebig gezeichneten Rechtecks (Fig. 1.1) mit x bzw. y und die Maßzahl seines Umfangs mit u. Ist A die Maßzahl des Flächeninhalts, so gilt:

$$x+y=\frac{u}{2} \quad \text{sowie} \quad A=xy$$

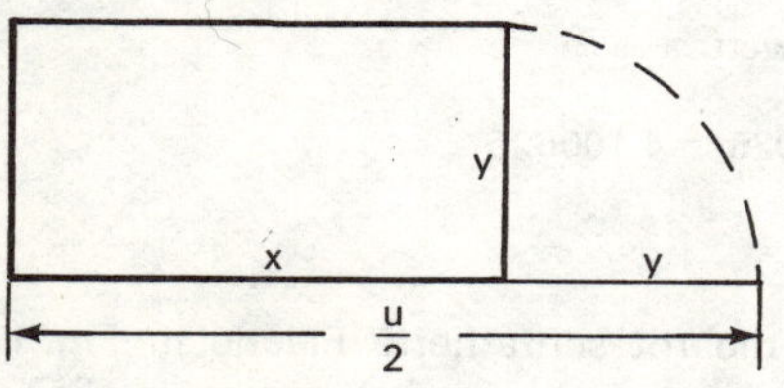

Fig. 1.1

Daraus folgt durch Umformung:

$$A=x\left(\frac{u}{2}-x\right)$$

Dies ist die Gleichung der Funktion $f: x \mapsto x\frac{u}{2}-x^2$, die im Sinne der Aufgabe für $0 \leqq x \leqq \frac{u}{2}$ definiert ist.

Für die Beantwortung unserer Frage muß nun diejenige reelle Zahl gesucht werden, die, für x eingesetzt, den größten Funktionswert ergibt. Wir haben damit die rein geometrische Problemstellung in eine solche über das Verhalten von Funktionen übergeführt.
Die vorliegende Aufgabe stellt einen Sonderfall einer ganzen Klasse von Problemen dar, in denen es um maximale oder minimale Funktionswerte bzw. noch allgemeiner um Eigenschaften von Funktionen geht. Die zur Lösung erforderlichen mathematischen Hilfsmittel stellt die Analysis bereit. Im vorliegenden Fall kann allerdings das Problem auch schon mit den Algebrakenntnissen aus der Mittelstufe bewältigt werden.

1.1.2. Approximierungsprobleme

Beispiel: Man bestimme ohne Probieren und ohne Quadratwurzeltabelle einen brauchbaren Näherungswert von $\sqrt{4{,}1}$.

Da der Radikand „nahe bei" der Zahl 4 liegt, deren Quadratwurzel genau 2 ergibt, könnte man daran denken, den Graphen der Funktion $f: x \mapsto \sqrt{x}$ in der „Umgebung" von P (4; 2) durch eine Gerade zu ersetzen, die hier vom Verlauf des Funktionsgraphen *besonders wenig* abweicht. Bei genügender Vergrößerung ließe sich dann $\sqrt{4{,}1}$ mit Hilfe eines Lineals auf Millimeterpapier ablesen. Man sagt dann: Der Funktionsgraph wird durch eine Gerade approximiert. Vergleiche Fig. 1.2!

---

[1] Das griechische Zeitwort ἀναλύειν (analyein) heißt soviel wie auflösen, zerlegen. Die Betonung im Wort „Analysis" liegt übrigens auf dem zweiten Buchstaben a.
[2] Vgl. J. Kratz u. K. Wörle: Geometrie 2, § 8, Aufgabe 10.

Es fragt sich jedoch, wie man aus dem gesamten Geradenbüschel durch den Punkt P diejenige Gerade – wir wollen sie mit t bezeichnen – herausfindet, die das Gewünschte leistet.

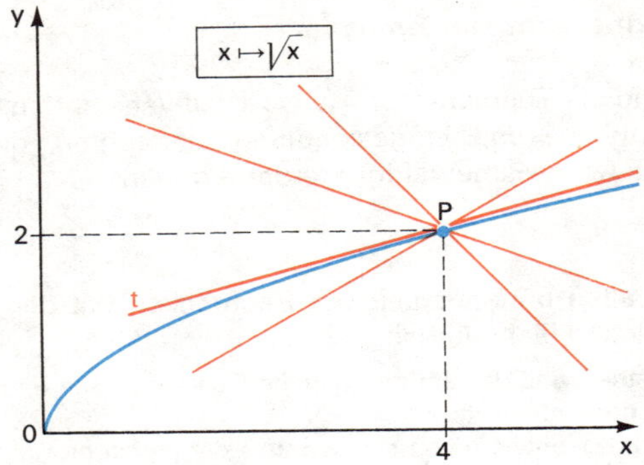

Fig. 1.2

Kennt man die Gleichung der Geraden t, so läßt sich der Näherungswert für $\sqrt{4{,}1}$ noch genauer als durch Zeichnung *rechnerisch* bestimmen.
Die Lösung einer solchen Problemstellung, bei der es um die sogenannte lineare Approximation einer Funktion f geht, setzt die Hilfsmittel der Analysis voraus. Ihre Bedeutung liegt vor allem in den Anwendungen der Mathematik.
Im vorliegenden Fall können wir das Ergebnis nur mitteilen und verweisen im übrigen auf 6.3.2.

Es gilt für $f: x \mapsto \sqrt{x}$ in der Umgebung von (4; 2) als eine lineare Approximation:

$$t: x \mapsto \sqrt{4} + \frac{1}{2\sqrt{4}}(x-4)$$

Wir erhalten dann für $\sqrt{4{,}1}$ als Näherungswert:

$$\sqrt{4{,}1} \approx 2{,}025 \qquad \text{mit} \qquad 2{,}025^2 = 4{,}100625$$

1.1.3. Maßprobleme

1. Beispiel: Welchen Inhalt A hat die rot schraffierte Fläche in Fig. 1.3, die der Graph der Funktion $f: x \mapsto x^2$ mit der x-Achse einschließt?

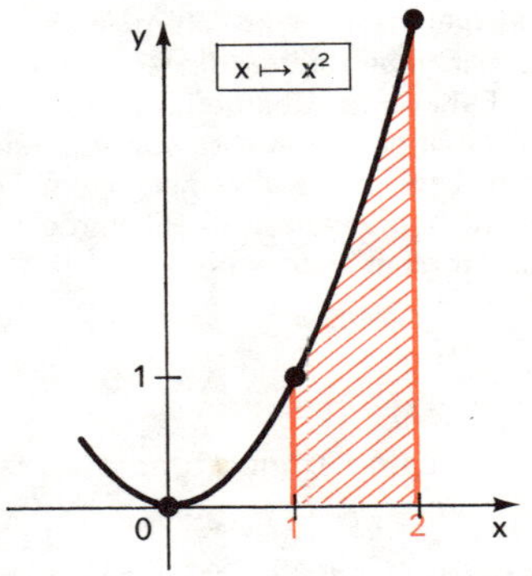

Fig. 1.3

Auch hier handelt es sich um ein fundamentales Problem der Analysis, das wir allerdings erst verhältnismäßig spät werden lösen können. Dabei wird uns, wie schon im Geometrieunterricht der Mittelstufe, die Frage beschäftigen, wie ein solcher Flächeninhalt überhaupt zu definieren ist. Das Ergebnis ist übrigens verblüffend, wenn man es mit der Inhaltsmessung beim Kreis vergleicht. Wir erhalten nämlich einen rationalen Inhalt:

$A = \frac{7}{3}$ Flächeneinheiten.

2. Beispiel: Welche Arbeit W ist nötig, um eine entspannte Feder mit der Federkonstanten 8 N/cm um 10 cm zu dehnen?

Diese Aufgabe ist eine physikalische Abwandlung eines geometrischen Inhaltsproblems, da Arbeit und Energie durch Flächeninhalte veranschaulicht werden können. Unter Anwendung des Hookeschen Gesetzes kann der Leser vielleicht von sich aus auf die Antwort kommen. Sie lautet:

$$W = 4\ \text{Nm}$$

Die kleine Auswahl an verhältnismäßig einfachen Beispielen zeigt bereits die Vielgestaltigkeit der Fragestellungen und Anwendungsmöglichkeiten der Analysis. Um das Rüstzeug dafür zu erwerben, werden wir allerdings manche neuartigen Überlegungen anstellen müssen. Im Mittelpunkt steht dabei die Betrachtung von Funktionen. Da die Funktionen – in dem hier verwendeten Sinne – bestimmte Mengen reeller Zahlenpaare darstellen, baut sich alles auf den Eigenschaften der reellen Zahlen auf, von denen gleich im nächsten Kapitel die Rede sein wird.

1.2. Die reellen Zahlen

Unter den Objekten, mit denen sich die Mathematik befaßt, kommt den Zahlen besondere Bedeutung zu. Die Zahlen bilden die Grundlage der Arithmetik und Algebra; sie dienen aber auch in der Geometrie z. B. zur Festlegung von Punkten im Koordinatensystem oder zur Messung von Inhalten geeigneter Punktmengen. Insbesondere können die natürlichen Zahlen einschließlich der Null als Klassen gleichmächtiger endlicher Mengen gedeutet werden.
Ausgehend von der Menge $\mathbb{N}$ der natürlichen Zahlen wurden im vorausgegangenen Mathematikunterricht nacheinander die Brüche, die negativen und die irrationalen Zahlen eingeführt und mit ihnen gerechnet. Die genannten Zahlen sind uns durch den ständigen Umgang mit ihnen bereits so weit vertraut, daß wir zu wissen glauben, was gemeint ist, wenn von der Menge $\mathbb{R}$ der reellen Zahlen oder einer ihrer Teilmengen die Rede ist. Andererseits bilden jedoch die reellen Zahlen die entscheidende Grundlage für das in diesem Band behandelte Stoffgebiet „Analysis", so daß es zweckmäßig erscheint, ihre grundlegenden Eigenschaften nochmals zusammenfassend darzustellen.
Bei der Formulierung der folgenden Gesetze verwenden wir kleine lateinische Buchstaben als Platzhalter für Elemente aus $\mathbb{R}$ sowie Redewendungen der folgenden Art:

„*Für alle* a, b $\in \mathbb{R}$ *gilt*...", das heißt, die Aussageform mit den Variablen (Platzhaltern) a und b wird zu einer wahren Aussage, wenn für a und b *beliebige* reelle Zahlen eingesetzt werden. Man sagt dafür auch kurz: Die Aussageform in a und b ist über $\mathbb{R}$ allgemeingültig.
„*Es gibt ein* x $\in \mathbb{R}$ *mit*...", das heißt, es gibt wenigstens eine reelle Zahl, die, für x eingesetzt, eine wahre Aussage erzeugt.

In der Fachliteratur werden in derartigen Fällen meist kurze Symbole, sogenannte Quantoren, eingeführt. Man schreibt dann z. B. $\bigwedge a, b \in \mathbb{R}$ oder noch exakter $\bigwedge (a, b) \in R \times R$ bzw. $\bigvee x \in \mathbb{R}$. Der leichteren Lesbarkeit wegen wollen wir jedoch im allgemeinen auf eine solche formalisierte Schreibweise verzichten.

1.2.1. Die Körpereigenschaften der reellen Zahlen

In der Menge $\mathbb{R}$ sind zwei Verknüpfungen[1] definiert, die wir „Addition" bzw. „Multiplikation" nennen und mit „+" bzw. „·" bezeichnen. Dabei gelten folgende Gesetze:

[1] Der Begriff „Verknüpfung in einer Menge" beinhaltet die Eindeutigkeit des Verknüpfungsergebnisses sowie die Aussage, daß das Verknüpfungsergebnis wieder ein Element der Menge ist. Das heißt: Mit a und b sind auch a + b und a · b reelle Zahlen, die durch a und b eindeutig bestimmt sind. Den Malpunkt läßt man bei Buchstaben im allgemeinen weg.

	Addition	Multiplikation
K_1 Kommutativität der Verknüpfungen	Für alle $a, b \in \mathbb{R}$ gilt: $a + b = b + a$	$a \cdot b = b \cdot a$
K_2 Assoziativität der Verknüpfungen	Für alle $a, b, c \in \mathbb{R}$ gilt: $a + (b + c) = (a + b) + c$	$a \cdot (b \cdot c) = (a \cdot b) \cdot c$
K_3 Existenz und Eindeutigkeit des neutralen Elements der Verknüpfung	Es gibt genau eine reelle Zahl 0, so daß für alle $a \in \mathbb{R}$ gilt: $a + 0 = a$	Es gibt genau eine reelle Zahl $1 \neq 0$, so daß für alle $a \in \mathbb{R}$ gilt: $a \cdot 1 = a$
K_4 Existenz und Eindeutigkeit des inversen Elements der Verknüpfung	Zu jedem $a \in \mathbb{R}$ gibt es genau ein $x \in \mathbb{R}$ mit $a + x = 0$	Zu jedem $a \in \mathbb{R}$ mit $a \neq 0$ gibt es genau ein $x \in \mathbb{R}$ mit $a \cdot x = 1$
K_5 Distributivität der Multiplikation bezüglich der Addition	Für alle $a, b, c \in \mathbb{R}$ gilt: $a \cdot (b + c) = a \cdot b + a \cdot c$	

Bemerkungen und Folgerungen

(1) Man nennt den Katalog der Gesetze K_1 bis K_5 die Strukturgesetze des Körpers und sagt: Die Menge $\mathbb{R}$ mit den beiden Verknüpfungen Addition und Multiplikation – oder in Kurzschreibweise: $(\mathbb{R}, +, \cdot)$ – ist ein Körper.

(2) Man kann die Strukturgesetze des Körpers auf die der Gruppe zurückführen und damit die Körpereigenschaften der reellen Zahlen in folgender Weise beschreiben:
Die Menge der reellen Zahlen bildet bezüglich der Addition eine kommutative Gruppe mit dem neutralen Element 0.
Die Menge der reellen Zahlen unter Ausschluß der Zahl 0 *bildet bezüglich der Multiplikation eine kommutative Gruppe mit dem neutralen Element* 1.
In der Menge der reellen Zahlen ist die Multiplikation bezüglich der Addition distributiv.[1]

(3) Man beachte den Unterschied zwischen „jeder" und „alle". Warum darf es in K_4 nicht heißen: „Zu allen $a \in \mathbb{R}$ gibt es ..."?

(4) Aus den Körpereigenschaften der reellen Zahlen folgt unter anderem:

I. $a \cdot 0 = 0$ für alle $a \in \mathbb{R}$

Beweis:
Wegen K_5: $a(b + 0) = ab + a \cdot 0$
Wegen K_3: $a(b + 0) = ab$
Daraus folgt: $ab + a \cdot 0 = ab$ und damit wegen K_3: $a \cdot 0 = 0$.

[1] Davon zu unterscheiden ist die Distributivität der Addition bezüglich der Multiplikation, die durch die Gleichung $a + b \cdot c = (a + b)(a + c)$ auszudrücken wäre. Ein solches Gesetz trifft jedoch nicht zu, wie man bereits durch Einsetzen von $a = 1$, $b = 2$ und $c = 3$ feststellen kann. Es gilt jedoch innerhalb der Booleschen Algebra nach geeigneter Definition von „+" und „·".

II. Zu jedem $a, b \in \mathbb{R}$ gibt es genau ein $x \in \mathbb{R}$ mit $a + x = b$

Beweis:

Es sei $\bar{a}$ diejenige reelle Zahl, für die $a + \bar{a} = 0$ gilt. Man beachte dazu K_4. Für $\bar{a}$ schreibt man auch $(-a)$. Dann gilt: Aus $a + x = b$ folgt zunächst $\bar{a} + (a + x) = \bar{a} + b$.

$$\bar{a} + (a + x) = \bar{a} + b \underset{(K_2)}{\Rightarrow} (\bar{a} + a) + x = \bar{a} + b \underset{(K_1)}{\Rightarrow} (a + \bar{a}) + x = \bar{a} + b \underset{(K_4)}{\Rightarrow} 0 + x = \bar{a} + b \underset{(K_1)}{\Rightarrow}$$
$$\underset{(K_1)}{\Rightarrow} x + 0 = \bar{a} + b \underset{(K_3)}{\Rightarrow} x = \bar{a} + b$$

Es gibt also höchstens eine Lösung der Gleichung, nämlich $\bar{a} + b$.
Wegen $a + (\bar{a} + b) = (a + \bar{a}) + b = 0 + b = b$ ist $\bar{a} + b$ tatsächlich eine Lösung der Gleichung $a + x = b$.
Das heißt: Die Lösung der Gleichung $a + x = b$ ist eindeutig.

III. Zu jedem $a, b \in \mathbb{R}$ mit $a \neq 0$ gibt es genau ein $x \in \mathbb{R}$ mit $a \cdot x = b$

Führe den ganz entsprechend verlaufenden Beweis selbst durch!
Aus III. folgt die für viele Überlegungen wichtige Schlußfolgerung:

IV. $a \in \mathbb{R} \wedge a \neq 0 \wedge ax = 0 \Rightarrow x = 0$

Beweis:

Wegen III. ist die Gleichung eindeutig lösbar und wegen I. die Zahl 0 die Lösung.

1.2.2. Die Anordnungseigenschaften der reellen Zahlen

In der Menge $\mathbb{R}$ ist eine Relation mit dem Zeichen „$<$“ (gesprochen „kleiner als“) definiert, wobei folgende Gesetze gelten:

	Addition	Multiplikation
A_1 Vollständige Unterscheidbarkeit von drei Fällen	Für alle Paare $(a, b) \in \mathbb{R} \times \mathbb{R}$ gilt entweder $a < b$ oder $a = b$ oder $b < a$. Für $b < a$ schreibt man auch $a > b$.	
A_2 Transitivität	Für alle $a, b, c \in \mathbb{R}$ gilt: $a < b \wedge b < c \Rightarrow a < c$	
A_3 Monotonie	Für alle $a, b, c \in \mathbb{R}$ gilt: $a < b \Rightarrow a + c < b + c$	Für alle $a, b \in \mathbb{R}$ und alle $c > 0$ mit $c \in \mathbb{R}$ gilt: $a < b \Rightarrow ac < bc$

Für $a < b$ oder $a = b$ schreibt man abgekürzt $a \leqq b$. Wegen 1.2.1. können wir $(R, +, \cdot, \leqq)$ als *angeordneten Körper* bezeichnen.

Bemerkungen und Folgerungen

(1) Für die in den Körpergesetzen ausgezeichneten reellen Zahlen 0 und 1 gilt:

$$0 < 1$$

Denn nach K_3 ist $1 \neq 0$ und aus $1 < 0$ würde für jedes $a > 0$ nach A_3 folgen: $1 \cdot a < 0 \cdot a$, also $a < 0$ im Widerspruch zur Annahme.

(2) In Verbindung mit (1) ergibt sich weiter aus den Körper- und Anordnungseigenschaften (also ohne Rückgriff auf bisherige Kenntnisse):
Die Menge $\mathbb{R}$ hat unendlich viele Elemente.

Beweis:
Aus A_3: $0 < 1 \Rightarrow 0+1 < 1+1 \Rightarrow 1 < 1+1$
Aus A_1: Die Zahl „$1+1$" kann weder gleich 1 noch gleich 0 sein. Es gibt also neben 0 und 1 wenigstens noch eine weitere reelle Zahl „$1+1$", die wir mit 2 bezeichnen. In entsprechender Weise folgert man, daß $2+1=3$, $3+1=4$ usf. reelle Zahlen sind, die von den zuvor bezeichneten Zahlen und untereinander verschieden sind. Daraus folgt:

Es gibt beliebig viele natürliche Zahlen[1]. Für „beliebig viel" sagt man auch „unendlich viel". Da aber die Menge $\mathbb{N}$ der natürlichen Zahlen eine Teilmenge von $\mathbb{R}$ ist, hat auch $\mathbb{R}$ unendlich viele Elemente, w.z.b.w.

(3) Wegen der eindeutigen Lösbarkeit der Grundgleichungen $a+x=b$ bzw. $ax=b$, $(a \neq 0)$ können wir sogar zeigen, daß nicht jede reelle Zahl eine natürliche Zahl einschließlich der Null sein kann.

Beispiel: Die eindeutige Lösung der Gleichung $2x=3$ kann weder 1 noch 2 sein, denn $2 \cdot 1 = 2$ und $2 \cdot 2 = 4$. Aus III. folgt für $x < 1$ sofort $2x < 2$. Außerdem gilt $x > 2 \Rightarrow 2x > 4 > 3$. Es kommt also nur $x > 1$ und zugleich $x < 2$ in Betracht. Die Lösung der Gleichung ist demnach keine natürliche Zahl. Aus diesen Überlegungen läßt sich der Schluß ziehen:

Die Menge $\mathbb{Q}$ der rationalen Zahlen[2] ist eine Teilmenge von $\mathbb{R}$: $\mathbb{Q} \subset \mathbb{R}$.

In diesem Zusammenhang wollen wir uns wieder an den Begriff des Intervalls erinnern, der uns im weiteren Lehrgang häufig begegnen wird.

Definition:

Die Menge aller reellen Zahlen x, die die Doppelungleichung $a \leqq x \leqq b$ mit $a, b \in \mathbb{R}$ und $a < b$ erfüllen, heißt ein *abgeschlossenes Intervall.* Wir schreiben abgekürzt $[a; b] := \{x \mid a \leqq x \leqq b\}$.

In entsprechender Weise sind das *offene Intervall* $]a; b[:= \{x \mid a < x < b\}$ sowie das *halboffene Intervall* $[a; b[:= \{x \mid a \leqq x < b\}$ bzw. $]a; b] := \{x \mid a < x \leqq b\}$ definiert.

Aufgaben

1. Für die Elemente der Menge $\{\bar{0}; \bar{1}\}$ seien die Verknüpfungszeichen „+" und „·" durch die folgenden Verknüpfungstafeln definiert.

$$\bar{0}+\bar{0}=\bar{0} \qquad \bar{0}\cdot\bar{0}=\bar{0}$$
$$\bar{0}+\bar{1}=\bar{1} \qquad \bar{0}\cdot\bar{1}=\bar{0}$$
$$\bar{1}+\bar{0}=\bar{1} \qquad \bar{1}\cdot\bar{0}=\bar{0}$$
$$\bar{1}+\bar{1}=\bar{0} \qquad \bar{1}\cdot\bar{1}=\bar{1}$$

Zeige, daß alle Körpergesetze erfüllt sind!

[1] Wir definieren hier als natürliche Zahl die Zahl 1 sowie jede reelle Zahl, die sich durch endlich-oftmalige Addition der Zahl 1 erzeugen läßt. Eine von 1 verschiedene natürliche Zahl kann demnach als „Einsersumme" $1+1+1+\ldots+1$ mit endlich vielen Summanden geschrieben werden.

[2] Wir definieren hier als rationale Zahl jede reelle Zahl, die eine Gleichung der Form $ax=b$ mit $a \neq 0$ löst, falls a, b reelle Zahlen vertreten, die ihrerseits Gleichungen des Typs $n+x=m$ mit $n, m \in \mathbb{N}$ lösen.

2. Vertauschen in der Additionstabelle der Aufgabe 1 die Elemente „$\bar{0}$" und „$\bar{1}$" ihre Rolle, d.h. wird jede „$\bar{0}$" durch „$\bar{1}$" und jede „$\bar{1}$" durch „$\bar{0}$" ersetzt, so gelten zusammen mit der „alten" Multiplikationstabelle alle Körpergesetze mit Ausnahme des Distributivgesetzes. Begründe dies!
Bemerkung: Mit diesem Beispiel ist gezeigt, daß die Körpereigenschaft K_5 nicht aus den übrigen Körpereigenschaften gefolgert werden kann.

3. Beweise mit Hilfe der Körpergesetze die Gültigkeit der folgenden Sätze:
(1) $(a+b)^2 := (a+b)(a+b) = a^2 + 2ab + b^2$ für alle $a, b \in \mathbb{R}$
(2) $a+a+a+a+a = 5a$ für alle $a \in \mathbb{R}$

4. Zeige: Zu jeder reellen Zahl a mit $a \notin \{0; 1\}$ läßt sich genau eine reelle Zahl b bestimmen, so daß die Gleichungen $a + x = b$ und $ax = b$ die gleiche Lösungsmenge haben. Warum kommen dabei die Zahlen 0 und 1 als Lösungen nicht in Betracht?

5. Welche der folgenden Zahlenmengen bilden keinen Körper, weil nicht alle Körpereigenschaften erfüllt sind? Nenne jeweils zur Begründung eines der Körpergesetze, die nicht gelten:
a) $\mathbb{N}$ b) $\mathbb{Q}$ c) $\mathbb{Z}$ d) $\mathbb{Q}_0^+$ e) $\{x \mid x = a + b\sqrt{2} \wedge a, b \in \mathbb{Q}\}$

6. Wie kann man mit Hilfe der Anordnungseigenschaften zeigen, daß die Lösung der Gleichung $5 + x = 3$ eine reelle Zahl kleiner als 0 sein muß?
Hinweis: Zeige zunächst, daß keine Zahl $x \geqq 0$ Lösung sein kann!

7. Begründe mit Hilfe der Anordnungs- und Körpereigenschaften folgende Sätze:
(1) $0 < a < b \Rightarrow a^2 < b^2$ für $a, b \in \mathbb{R}$
(2) $a < b < 0 \Rightarrow a^2 > b^2$ für $a, b \in \mathbb{R}$
(3) $a^2 < b^2 \wedge a > 0 \wedge b > 0 \Rightarrow a < b$ für $a, b \in \mathbb{R}$
(4) $a < b \wedge ab > 0 \Rightarrow \frac{1}{b} < \frac{1}{a}$ für $a, b \in \mathbb{R}$

8. Beweise: Für alle $a, b \in \mathbb{R}$ und alle $c < 0$ mit $c \in \mathbb{R}$ gilt: $a < b \Rightarrow bc < ac$.

9. Übertrage in die Mengenschreibweise:
a) $[0; 3{,}5]$ b) $\left]-\frac{\pi}{2}; \frac{\pi}{2}\right[$ c) $[1; \sqrt{5}[\cap]\sqrt{3}; 2{,}5]$

10. Unter welchen Bedingungen sind Durchschnitt und Vereinigung zweier Intervalle wieder Intervalle?

11. Für den *absoluten Betrag* einer reellen Zahl[1] gilt bekanntlich die Definition:

$$|a| := \begin{cases} a & \text{für } a \geqq 0 \\ -a & \text{für } a < 0 \end{cases}$$

Begründe durch Fallunterscheidung die folgenden wichtigen Gesetze:
(1) $|a+b| \leqq |a| + |b|$ (2) $|a-b| \geqq |a| - |b|$ (3) $|a \cdot b| = |a| \cdot |b|$

12. Gib die Lösungsmenge jeder Ungleichung über $\mathbb{R}$ als Grundmenge an!
a) $|x| \leqq 2$ b) $|x+1| < 5$ c) $0 < |x-5| \leqq 5$ d) $x + |x| < 2$
e) $\frac{1+|x|}{1-|x|} < 2$ f) $\left|\frac{x-1}{1+x}\right| < 1{,}5$ g) $|x^2 + 2x - 1| < 2$

[1] Man vergleiche auch das Lehrprogramm: W. Hofmann: Absolutbetrag in Gleichungen und Ungleichungen.

1.2.3. Die Vollständigkeitseigenschaft der Menge $\mathbb{R}$

Auf Grund der Körper- und Anordnungseigenschaften der reellen Zahlen wissen wir, daß $(\mathbb{R}, +, \cdot, \leqq)$ ein angeordneter Körper ist. Mit dieser Feststellung ist jedoch die Menge der reellen Zahlen noch nicht vollständig beschrieben. Auch $(\mathbb{Q}, +, \cdot, \leqq)$ ist ein angeordneter Körper, wie man sofort sieht. Es ist daher naheliegend, nach einer weiteren Eigenschaft der Menge der reellen Zahlen zu fragen, die für andere angeordnete Körper nicht zutrifft.
Wir betrachten zunächst in einem Beispiel die beiden Zahlenmengen:

$$M := \{x \mid x \in \mathbb{Q} \wedge x^2 \leqq 2\}; \quad M' := \{x \mid x \in \mathbb{R} \wedge x^2 \leqq 2\}$$

Beide Mengen heißen nach oben beschränkt, weil es Zahlen gibt, die ihrer Größe nach von keinem Element aus M und M' übertroffen werden. Zum Beispiel gibt es keine Zahl $x \in M$ und keine Zahl $x \in M'$, für die $x > 2$ gilt. Denn aus $x > 2$ folgt nach den Anordnungsgesetzen $x^2 > 4$, während doch für x^2 höchstens die Zahl 2 zugelassen ist. Man nennt die Zahl 2 eine obere Schranke der beiden Mengen M und M'. Wie man leicht nachrechnet, sind auch die Zahlen 1,5; 1,42; 1,415 usf. obere Schranken von M und M'. Man kann diesen Prozeß beliebig fortsetzen und wird dabei immer kleiner werdende obere Schranken von M und M' finden. Da sich bekanntlich keine rationale Zahl angeben läßt, deren Quadrat gleich 2 ist, hat M kein größtes Element. Folglich gibt es auch unter den rationalen Zahlen keine kleinste obere Schranke von M. Demgegenüber enthält M' auch diejenige (nichtrationale) Zahl $\sqrt{2}$, deren Quadrat genau 2 ergibt. Diese ist zugleich die kleinste obere Schranke von M' (und natürlich auch von M). Damit zeigt sich ein fundamentaler Unterschied zwischen den beiden nach oben beschränkten Mengen $M \subset \mathbb{Q}$ und $M' \subset \mathbb{R}$, den wir nun verallgemeinernd präzisieren wollen. Wir legen zunächst fest:

Definition:

Eine Zahlenmenge M heißt *nach oben beschränkt*, wenn es eine Zahl[1] k gibt, so daß für alle $x \in M$ gilt: $x \leqq k$. Die Zahl k heißt eine *obere Schranke* von M.

Wie müßte die Definition für eine nach unten beschränkte Menge M lauten?

In der Menge $\mathbb{R}$ gilt die sogenannte Vollständigkeitseigenschaft V, der

Satz vom Supremum:

In der Menge der reellen Zahlen gibt es zu jeder nicht leeren und nach oben beschränkten Teilmenge von $\mathbb{R}$ eine kleinste obere Schranke, die das Supremum dieser Teilmenge heißt.

Aus diesem Satz läßt sich folgern, daß die Menge der reellen Zahlen keiner Erweiterung mehr fähig ist, bei der *alle* Körper- und Anordnungseigenschaften erhalten bleiben. In anschaulicher Ausdrucksweise heißt dies, daß die den reellen Zahlen auf der Zahlengeraden zugeordneten Punkte diese lückenlos (vollständig) ausfüllen. Auf einen Beweis müssen wir verzichten.
Der Satz vom Supremum ist grundlegend für die Analysis, wie wir später (z. B. in 3.2.3.) noch sehen werden. Hier sei nur daran erinnert, daß er uns auch schon in der Geometrie[2] gute Dienste geleistet hat.

---

[1] Die Bezeichnung „Zahl" ist hier und im weiteren Lehrgang stets im Sinne von „reelle Zahl" zu verstehen.
[2] Siehe auch J. Kratz u. K. Wörle: Geometrie 2, wo mit Hilfe der Existenz des Supremums die Kreismessung und die Volumenbestimmung von krummflächig begrenzten Körpern begründet wird.

Auf Grund der Vollständigkeitseigenschaft V wird $(\mathbb{R}, +, \cdot, \leqq)$ ein *angeordneter, vollständiger Körper* genannt.

Bemerkungen und Folgerungen

(1) Für die leere Menge ist jede Zahl $k \in \mathbb{R}$ eine obere Schranke, weil es kein Element der leeren Menge gibt, das größer als k ist, welchen Zahlenwert auch k annimmt. Infolgedessen existiert hier keine kleinste obere Schranke. Im Vollständigkeitssatz wird daher die leere Menge ausdrücklich ausgeschlossen. Wir werden jedoch im folgenden den Zusatz „nicht leer" nur noch dann gebrauchen, wenn Mißverständnisse möglich sind.

(2) Das Supremum einer Menge braucht nicht selbst Element dieser Menge zu sein.

Beispiel: $M'' := \{x \mid x \in \mathbb{R} \wedge x^2 < 2\}$; $\sqrt{2} \notin M''$

Der Satz von Supremum besagt aber, daß jede (nicht leere) Teilmenge von $\mathbb{R}$, die nach oben beschränkt ist, eine kleinste obere Schranke (Supremum) hat, wobei dieses Supremum eine reelle Zahl, also ein Element von $\mathbb{R}$ ist. Dagegen gilt kein entsprechender Satz für die Menge der rationalen Zahlen, wie an der Menge *M* im Einführungsbeispiel gezeigt worden ist.

(3) Selbstverständlich kann das Supremum einer Menge auch eine rationale Zahl sein, sogar noch für den Fall, daß kein Element der Menge rational ist.

Beispiel: $M''' := \left\{x \mid x = \sqrt{\frac{n}{n+1}} \wedge n \in \mathbb{N}\right\}$

M''' ist nach oben beschränkt, denn 1 ist eine obere Schranke (warum?). Die Zahl 1 ist aber auch das Supremum, wie wir jedoch erst später zeigen können.

(4) Aus dem Satz vom Supremum folgt:
Die Menge $\mathbb{N}$ der natürlichen Zahlen ist nicht nach oben beschränkt.

Beweis: (indirekt)
Wir zeigen, daß die gegenteilige Aussage nicht haltbar ist:

$\mathbb{N}$ ist nach oben beschränkt

⇓

$\mathbb{N}$ hat ein Supremum S

⇓

S − 1 ist noch kein Supremum von $\mathbb{N}$ (Definition des Supremums)

⇓

Es gibt wenigstens eine Zahl $n \in \mathbb{N}$ mit $n > S - 1 \Rightarrow n + 1 > S$

⇓ ← Mit n ist auch n + 1 eine natürliche Zahl

Wegen $n + 1 > S$ ist S kein Supremum von $\mathbb{N}$

⇓

Widerspruch zu „$\mathbb{N}$ hat ein Supremum S"

Von dem Satz, daß die Menge der natürlichen Zahlen keine obere Schranke hat, werden wir bei späteren Grenzwertbetrachtungen an Zahlenfolgen Gebrauch machen.

(5) Aus dem Satz in (4) und damit aus der Vollständigkeitseigenschaft folgt die sogenannte *archimedische Eigenschaft*[1] der reellen Zahlen:

$a, b \in \mathbb{R} \wedge 0 < a < b \Rightarrow$ Es gibt ein $n \in \mathbb{N}$ mit $na > b$

---

[1] Dieser Satz wurde bereits vor Archimedes (285–212 v. Chr.) von dem griechischen Mathematiker Eudoxus um 350 v. Chr. ausgesprochen.

Beweis:

Ließen sich zwei positiv-reelle Zahlen a und b so angeben, daß für *alle* $n \in \mathbb{N}$ die Ungleichung $na \leqq b$ gilt, so wäre $n \leqq b:a$ für *alle* natürlichen Zahlen erfüllt. Die Menge $\mathbb{N}$ wäre also nach oben beschränkt, was wegen des Satzes in (4) nicht zutrifft.

Dieser an sich unmittelbar einleuchtende Satz gilt in seiner geometrischen Entsprechung als *Axiom der Meßbarkeit* gleichartiger Größen durch eine geeignete Maßeinheit. Er besagt z. B. daß auf jeder beliebigen Strecke eine zweite Strecke immer sooft abgetragen werden kann, daß der Endpunkt der letzten Streckenabtragung auf die Verlängerung der betrachteten Strecke fällt (Fig. 1.4).

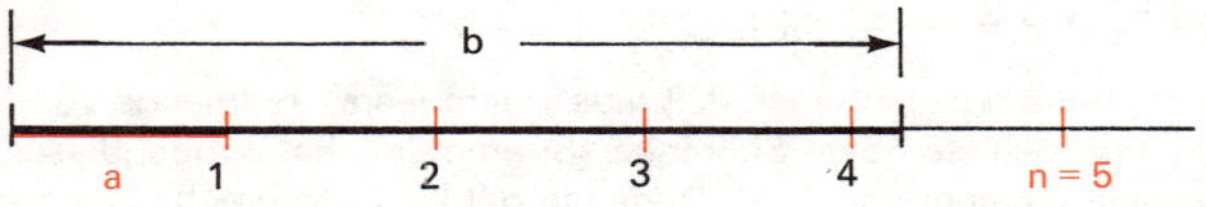

Fig. 1.4

(6) Analog zur Definition in 1.2.3. heißt die Menge M *nach unten beschränkt*, wenn es eine Zahl k gibt, so daß für alle $x \in M$ gilt: $x \geqq k$. Die Zahl k heißt dann eine *untere Schranke* von M.

Beispiel: $M = \{x \mid x \in \mathbb{R} \wedge x^2 > 2\}$ ist nach unten beschränkt, weil für alle Elemente von M z. B. $x > 1$ gilt. Die Zahl 1 ist demnach eine untere Schranke von M.

Auf Grund der Vollständigkeitseigenschaft läßt sich leicht zeigen: *Jede nicht leere, nach unten beschränkte Teilmenge von $\mathbb{R}$ hat eine größte untere Schranke, die das Infimum dieser Teilmenge heißt.*

Beweis:

Ist M nach unten beschränkt, so gilt für *alle* $x \in M$: $x \geqq k$. Daraus folgt wegen A_3 durch beiderseitige Addition von $-x-k$:

$$x - x - k \geqq k - x - k \;\Rightarrow\; -x \leqq -k$$

Die Menge $\{(-x) \mid x \in M\}$ ist also nach oben beschränkt und hat wegen V das Supremum S.
Demnach gilt: $-x \leqq S$ und jede kleinere Zahl als S wird wenigstens von einer Zahl $(-x)$ übertroffen.
Aus $-x \leqq S$ folgt aber $x \geqq -S$, wobei dann jede größere Zahl als $-S$ von wenigstens einem Element aus M unterschritten wird.
Das heißt aber: $-S$ ist das Infimum von M, womit die Existenz einer größten unteren Schranke für M bewiesen ist.

Aufgaben

1. Welche der folgenden Zahlenmengen sind nach oben beschränkt? Gib ggf. eine obere Schranke an!

a) $\{x \mid x \text{ ist eine Primzahl}\}$

b) $\{x \mid x \in \mathbb{N} \wedge x \geqq -1000\}$

c) $\{x \mid x \in \mathbb{R} \wedge -10 \leqq x < 10^5\}$

d) $\{x \mid x = 1 + \frac{1}{n} \wedge n \in \mathbb{N}\}$

e) $\{x \mid x = ab \wedge a + b = 100 \wedge a, b \in \mathbb{R}^+\}$

f) $\{x \mid x = ab \wedge a + b = 100 \wedge a, b \in \mathbb{R}\}$.

Bemerkung: Der Nachweis, daß eine Menge eine obere Schranke hat, kann unter Umständen schwierig sein, wie folgende Beispiele zeigen:

1. Beispiel: $\{x \mid x = \left(1 + \frac{1}{n}\right)^n \wedge n \in \mathbb{N}\}$

Hier ist 4 eine obere Schranke, wie wir später sehen werden.

Bei manchen Mengen konnte bis heute noch nicht entschieden werden, ob sie nach oben beschränkt oder aber nicht beschränkt sind.

2. Beispiel: $\{x \mid x$ und $x+2$ sind Primzahlen$\}$

Mit der Entscheidung wäre die Frage geklärt, ob es unendlich viele „Primzahlzwillinge" gibt.

2. Man bestimme für die nach oben beschränkten Mengen der Aufgabe 1 jeweils das Supremum.
3. Sind alle Mengen der Aufgabe 1 nach unten beschränkt? Welche Zahl ist gegebenenfalls die *größte untere Schranke*?
4. Kann eine Zahlenmenge, die kein größtes Element besitzt, nach oben beschränkt sein?
5. Eine Zahlenmenge M heißt beschränkt, wenn es eine Zahl $k > 0$ gibt, so daß für alle $x \in M$ gilt: $|x| \leqq k$.
   a) Warum ist eine beschränkte Menge immer auch nach oben beschränkt?
   b) Muß eine Menge mit einem Supremum immer eine beschränkte Menge sein? Bei Verneinung der Frage genügt ein Gegenbeispiel.
6. Zeige: Eine endliche Zahlenmenge, d. h. eine Menge mit endlich vielen Elementen, die Zahlen sind, ist immer beschränkt.
7. Man beweise indirekt mit Hilfe der archimedischen Eigenschaft:

   Das Supremum der Menge $M = \{x \mid x \leqq \frac{1}{n}$ für jedes $n \in \mathbb{N}\}$ ist die Zahl 0.

Vermischte Aufgaben

8. Welche Teilmenge der Menge $\mathbb{R}$ ist die Erfüllungsmenge (Lösungsmenge) der folgenden Ungleichungen:
   a) $x^2 < 9$ b) $(x+1)^2 \geqq 16$ c) $x^2 - 4x \leqq 0$ d) $(x-2)(x+3) \geqq 6$
9. Man stelle folgende Zahlenmengen auf der Zahlengeraden dar:
   a) $\{x \mid |x-2| < 4\}$ b) $\{x \mid |x+1| \geqq 2\}$ c) $\{x \mid x(x-1)(x+2) \geqq 0\}$
10. Welche reellen Zahlen gehören der Menge $\{x \mid |x+2| \leqq \frac{1}{n}$ für jedes $n \in \mathbb{N}\}$ als Elemente an? (Zur Begründung vgl. Aufgabe 7).
11. In der Menge der nicht-negativen reellen Zahlen $\mathbb{R}_0^+$ werden folgende Verknüpfungen mit den Verknüpfungszeichen $\oplus$ und $\odot$ definiert:

$$a \oplus b := \frac{a+b}{2}; \qquad a \odot b := \sqrt{a \cdot b} \qquad (a, b \in \mathbb{R}_0^+)$$

   a) Man zeige: Die Monotonieeigenschaften der Ordnungsrelation („$<$") bleiben in $\mathbb{R}_0^+$ erhalten, wenn die Verknüpfungszeichen „$+$" und „$\cdot$" durch „$\oplus$" bzw. „$\odot$" ersetzt werden.
   b) Welche Körpergesetze sind bezüglich der oben definierten Verknüpfungen $\oplus$ und $\odot$ nicht erfüllt?

2. REELLE FUNKTIONEN

2.1. Grundlegende Begriffe

2.1.1. Relationen

Bereits im Algebraunterricht der Mittelstufe[1] lernten wir den Begriff der *Relation* kennen, den wir kurz wiederholen wollen.
Wir gehen aus von zwei nichtleeren Mengen A und B, wobei wir uns hier von Anfang an auf Mengen reeller Zahlen beschränken wollen. Es soll also $A \subseteq \mathbb{R}$ und $B \subseteq \mathbb{R}$ sein. Dann verstehen wir unter einer (reellen) Relation von A zu B jede nichtleere Teilmenge R der Produktmenge (Paarmenge) $A \times B = \{(a; b) \mid a \in A \wedge b \in B\}$.

Beispiel: $A = \{0; 1; 2\}$, $B = \{1; 3; 4\}$.
Aus der Produktmenge $A \times B = \{(0; 1);\ (0; 3);\ (0; 4);\ (1; 1)\ \ldots\ (2; 3);\ (2; 4)\}$ wählen wir die Elemente von R nach Belieben aus. So ist etwa $R = \{(0; 1); (1; 1); (1; 3); (2; 3)\}$ eine Relation von A zu B.
Fig. 2.1 zeigt das Pfeildiagramm, Fig. 2.2 das Koordinatendiagramm von R.

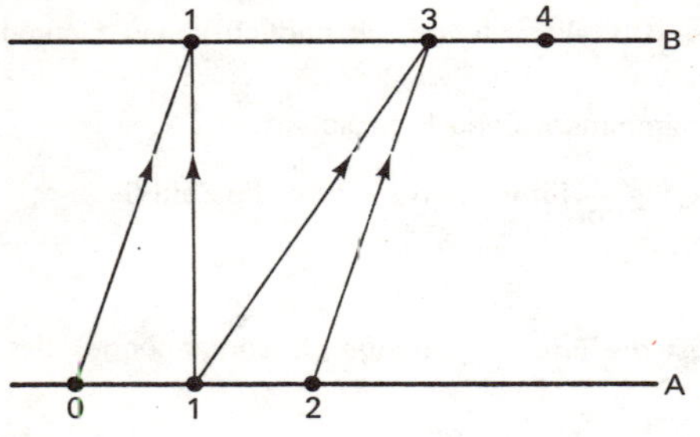

Fig. 2.1

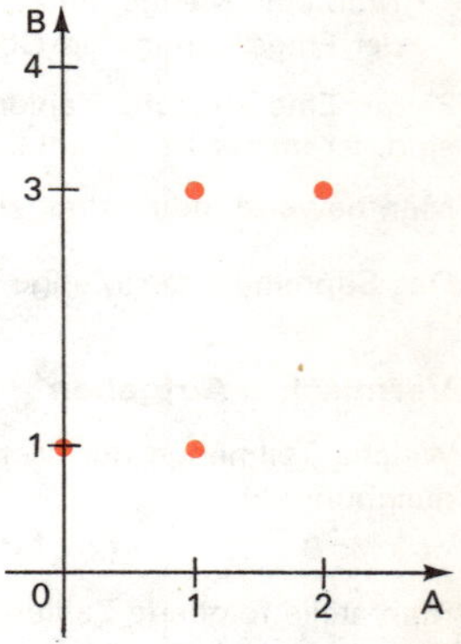

Fig. 2.2

Das Koordinatendiagramm einer Relation R ist die Menge aller Punkte $P(x; y)$ der euklidischen Koordinatenebene mit $(x; y) \in R$. Wir nennen diese Menge den *Graphen* von R und bezeichnen ihn mit G_R.
Haben wir, wie in unserem Beispiel, die Mengen A und R so gewählt, daß jedes $x \in A$ wenigstens einmal als erste Komponente in einem Paar $(x; y) \in R$ vorkommt, so bezeichnen wir A als die *Definitionsmenge* der Relation[2]. Unter der *Wertemenge* W_R der Relation R versteht man die Gesamtheit aller Elemente von B, die tatsächlich als zweite Komponente der Elemente von R auftreten, also

$$W_R = \{y \in B \mid \text{Es existiert ein } x \in A \text{ mit } (x; y) \in R\}.$$

In unserem Beispiel ist $W_R = \{1; 3\}$.

Enthält wenigstens eine der Mengen A und B unendlich viele Elemente, so kann auch R aus unendlich vielen Elementen bestehen. In diesem Fall ist es nicht mehr möglich,

[1] Vgl. H. Titze, H. Walter u. R. Feuerlein: Algebra 1, § 37 ff. und Algebra 2, § 58.
[2] Im allgemeinen Fall ist die Definitionsmenge $D_R = \{x \in A \mid \text{Es existiert ein } y \in B \text{ mit } (x; y) \in R\}$. Da Elemente aus $A \setminus D_R$ in der Regel uninteressant sind, beschränken wir uns hier auf den Fall $D_R = A$.

die Menge R einfach durch Aufzählen aller ihrer Elemente zu definieren („aufzählende" Form der Definition). Man muß dann auf irgendeine andere Weise festlegen, ob ein beliebiges $(x; y) \in A \times B$ zu R gehört oder nicht. Schon in der Algebra haben wir dafür *Aussageformen* verwendet, in denen wenigstens eine der beiden Variablen x und y vorkommt. R kann dann als Erfüllungsmenge dieser Aussageform bezüglich der Grundmenge $A \times B$ festgelegt werden („beschreibende" Form der Definition).

Beispiele:

a) $A = [1; 4]$; $B = \mathbb{R}$. $R = \{(x; y) \in A \times B \mid y \geqq 0{,}5x^2 + 1\}$.
Den Graphen von R zeigt Fig. 2.3.

b) $A = \mathbb{N}$; $B = \mathbb{R}$. $R = \{(x; y) \in A \times B \mid y \leqq 3\}$.
Der Graph von R ist aus Fig. 2.4 ersichtlich.

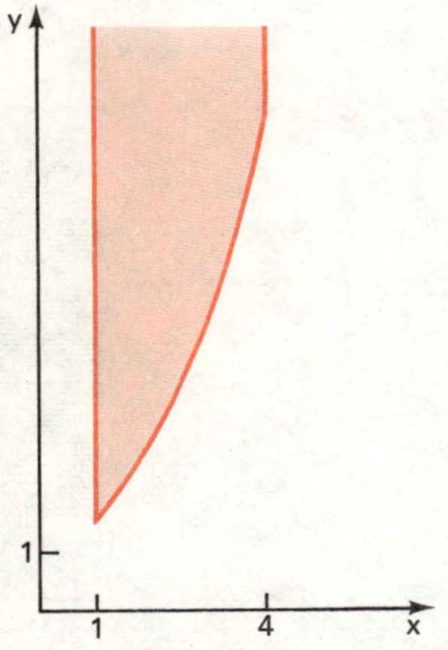

Fig. 2.3

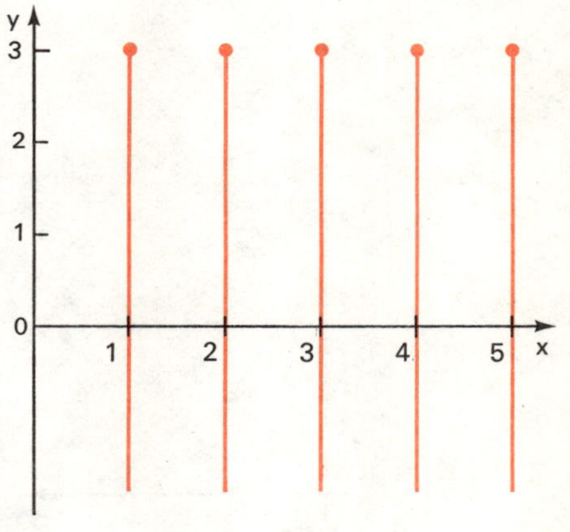

Fig. 2.4

2.1.2. Die Funktion als besondere Relation

Wie wir an den Beispielen gesehen haben, kann es bei einer Relation vorkommen, daß es zum gleichen $x \in A$ mehrere $y \in B$ gibt, für die $(x; y) \in R$ ist. Für den Sonderfall der Funktion schließen wir dies aus durch folgende

Definition:

Eine Relation $f \subseteqq A \times B$ mit $A \subseteqq \mathbb{R}$ und $B \subseteqq \mathbb{R}$ heißt eine (reelle) *Funktion von A in B*, geschrieben $f: A \rightarrow B$, wenn es zu jedem $x \in A$ *genau ein* $y \in B$ gibt mit $(x; y) \in f$.

Damit ist die Funktion eine sogenannte rechtseindeutige Relation, d. h.: Zu jeder als 1. Komponente auftretenden Zahl gehört *eine, aber auch nur eine* Zahl als 2. Komponente.
Die Definitionsmenge A der Funktion f werden wir in Zukunft meist mit D_f oder, wenn Verwechslungen ausgeschlossen sind, einfach mit D bezeichnen. Die Wertemenge W_f ist im allgemeinen eine Teilmenge von B. Gilt $W_f = B$, gibt es also zu jedem $y \in B$ (wenigstens) ein $x \in A$ mit $(x; y) \in f$, so liegt der besondere, aber sehr häufige Fall einer sogenannten *surjektiven* Funktion vor, einer Funktion von *A auf B*. Die Menge

aller Punkte P(x; y) der euklidischen Koordinatenebene, für die $(x; y) \in f$ gilt, wird als *Graph* (Schaubild) G_f der Funktion f bezeichnet. Nach der Definition der Funktion kann jede Parallele zur y-Achse mit dem Graphen einer Funktion höchstens einen Punkt gemeinsam haben.

1. Beispiel: $A = D_f = \{0; 1; 2\}$, $B = \{1; 3; 4\}$
$f = \{(0; 1); (1; 1); (2; 3)\}$.
f ist in aufzählender Form gegeben. Es ist $W_f = \{1; 3\}$. G_f besteht aus drei Punkten der Koordinatenebene. (Fig. 2.5).

2. Beispiel: $A = D_f = [1; 4]$, $B = \mathbb{R}$
$f = \{(x; y) \in A \times B \mid y = 0{,}5x^2 + 1\}$.
f ist in beschreibender Form gegeben. Es ist $W_f = [1{,}5; 9]$. (Fig. 2.6).

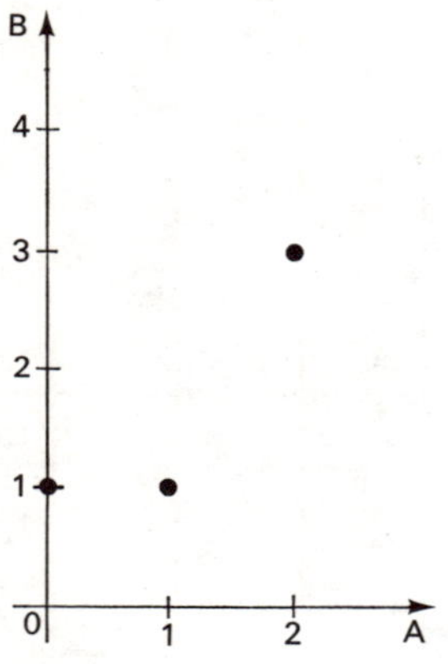

Fig. 2.5

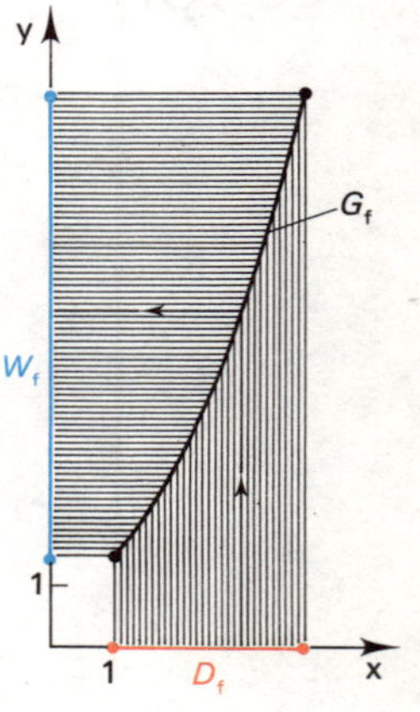

Fig. 2.6

Da es bei einer Funktion f zu jedem $x \in D_f$ genau ein $y \in W_f$ mit der Eigenschaft $(x; y) \in f$ gibt, können wir auch sagen, daß durch die Funktion jedem $x \in D_f$ in eindeutiger Weise eben dieses $y \in W_f$ *zugeordnet* ist. Wir schreiben dafür

$$f: x \mapsto y;\ x \in D_f.$$ [1]

Es ergeben sich im 1. Beispiel die Zuordnungen $0 \mapsto 1$, $1 \mapsto 1$, $2 \mapsto 3$ und im 2. Beispiel etwa $1 \mapsto 1{,}5$, $\sqrt{2} \mapsto 2$, $3 \mapsto 5{,}5$, $4 \mapsto 9$.
Wir nennen das jeweils zu $x \in D_f$ gehörige y das *Bild* von x oder den *Funktionswert* der Funktion f an der Stelle x und bezeichnen es mit f(x).
Im 1. Beispiel ist also $f(0) = 1$, $f(1) = 1$ und $f(2) = 3$.
Im 2. Beispiel ist $f(1) = 1{,}5$, $f(\sqrt{2}) = 2$ usw., allgemein:

$$f(x) = 0{,}5x^2 + 1 \quad \text{für alle} \quad x \in [1; 4]$$

Von besonderer Bedeutung sind jene Stellen $x \in D_f$, für die die Funktion den Wert Null annimmt, für die also $f(x) = 0$ ist. Sie heißen *Nullstellen* der Funktion f.

[1] Man beachte, daß bei der elementeweisen Zuordnung der Pfeil einen Begrenzungsstrich am Fuß hat. Bei der Abbildung einer Menge A in eine Menge B verwendet man dagegen einen etwas längeren Pfeil ohne Begrenzungsstrich.

3. Beispiel: $f: x \mapsto (x+3)(x+1)(x-5);\ x \in \mathbb{R}^+$.
Die Gleichung $(x+3)(x+1)(x-5) = 0$ hat in der Grundmenge $\mathbb{R}^+$ die Lösungsmenge $L = \{5\}$. f nimmt an der Stelle 5, und nur an dieser Stelle, den Wert Null an.

Will man eine Funktion f konkret festlegen, so kann man entweder direkt alle Paare $(x; y) \in f$ in aufzählender oder beschreibender Form angeben (vgl. 1. und 2. Beispiel), oder aber die Definitionsmenge $D_f \subseteq \mathbb{R}$ wählen und mit Hilfe irgend einer eindeutigen *Zuordnungsvorschrift* für jedes $x \in D_f$ den zugehörigen Funktionswert $f(x)$ festlegen. Dies drücken wir durch folgende Schreibweise aus:

$$f: x \mapsto y = f(x);\ x \in D_f \quad \text{oder kürzer}$$
$$f: x \mapsto f(x);\ x \in D_f$$

Daraus kann man jederzeit wieder eine Beschreibung von f als Menge gewinnen:

$$f = \{(x; y) \mid x \in D_f \wedge y = f(x)\}$$

Von der Zuordnungsvorschrift muß nur verlangt werden, daß sie für jedes $x \in D_f$ den zugehörigen Funktionswert eindeutig festlegt. Im 2. Beispiel ergibt sich dieser durch Einsetzen in einen algebraischen Term, nämlich $0{,}5x^2 + 1$. Daß dies jedoch nicht unbedingt so sein muß, zeigt das

4. Beispiel: Die Zuordnungsvorschrift: „Jedes $x \in \mathbb{R}$ hat als Bild die kleinste Primzahl y, die mindestens doppelt so groß ist wie x" definiert eine Funktion, deren Werte sich nicht durch einen Term (im üblichen Sinn) gewinnen lassen.

Die Funktionswerte können auch durch Einsetzen in verschiedene Terme gewonnen werden:

5. Beispiel: Für $D_f =]-\infty; 2] \cup [\pi; 2\pi]$ kann z. B. definiert werden:

$$f: x \mapsto \begin{cases} x^2 & ;\ x \in]-\infty; 1] \\ x+1 & ;\ x \in]1; 2] \\ 2 & ;\ x \in \{\pi\} \\ \sin 2x; & x \in]\pi; 2\pi] \end{cases}$$

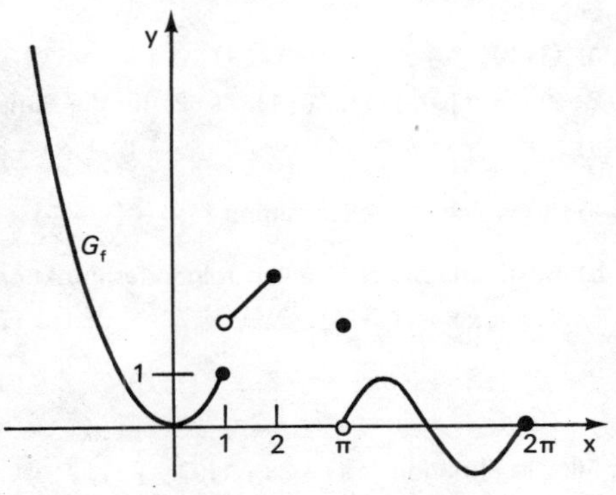

Fig. 2.7

Besonders häufig ist jedoch der Fall, daß sich die Funktionswerte für jedes $x \in D_f$ durch Einsetzen in einen einzigen Term ermitteln lassen, den wir zunächst $T(x)$ nennen. Wir greifen das 2. Beispiel auf. Hier ist

$$f: x \mapsto y = 0{,}5x^2 + 1;\ x \in [1; 4]$$

und somit $D_f = [1; 4]$ und $T(x) = 0{,}5x^2 + 1$. Für ein beliebiges $x_0 \in D_f$ ist dann der Funktionswert $f(x_0)$ gerade $T(x_0)$. Es ist also

$$f(x) = T(x) \quad \text{für alle } x \in D_f. \tag{1}$$

Aus diesem Grunde ist es üblich, nicht nur den Funktionswert an der Stelle x, sondern

auch den *Funktionsterm* – unser bisheriges T(x) – mit f(x) zu bezeichnen. Fehler sind durch diese Festlegung wegen der Gültigkeit der Gleichung (1) nicht zu befürchten. Es muß aber aus dem Zusammenhang heraus stets klar sein, ob man vom Funktionswert an der Stelle x oder vom Term der Funktion f spricht.
Ist f(x) der Funktionsterm der Funktion f, so wird das zu einem festen $x \in D_f$ gehörige y durch f(x) gegeben. Die Gleichung y = f(x) wird daher als *Funktionsgleichung* von f bezeichnet. Dabei ist zu beachten, daß die Funktionsgleichung zur vollständigen Festlegung der Funktion nicht ausreicht. Die zusätzliche Angabe der Definitionsmenge ist unerläßlich. Dagegen ist die Wertemenge W_f nach Angabe der Definitionsmenge D_f und des Funktionsterms f(x) als Bildmenge der Menge D_f eindeutig festgelegt: $W_f = \{y \in B \mid y = f(x) \wedge x \in D_f\}$. Dafür schreibt man auch symbolisch: $W_f = f(D_f)$.

Aufgaben

1. Zeichne den Graphen jeder Relation R!
   a) $A = \mathbb{Z}$, $B = \mathbb{Z}$, $R = \{(x; y) \in A \times B \mid x^2 + y^2 = 25\}$
   b) $A = [0; 6]$, $B = \mathbb{R}$, $R = \{(x; y) \in A \times B \mid y^2 - x = 0\}$
   c) $A = \mathbb{Z}$, $B = \mathbb{R}$, $R = \{(x; y) \in A \times B \mid |x| \cdot |y| = 1 \wedge |x| \leqq 4\}$
   d) $A = \mathbb{N}$, $B = \mathbb{R}^+$, $R = \{(x; y) \in A \times B \mid y \leqq 5\}$
   e) $A = \mathbb{Z}$, $B = \mathbb{R}$, $R = \{(x; y) \in A \times B \mid y \leqq x\}$
   f) $A = [1; 5]$, $B = \mathbb{R}_0^+$, $R = \{(x; y) \in A \times B \mid y \leqq x + 1\}$
2. Gegeben ist die Funktion $f: x \mapsto x^3 - 2x^2 + 3$; $x \in \mathbb{R}$.
   Setze in die Leerstelle ... jeweils eines der Zeichen $\in$ oder $\notin$ ein, so daß eine wahre Aussage entsteht!
   a) (1; 2) ... f b) (2; 4) ... f c) (−1; 0) ... f d) $(\frac{2}{3}; \frac{22}{9})$ ... f
3. Berechne f(0), f(1), f(−1), f(−2) für die Funktion
   a) $f: x \mapsto -x^3 + 2x - 1$; $x \in \mathbb{R}$, b) $f: x \mapsto \sqrt{x^2 + x + 1}$; $x \in [-2; 2]$!
4. a) An welchen Stellen nimmt $f: x \mapsto \frac{2x + 3}{x^2 + 2}$; $x \in \mathbb{R}$ die Funktionswerte 0; 1,5; 1 an?
   b) Bestimme die Nullstellen folgender Funktionen:
   (1) $f: x \mapsto x(x - 4)$; $x \in \mathbb{R}$ (2) $f: x \mapsto \frac{x^2 - 4}{x^2 + 4}$; $x \in \mathbb{R}$
   (3) $f: x \mapsto \sqrt{6x - x^2 - 5}$; $x \in [1; 5]$ (4) $f: x \mapsto x^2 - x - 6$; $x \in \mathbb{R}^-$
   (5) $f: x \mapsto \sin x$; $x \in \,]-2\pi; 2\pi[$ (6) $f: x \mapsto 2^x - 8$; $x \in \mathbb{R}$
5. Für die Funktion $f: x \mapsto 2x - 1$; $D = [-1; 2]$ ist die Wertemenge zu bestimmen.
6. Zeige, daß die Wertemenge der Funktion f einelementig ist!
   a) $f: x \mapsto \cos 2x + 2(\sin x)^2 + 3$; $x \in \mathbb{R}$
   b) $f: x \mapsto \frac{1}{\cos x}\sqrt{1 - \cos x \sin x \tan x}$; $x \in [0; \frac{\pi}{2}[$
7. Gib eine Funktion an, deren Graph
   a) die Halbgerade [AB mit A(0; 2) und B(4; 6),
   b) die Strecke [CD] mit C(5; 0) und D(0; 5),
   c) der linke obere Viertelbogen des Kreises um den Ursprung mit r = 4 LE,
   d) das durch den Punkt P(1; 1) laufende, ganz im I. Quadranten liegende Schaubild der indirekten Proportionalität ist!

8. Zeichne jeweils den Graphen der Funktion f!

a) $f: x \mapsto \begin{cases} 0{,}5x^2 - x; & x \in [-3; 0] \\ -0{,}5x^2 + x; & x \in]0; 3] \end{cases}$ b) $f: x \mapsto \begin{cases} \frac{1}{x} & ; x \in [1; 2] \\ \frac{1}{2}\sqrt{x-1}; & x \in]2; \infty[\end{cases}$

9. Jede der folgenden Relationen läßt sich in der Form $R = f_1 \cup f_2$ darstellen. Bestimme jeweils die Funktionen f_1 und f_2 und zeichne den Relationsgraphen!

a) $R = \{(x; y) \in \mathbb{R} \times \mathbb{R} \mid y^2 - 4x = 0\}$ b) $R = \{(x; y) \in \mathbb{R} \times \mathbb{R} \mid x^2 + y^2 = 9\}$

c) $R = \{(x; y) \in \mathbb{R} \times \mathbb{R} \mid (x-4)^2 + (y-3)^2 = 9\}$ d) $R = \{(x; y) \in \mathbb{R} \times \mathbb{R} \mid x^2 + y^2 + 2x - 4y - 20 = 0\}$

e) $R = \{(x; y) \in \mathbb{R} \times \mathbb{R} \mid (x-y)^2 = x^2 - y^2\}$ f) $R = \{(x; y) \in \mathbb{R} \times \mathbb{R} \mid x^2 + 2xy + y^2 = x + y\}$

2.1.3. Gleichheit, Fortsetzung und Einschränkung von Funktionen

Zwei Mengen heißen gleich, wenn sie aus den gleichen Elementen bestehen. Daraus ergibt sich:

Zwei Funktionen $f: x \mapsto f(x);\ x \in D_f$ und $g: x \mapsto g(x);\ x \in D_g$ sind gleich, wenn $D_f = D_g$ und $f(x) = g(x)$ für alle $x \in D_f$.

1. Beispiel: $\left.\begin{array}{l} f: x \mapsto \frac{2x^2}{x};\ D_f = \mathbb{R}^+ \\ g: x \mapsto 2x\ ;\ D_g = \mathbb{R}^+ \end{array}\right\}\ f = g$

Das Beispiel zeigt zugleich, daß der Funktionsterm einer Funktion keineswegs eindeutig bestimmt ist. Zwei verschiedene Funktionsterme legen in der gleichen Definitionsmenge die gleiche Funktion fest, wenn sie dort äquivalent sind (Beachte im Beispiel, daß $0 \notin \mathbb{R}^+$).

2. Beispiel: $\left.\begin{array}{l} f: x \mapsto \frac{2x^2}{x};\ D_f = \mathbb{R}^+ \\ g: x \mapsto 2x\ ;\ D_g = \mathbb{R}_0^+ \end{array}\right\}\ f \neq g$

Im 2. Beispiel gilt zwar $f(x) = g(x)$ für alle $x \in D_f$, g enthält aber außer den Elementen von f auch noch das Paar (0; 0), da $D_g = \mathbb{R}_0^+$ eine Obermenge von D_f ist. In diesem Fall sagt man, g sei eine *Fortsetzung* von f.

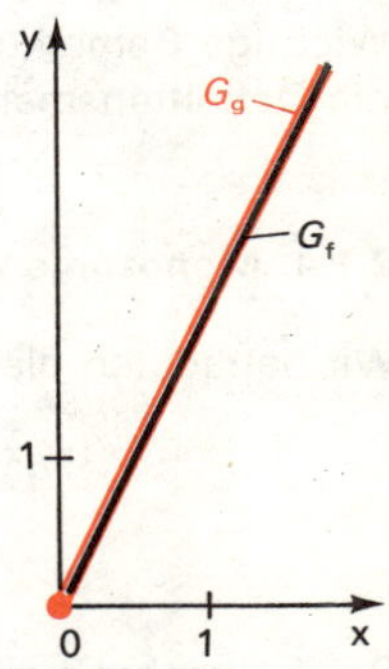

Fig. 2.8

Definition:

Eine Funktion $g: x \mapsto g(x);\ x \in D_g$ heißt Fortsetzung der Funktion $f: x \mapsto f(x);\ x \in D_f$, wenn $g \supseteq f$, d. h. wenn $D_g \supseteq D_f$ und $g(x) = f(x)$ für alle $x \in D_f$ ist.

Umgekehrt heißt die Funktion f eine *Einschränkung* der Funktion g. Von besonderer Bedeutung ist der Begriff der Fortsetzung einer Funktion dann, wenn die Funktionswerte durch einen Term f(x) gegeben sind.

3. Beispiel: Mit dem Term $f(x) = \sqrt{x-1}$ können u.a. folgende Funktionen gebildet werden:

$f_1 : x \mapsto \sqrt{x-1};\ D_1 = \{x \in \mathbb{R} \mid x \geqq 1\}$ (Fig. 2.9a)

$f_2 : x \mapsto \sqrt{x-1};\ D_2 = \{x \in \mathbb{R} \mid 2 \leqq x < 5\}$ (Fig. 2.9b)

$f_3 : x \mapsto \sqrt{x-1};\ D_3 = \{2; 3; 4; 5\}$ (Fig. 2.9c)

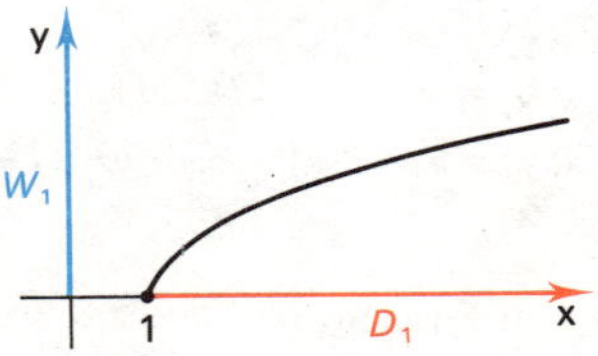

Fig. 2.9a

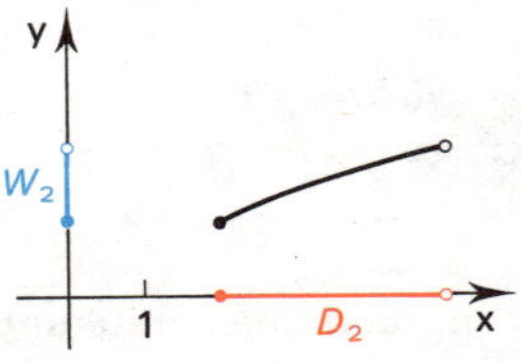

Fig. 2.9b

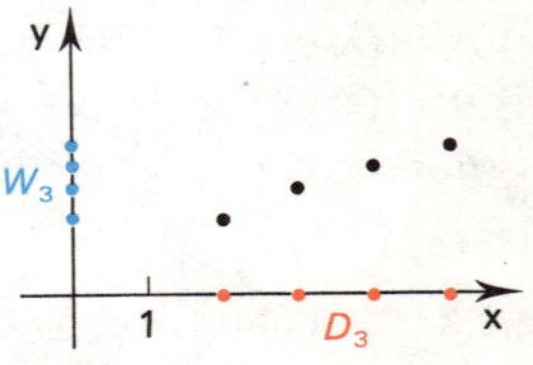

Fig. 2.9c

In diesem Beispiel ist f_1 sowohl eine Fortsetzung von f_2 wie von f_3. Die Funktion f_1 ist offenbar die umfassendste Funktion, die sich allein mit Hilfe des Terms $f(x) = \sqrt{x-1}$ bilden läßt, weil D_1 genau alle Elemente enthält, für die der Term f(x) definiert ist. Das heißt: Die Definitionsmenge[1] $D_{f(x)}$ des Terms f(x) ist die größtmögliche Definitionsmenge, die eine Funktion unter Beibehaltung des Funktionsterms f(x) überhaupt haben kann. Sie wird gelegentlich mit D_{max} bezeichnet.

4. Beispiel:

a) $f : x \mapsto 2x;\ D_{max} = D_{f(x)} = \mathbb{R}$

b) $g : x \mapsto \frac{2x^2}{x};\ D_{max} = D_{g(x)} = \mathbb{R} \setminus \{0\}$

c) $h : x \mapsto \sqrt{4-x^2};\ D_{max} = D_{h(x)} = [-2; 2]$

Wichtige Bemerkung: Fehlt bei der Funktionsangabe hinter der Abbildungsvorschrift die Definitionsmenge D_f, so ist stillschweigend $D_f = D_{f(x)}$ anzunehmen.

2.1.4. Monotonie von Funktionen

Wir betrachten die drei Funktionen

$f_1 : x \mapsto 2x - 3\ ;\ x \in \mathbb{R}$

$f_2 : x \mapsto 4 - 3x;\ x \in \mathbb{R}$

$$f_3 : x \mapsto \begin{cases} x & ;\ x \in\ ]-\infty; 1[\\ 1 & ;\ x \in [1; 3[\\ 2x-5; & x \in [3; \infty[\end{cases}$$

Bei f_1 wachsen mit immer größer werdendem x die Funktionswerte fortgesetzt an, bei f_2 nehmen sie fortgesetzt ab. Die nicht konstante Funktion f_3 hat die Eigenschaft, daß mit immer größer werdendem x die Funktionswerte nicht kleiner werden. Das Verhalten der drei Funktionen ist typisch für viele Funktionen. Wir präzisieren das Funktionsverhalten durch folgende

[1] Wir erinnern an die Begriffsbestimmung aus dem Algebraunterricht: Unter der Definitionsmenge $D_{f(x)}$ des des Terms f(x) bezüglich der Grundmenge $\mathbb{R}$ versteht man *die Menge aller Zahlen* aus $\mathbb{R}$, die beim Einsetzen in den Term wieder eine Zahl aus $\mathbb{R}$ liefern. Es gilt $D_{f(x)} \subseteq \mathbb{R}$ und $D_f \subseteq D_{f(x)}$.

Definition:

Die Funktion $f: x \mapsto f(x);\ x \in D_f$ heißt	
streng monoton zunehmend	*streng monoton abnehmend*
wenn für alle $x_1, x_2 \in D_f$ gilt:	
$x_2 > x_1 \Rightarrow f(x_2) > f(x_1)$	$x_2 > x_1 \Rightarrow f(x_2) < f(x_1)$

Demnach ist f_1 streng monoton zunehmend. Denn $f(x_2) - f(x_1) = (2x_2 - 3) - (2x_1 - 3) = 2(x_2 - x_1) > 0$ für $x_2 > x_1$. f_2 nimmt streng monoton ab. Denn $f(x_2) - f(x_1) = (4 - 3x_2) - (4 - 3x_1) = -3(x_2 - x_1) < 0$, falls $x_2 > x_1$.
Von den zugehörigen Graphen sagt man, daß sie streng monoton *steigen* bzw. *fallen*. Wird beim Vergleich der Funktionswerte $f(x_2)$ und $f(x_1)$ auch Gleichheit zugelassen, so spricht man von Monotonie schlechthin.

Zusatz:[1]

Die Funktion $f: x \mapsto f(x);\ x \in D_f$ heißt	
monoton zunehmend	*monoton abnehmend*
wenn für alle $x_1, x_2 \in D_f$ gilt:	
$x_2 > x_1 \Rightarrow f(x_2) \geqq f(x_1)$	$x_2 > x_1 \Rightarrow f(x_2) \leqq f(x_1)$

Die Funktion f_3 nimmt demnach monoton zu. Denn im ersten und dritten Teilbereich von D_f ist $f(x_2) - f(x_1) > 0$, im zweiten ist $f(x_2) - f(x_1) = 0$, falls $x_2 > x_1$.

2.1.5. Beschränktheit von Funktionen

In 1.2.3. haben wir Mengen reeller Zahlen kennengelernt, die nach oben oder unten beschränkt sind. Der Begriff der Beschränktheit einer Zahlenmenge läßt sich auf die Menge der Funktionswerte übertragen.

Definition:

Die Funktion $f: x \mapsto f(x);\ x \in D_f$ heißt	
nach oben beschränkt	*nach unten beschränkt*
wenn es eine Zahl $S \in \mathbb{R}$ gibt, so daß	wenn es eine Zahl $s \in \mathbb{R}$ gibt, so daß
$f(x) \leqq S$	$f(x) \geqq s$
für alle $x \in D_f$.	

S heißt *obere Schranke*, s *untere Schranke* von f.
Ist S (s) eine obere (untere) Schranke, so ist jede Zahl, die größer (kleiner) ist als S (s) eine obere (untere) Schranke. Eine nach oben beschränkte Funktion hat unendlich viele obere, eine nach unten beschränkte Funktion unendlich viele untere Schranken. Die kleinste obere Schranke heißt nach 1.2.3. *Supremum*, die größte untere Schranke *Infimum* von f.

[1] Die konstante Funktion bleibt hier außer Betracht.

Beispiele:

a) $f: x \mapsto -x^2+2$; $x \in \mathbb{R}$ ist nach oben beschränkt. Die Zahl 3,5 ist z. B. eine obere Schranke. Die Zahl 2 ist das Supremum. Es gehört der Wertemenge W_f an, denn es ist $2 = f(0)$. Man skizziere den Graphen.

b) $f: x \mapsto 2^x$; $x \in \mathbb{R}$ ist nach unten beschränkt. Die Zahl -1 ist eine untere Schranke. Die Zahl 0 ist das Infimum. Es gehört der Wertemenge W_f *nicht* an. Denn die Lösungsmenge der Gleichung $2^x = 0$ ist leer. Skizze des Graphen!

Allgemein können wir sagen: Eine nach oben beschränkte Funktion hat ein Supremum, eine nach unten beschränkte Funktion hat ein Infimum. Weder das Supremum noch das Infimum müssen als Funktionswerte angenommen werden. Für den Graphen gilt: Ist f nach oben (unten) beschränkt, so gibt es eine Parallele zur x-Achse, über (unter) der kein Punkt des Graphen G_f liegt.

Ist f beidseitig beschränkt, so spricht man von Beschränktheit schlechthin:

Zusatz:

Die Funktion $f: x \mapsto f(x)$; $x \in D_f$ heißt *beschränkt*, wenn es eine Zahl $\sigma \in \mathbb{R}^+$ gibt, so daß für alle $x \in D_f$ gilt: $|f(x)| \leqq \sigma$

Beispiel:

Die Funktion $f: x \mapsto \sin x$; $x \in \mathbb{R}$ ist beschränkt. Denn es ist $|\sin x| \leqq 1$ für alle $x \in \mathbb{R}$. Das Supremum ist 1, das Infimum -1. Sowohl das Supremum als auch das Infimum gehören der Wertemenge W_f an. Skizze des Graphen!

Ist f beschränkt, so verläuft der Graph im Parallelstreifen, gebildet von den Geraden mit den Gleichungen $y - \sigma = 0$ und $y + \sigma = 0$, wobei Berührungen der Begrenzungsgeraden zugelassen sind.

Aufgaben

1. Gegeben sind die beiden Funktionen

$$f_1: x \mapsto \begin{cases} 1 & ; x = 1 \\ \dfrac{x^2-1}{x-1} & ; x \in \mathbb{R}\setminus\{1\} \end{cases} \qquad \text{sowie} \qquad f_2: x \mapsto x+1;\ x \in \mathbb{R}$$

Zeige: $f_1 \neq f_2$. Erläutere den Sachverhalt an beiden Graphen!

2. Vorgelegt sind die beiden Funktionen

$$\varphi: x \mapsto 1-x;\ x \in [-3; 4] \qquad \text{sowie} \qquad \Psi: x \mapsto \begin{cases} 2 & ; x = -1 \\ \dfrac{1-x^2}{1+x} & ; x \in [-4; 5]\setminus\{-1\} \end{cases}$$

Zeige, daß Ψ eine Fortsetzung von φ ist und erläutere den Sachverhalt an beiden Graphen!

3. Es sollen die beiden Funktionen φ_1 und φ_2 betrachtet werden:

$$\varphi_1: x \mapsto x+2;\ x \in [-5; 6] \qquad \text{sowie} \qquad \varphi_2: x \mapsto \begin{cases} \dfrac{x^2-\alpha}{x-2} & ; x \in [a; b]\setminus\{c\} \\ \beta & ; x = d \end{cases}$$

Durch Einsetzen von Zahlen aus $\mathbb{R}$ an Stelle der Leerstellen α, β, a, b, c, d läßt sich erreichen, daß $\varphi_2 = \varphi_1$ wird. Welche Zahlen sind dies?

4. Ergänze als Definitionsmenge D_f die maximal mögliche!

a) $f: x \mapsto \frac{1}{x}$ b) $f: x \mapsto \frac{2x-3}{3x+4}$ c) $f: x \mapsto \frac{x^2-x+1}{x^2+x-6}$

d) $f: x \mapsto \frac{1-\cos x}{\sin x}$ e) $f: x \mapsto \sqrt{x^2+2x-3}$ f) $f: x \mapsto \sqrt{3+2x-x^2}$

g) $f: x \mapsto 3\sqrt{1-2\cos x}$ h) $f: x \mapsto 2\sqrt{2\sin\frac{x}{2}-1}$ i) $f: x \mapsto x\sqrt{\frac{x-2}{4x+2}}$

5. Bestimme für jede der folgenden Funktionen D_{max} und W und zeichne den Graphen!

a) $f: x \mapsto -\sqrt{25-x^2}$ b) $f: x \mapsto \sqrt{x^2-16}$ c) $f: x \mapsto \sqrt{1+x^2}-x$

6. Untersuche, ohne den Graphen zu zeichnen, die folgenden Funktionen auf ihr Monotonieverhalten:

a) $f: x \mapsto \frac{1}{2}x+3;\ x \in \mathbb{R}$ b) $f: x \mapsto -\frac{1}{3}x-2;\ x \in \mathbb{R}$

c) $f: x \mapsto x^2;\ x \in \mathbb{R}^+$ d) $f: x \mapsto \frac{1}{x};\ x \in \mathbb{R}^-$

e) $f: x \mapsto \frac{1}{|x|};\ x \in \mathbb{R}^-$ f) $f: x \mapsto \begin{cases} 2; & x \in [0; 3[\\ -x+5; & x \in [3; \infty[\end{cases}$

7. Zeige (ohne Zeichnung des Graphen): Die Funktion $f: x \mapsto x^3;\ x \in \mathbb{R}$ nimmt streng monoton zu. Anleitung: Benütze die Formel $a^3-b^3=(a-b)(a^2+ba+b^2)$. Der zweite Faktor läßt sich durch quadratische Ergänzung in die Summe zweier Quadrate überführen und damit als positiv für alle $a, b \in \mathbb{R}$ nachweisen.

8. Jede der folgenden Funktionen ist entweder nach oben oder unten oder beidseitig beschränkt. Man weise dies nach, gebe Supremum bzw. Infimum an und entscheide, ob es von der Funktion angenommen wird oder nicht.

a) $f: x \mapsto x^2-2;\ x \in \mathbb{R}$ b) $f: x \mapsto 3\sin 2x;\ x \in \mathbb{R}$

c) $f: x \mapsto \frac{1+2x}{x};\ x \in \mathbb{R}^+$ d) $f: x \mapsto 2^{-x}-1;\ x \in \mathbb{R}$

e) $f: x \mapsto \frac{2}{1+x^2};\ x \in \mathbb{R}$ f) $f: x \mapsto -x^2+6x-7;\ x \in \mathbb{R}$

2.1.6. Weitere Beispiele von Funktionen

Wir stellen zunächst die wichtigsten Funktionen zusammen, die aus der Algebra und Trigonometrie bekannt sind.

(1) Konstante Funktion:[1] $x \mapsto a;\ x \in \mathbb{R};\ a \in \mathbb{R}$
(2) Identische Funktion:[2] $x \mapsto x;\ x \in \mathbb{R}$
(3) Betragsfunktion: $x \mapsto |x|;\ x \in \mathbb{R}$
(4) Lineare Funktion: $x \mapsto ax+b;\ x \in \mathbb{R};\ a, b \in \mathbb{R}$
(5) Quadr. Normalfunktion: $x \mapsto x^2;\ x \in \mathbb{R}$
(6) Kubische Normalfunktion: $x \mapsto x^3;\ x \in \mathbb{R}$
(7) Quadratwurzelfunktion: $x \mapsto \sqrt{x};\ x \in \mathbb{R}_0^+$
(8) Potenzfunktion: $x \mapsto x^k;\ x \in \mathbb{R}\setminus\{0\};\ k \in \mathbb{Z}$

[1] Für $a=0$ ergibt sich die sogenannte Nullfunktion: $x \mapsto 0;\ x \in \mathbb{R}$
[2] Die identische Funktion wird meist mit id abgekürzt, id: $x \mapsto x;\ x \in \mathbb{R}$.

(9) Exponentialfunktion: $x \mapsto a^x;\ x \in \mathbb{R};\ a \in \mathbb{R}^+$

(10) Logarithmusfunktion: $x \mapsto \log_a x;\ x \in \mathbb{R}^+;\ a \in \mathbb{R}^+ \setminus \{1\}$

(11) Sinusfunktion:[1] $x \mapsto \sin x;\ x \in \mathbb{R}$

(12) Kosinusfunktion: $x \mapsto \cos x;\ x \in \mathbb{R}$

(13) Tangensfunktion: $x \mapsto \tan x;\ x \in \{x \mid x \in \mathbb{R} \wedge x \neq (2k+1)\frac{\pi}{2}\};\ k \in \mathbb{Z}$

(14) Kotangensfunktion: $x \mapsto \cot x;\ x \in \{x \mid x \in \mathbb{R} \wedge x \neq k\pi\};\ k \in \mathbb{Z}.$

Wir wollen nun einige weitere Beispiele von Funktionen kennenlernen und betrachten zunächst zwei Funktionen, in deren Terme Absolutstriche vorkommen. In diesem Fall ist die Zerlegung des Definitionsbereichs[2] in Teilbereiche angezeigt, wobei die Definition des Betrags zu beachten ist. Man vergleiche hierzu Aufgabe 11 in 1.2.2.

1. Beispiel: $f: x \mapsto 2^{|x-1|};\ x \in [-2; 2]$

Zunächst gilt:

$|x-1| = x-1$ für $x-1 \geqq 0$, d.h.: $x \geqq 1$

$|x-1| = -x+1$ für $x-1 < 0$, d.h.: $x < 1$

Daher folgt:

$$f: x \mapsto \begin{cases} 2^{x-1}; & x \in [1; 2] \\ 2^{-x+1}; & x \in [-2; 1[\end{cases}$$

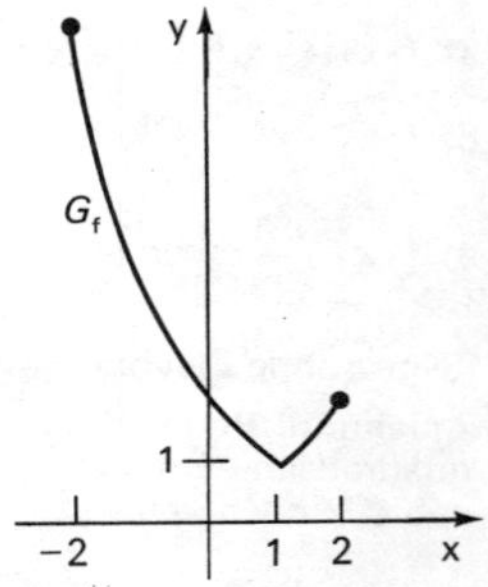

Fig. 2.10

Treten in einem Term mehrfach Beträge von Summen oder Differenzen auf, so ist eine sorgfältige Fallunterscheidung nötig.

2. Beispiel: $\varphi: x \mapsto |x-3| + |x-1|;\ x \in \mathbb{R};$

1. Fall: $x \geqq 3$
$\varphi(x) = x-3+x-1 = 2x-4$

2. Fall: $1 < x < 3$
$\varphi(x) = -x+3+x-1 = 2$

3. Fall: $x \leqq 1$
$\varphi(x) = -x+3-x+1 = -2x+4$

Betragfreie Schreibweise:

$$\varphi: x \mapsto \begin{cases} 2x-4; & x \in [3; \infty[\\ 2; & x \in]1; 3[\\ -2x+4; & x \in]-\infty; 1] \end{cases}$$

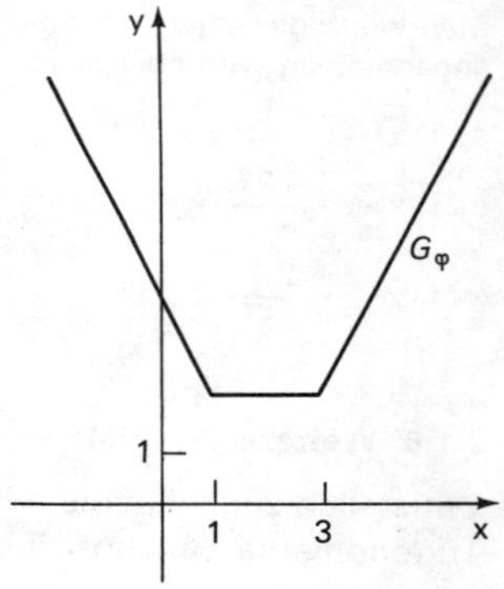

Fig. 2.11

3. Beispiel: Die *Vorzeichenfunktion*

$\sigma: x \mapsto \operatorname{sgn} x;\ x \in \mathbb{R}$

Erklärung[3]: $\operatorname{sgn} x = \begin{cases} +1 & \text{für } x > 0 \\ 0 & \text{für } x = 0 \\ -1 & \text{für } x < 0 \end{cases}$

Die Wertemenge ist $W = \{1; 0; -1\}$.

Graph: Fig. 2.12

Beachte: $|x| = x \cdot \operatorname{sgn} x$

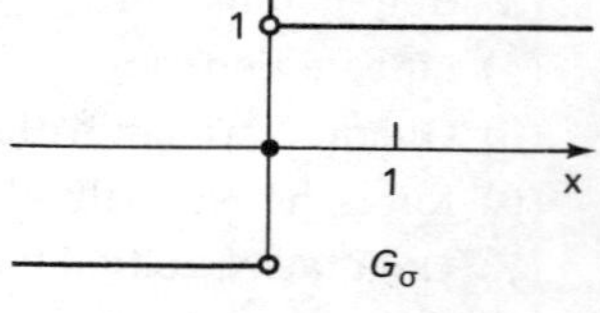

Fig. 2.12

[1] Die vier trigonometrischen Grundfunktionen werden oft kurz mit sin, cos, tan und cot bezeichnet.

[2] Statt Definitionsmenge sagt man häufig auch Definitionsbereich, statt Wertemenge Wertebereich.

[3] Sprich: „Signum x“, lat. Vorzeichen, Wahrzeichen.

4. Beispiel: Die *Heavisidefunktion*
$H: x \mapsto H(x);\ x \in \mathbb{R};$ [1]

Erklärung: $H(x) = \begin{cases} 1 \text{ für } x > 0 \\ 0 \text{ für } x \leqq 0 \end{cases}$

Die Wertemenge ist $W = \{0; 1\}$
Graph: Fig. 2.13.

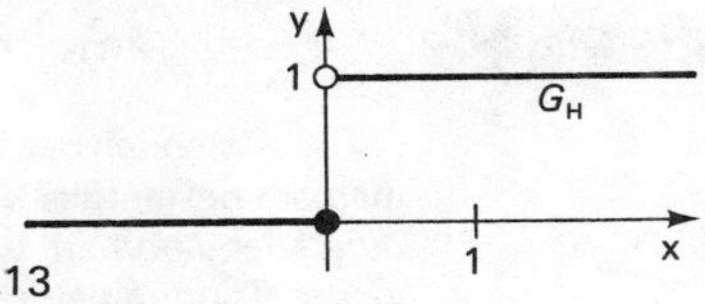

Fig. 2.13

5. Beispiel: Die *Gaußsche Klammerfunktion*
$\gamma: x \mapsto [x];\ x \in \mathbb{R};$ [2]

Erklärung:
$[x] = k$ für $k \leqq x < k+1;\ k \in \mathbb{Z}$
In Worten: $[x]$ ist die größte ganze Zahl, die kleiner oder gleich x ist.
Wertemenge: $W = \mathbb{Z}$
Wertetabelle und Graph (Fig. 2.14) für $\gamma_1: x \mapsto [x];\ x \in [-3; 3]$:

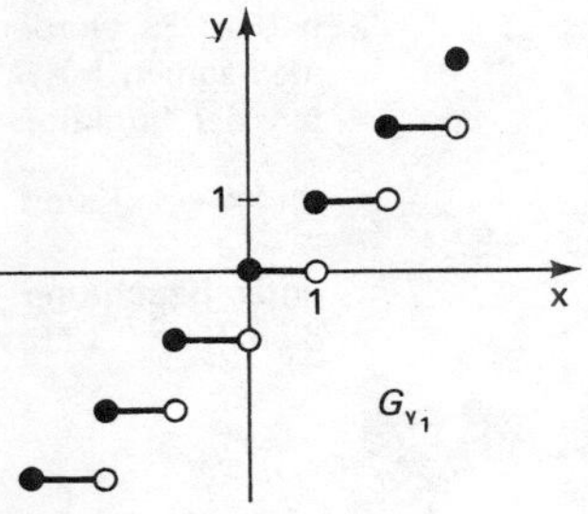

Fig. 2.14

x	3	2,75	2,01	2	1,5	1	lg 2	0	−0,5	−1	$-\frac{\pi}{2}$	−2	$-\sqrt{5}$	−3
[x]	3	2	2	2	1	1	0	0	−1	−1	−2	−2	−3	−3

Die Vorzeichenfunktion, die Heavisidefunktion und die Gaußsche Klammerfunktion lassen sich mit den bereits bekannten Funktionen in mannigfacher Weise verbinden.

6. Beispiel: $f: x \mapsto (x^2+1)\operatorname{sgn} x;\ D = [-2; 2]$.
Man zeichne den Graphen und gebe W an!

Lösung: Nach der Erklärung von sgn gilt:

$$f: x \mapsto \begin{cases} x^2+1 & ;\ x \in \,]0; 2] \\ 0 & ;\ x \in \{0\} \\ -(x^2+1) & ;\ x \in [-2; 0[\end{cases}$$

Aus dem Graphen ist die Wertemenge zu ersehen:
$W = \{0\} \cup \,]1; 5] \cup [-5, -1[$
Der Nullpunkt ist ein isolierter Punkt des Graphen (Fig. 2.15).

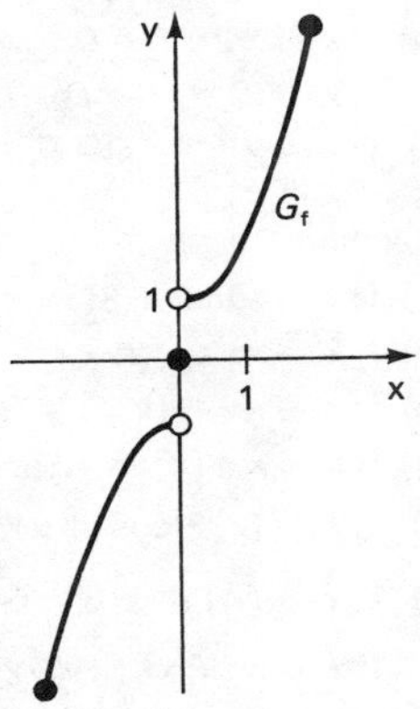

Fig. 2.15

7. Beispiel: $\varphi: x \mapsto H(x)(x+1) + H(-x)\cos\left(\frac{\pi}{2}x\right);\ D = [-3; 3]$.

Es soll der Graph gezeichnet und die Wertemenge angegeben werden.

Lösung: Nach der Erklärung von H (x) ist

$$\varphi: x \mapsto \begin{cases} x+1 & ;\ x \in \,]0; 3] \\ 0 & ;\ x \in \{0\} \\ \cos\left(\frac{\pi}{2}x\right) & ;\ x \in [-3; 0[\end{cases}$$

Den Graphen von φ zeigt Fig. 2.16
$W = [-1; 4] \setminus \{1\}$.

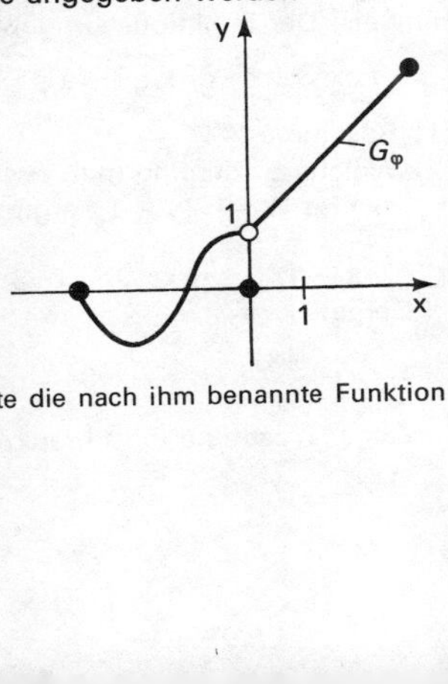

Fig. 2.16

[1] Oliver Heaviside (1850–1925), bedeutender englischer Physiker, führte die nach ihm benannte Funktion zur Lösung spezieller Probleme der Analysis ein.
[2] Auch Entier-Funktion genannt, (vom franz. entier, ganz).

8. Beispiel: $\Psi: x \mapsto [x] + \sin\left(\frac{\pi}{2}x\right)$; $D = [0; 4[$

Für das Zeichnen des Graphen wendet man am besten das Verfahren der *Ordinatenaddition* an, wie wir es bereits in der Trigonometrie kennen gelernt haben: Es werden die zu einem gemeinsamen $x \in D$ gehörigen Ordinaten der Funktionen

$\Psi_1: x \mapsto [x]$ und $\Psi_2: x \mapsto \sin\left(\frac{\pi}{2}x\right)$

unter Beachtung der Vorzeichen addiert (Fig. 2.17). $W = [0; 3[\setminus\{1\}$.

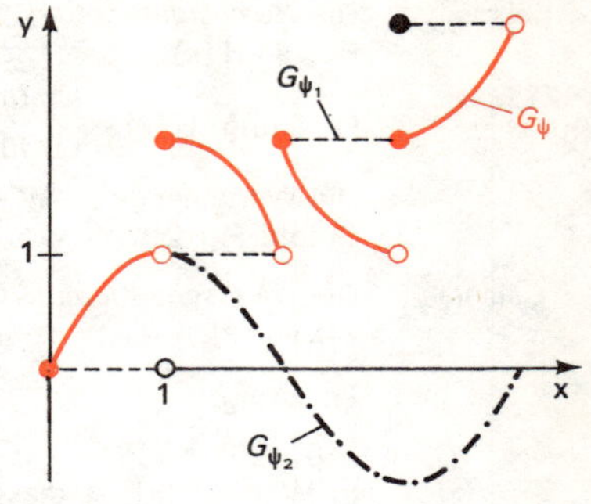

Fig. 2.17

Aufgaben

1. Skizziere die Graphen der folgenden Funktionen:

a) $f: x \mapsto -\sin x$; $D = [-2\pi; 2\pi]$
b) $f: x \mapsto 1 + \sin x$; $D = [-\pi; 2\pi]$
c) $f: x \mapsto \sin(x+1)$; $D = [-\pi; 2\pi]$
d) $f: x \mapsto \sin|x|$; $D = [-2\pi; 2\pi]$
e) $f: x \mapsto |\sin x|$; $D = [-2\pi; 2\pi]$
f) $f: x \mapsto |0{,}5 + \sin|x||$; $D = D_{f(x)}$
g) $f: x \mapsto -x^3$; $D = [-2; 2]$
h) $f: x \mapsto 2 - x^2$; $D = [-3; 3]$
i) $f: x \mapsto (2-x)^2$; $D = [-3; 3]$
k) $f: x \mapsto \lg|x-1|$; $D = D_{f(x)}$
l) $f: x \mapsto |\lg(x-1)|$; $D = D_{f(x)}$
m) $f: x \mapsto |\lg(|x|-1)|$; $D = D_{f(x)}$
n) $f: x \mapsto -2^x$; $D = D_{f(x)}$
o) $f: x \mapsto 2^x - 3$; $D = D_{f(x)}$
p) $f: x \mapsto 2^{x-3}$; $D = D_{f(x)}$
q) $f: x \mapsto 2^{|x|}$; $D = [-3; 3]$
r) $f: x \mapsto 2^{|x-3|}$; $D = D_{f(x)}$
s) $f: x \mapsto |2^{|x|} - 3|$; $D = D_{f(x)}$.

2. Zeichne G_f!

a) $f: x \mapsto \operatorname{sgn}(x-3)$; $x \in [-2; 5]$
b) $f: x \mapsto x + \operatorname{sgn} x$; $x \in [-4; 4]$
c) $f: x \mapsto x \cdot \operatorname{sgn} x$; $x \in \mathbb{R}$
d) $f: x \mapsto H(x-4)$; $x \in \mathbb{R}$
e) $f: x \mapsto x + H(x)$; $x \in \mathbb{R}$
f) $f: x \mapsto H(x) \cdot 2^x$; $x \in \mathbb{R}$
g) $f: x \mapsto x - [x]$; $x \in \mathbb{R}$
h) $f: x \mapsto [x] \cdot \operatorname{sgn} x$; $x \in \mathbb{R}$
i) $f: x \mapsto [x] + \cos\left(\frac{\pi}{2}x\right)$; $x \in [0; 4]$
k) $f: x \mapsto (-1)^{[x]}$; $x \in [-5; 5]$
l) $f: x \mapsto (-1)^{[x]}x$; $x \in [-4; 4]$
m) $f: x \mapsto (-1)^{[x]}\sin\left(\frac{\pi}{2}x\right)$; $x \in [0; 4]$
n) $f: x \mapsto H(x)\,x^2 + H(-x)\,(x+1)$; $x \in [-4; 2]$
o) $f: x \mapsto H(x)\,(x+1)^2 + H(-x)\,2^x$; $x \in [-5; 2]$

3. Bestimme die Wertemenge von $f: x \mapsto a \cdot \sin x + b \cdot \cos x$; $x \in \mathbb{R}$ mit $a, b \in \mathbb{R}$ als Formvariablen!
Hinweis: Der Funktionsterm läßt sich auf die Form $c \cdot \sin(x+d)$ bringen mit $c, d \in \mathbb{R}$.

4. $f: x \mapsto ax^2 + bx + c$; $x \in \mathbb{R}$; $a \in \mathbb{R}\setminus\{0\}$; $b, c \in \mathbb{R}$

(1) Bestimme W!
(2) Welche Beziehung muß zwischen den Formvariablen a, b, c bestehen, damit sich als Wertemenge $W = \{y \mid y \geqq 1\}$ ergibt?

5. a) $f_1: x \mapsto |x| \cdot \operatorname{sgn} x$; $D_1 = [-3; 5]$ und $f_2: x \mapsto x$; $D_2 = [-3; 5]$
Zeige: $f_1 = f_2$

b) $f_1: x \mapsto \frac{|x|}{x}$; $D_1 = \mathbb{R}\setminus\{0\}$ und $f_2: x \mapsto \operatorname{sgn} x$; $D_2 = \mathbb{R}$
Zeige: f_1 ist eine Einschränkung von f_2.

2.2. Umkehrung der Zuordnung bei Relation und Funktion

2.2.1. Die Umkehrrelation

Wir kehren nochmals zurück zum Beispiel in 2.1.1., also zur Relation R von $A = \{0; 1; 2\}$ zu $B = \{1; 3; 4\}$. Es war

$$R = \{(0; 1); (1; 1); (1; 3); (2; 3)\}.$$

Kehrt man im zugehörigen Pfeildiagramm (Fig. 2.1) alle Pfeile um, so erhält man eine Relation von B zu A. Sie heißt *Umkehrrelation* von R und wird mit R^{-1} bezeichnet. Offenbar ist

$$R^{-1} = \{(1; 0); (1; 1); (3; 1); (3; 2)\}.$$

In jedem der vier Paare von R^{-1} sind, im Vergleich zu R, die erste und die zweite Komponente miteinander vertauscht. Auch A und B haben ihre Rollen gewechselt. Im Koordinatendiagramm bedeutet eine Vertauschung der Variablen x und y (also der Übergang von P (a; b) zu P′ (b; a)) eine Spiegelung von P nach P′ an der Winkelhalbierenden des I. und III. Quadranten.[1] Fig. 2.18 zeigt die Graphen von R und R^{-1} in einem gemeinsamen Koordinatennetz.

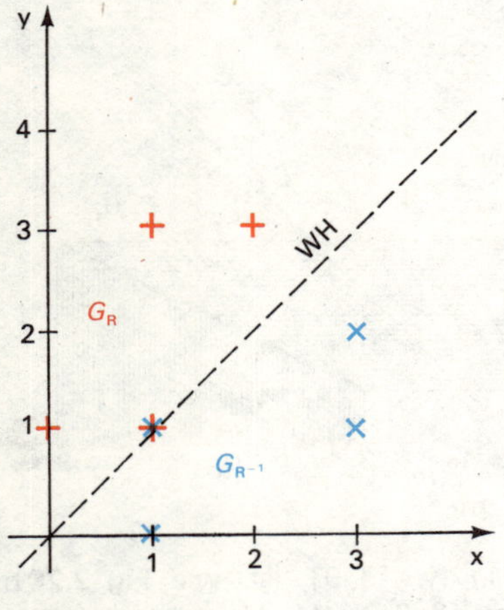

Fig. 2.18

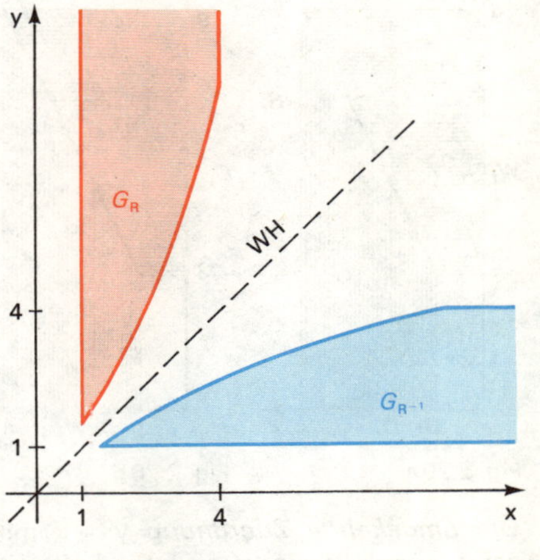

Fig. 2.19

Ist die Relation in beschreibender Form festgelegt, wie etwa in Beispiel a) von 2.1.1. durch

$$A = [1; 4];\ B = \mathbb{R};\ R = \{(x; y) \in A \times B \mid y \geqq 0{,}5x^2 + 1\}$$

und wollen wir zur Umkehrrelation übergehen, so vertauschen wir die Mengen A und B und die Variablen x und y in der Aussageform. Es ergibt sich dann

$$A = \mathbb{R};\ B = [1; 4];\ R^{-1} = \{(x; y) \in A \times B \mid x \geqq 0{,}5y^2 + 1\}$$

Fig. 2.19 zeigt den Graphen von R und R^{-1}. Letzterer entsteht durch Spiegelung des Graphen von R an der Winkelhalbierenden des I. und III. Quadranten.

[1] Algebra II, § 60 C. Vorausgesetzt sind gleiche Einheiten auf beiden Koordinatenachsen.

2.2.2. Die Umkehrfunktion

Funktionen sind Relationen. Kehren wir die Funktionen $\{(0; 1); (1; 1); (2; 3)\}$ bzw. $\{(x; y) \in \mathbb{Z} \times \mathbb{R} \mid y = x^2\}$ um, so erhalten wir $\{(1; 0); (1; 1); (3; 2)\}$ bzw. $\{(x; y) \in \mathbb{R} \times \mathbb{Z} \mid x = y^2)\}$, d.h. Relationen, die jedoch nicht rechtseindeutig und daher keine Funktionen sind. Wir interessieren uns jetzt für den Fall, daß die Umkehrung einer Funktion wieder eine Funktion liefert und untersuchen zwei Beispiele genauer.

A. Wir betrachten zuerst die Zuordnung $x \mapsto y$ mit $y = 2x + 1$; $x \in [1; 4]$. Zu jedem x der Menge $[1; 4]$ gehört genau ein y der Menge $[3; 9]$. Fig. 2.20a. Die Zuordnung legt eine Funktion

$$f: x \mapsto 2x + 1;\ x \in [1; 4]$$

fest. Es liegt eine Abbildung $[1; 4] \to [3; 9]$ vor. Unter anderem gilt:

$2 \mapsto 5 \qquad 2{,}5 \mapsto 6 \qquad 3 \mapsto 7$

Daher ist

$(2; 5) \in f \qquad (2{,}5; 6) \in f \qquad (3; 7) \in f$

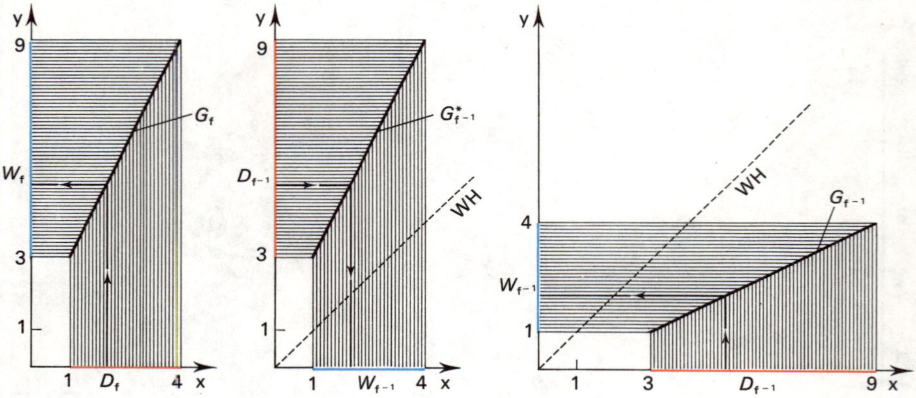

Fig. 2.20a Fig. 2.20b Fig. 2.20c

Die *umgekehrte Zuordnung* $y \mapsto x$ mit $x = \frac{1}{2}(y - 1)$; $y \in [3; 9]$ ist, wie Fig. 2.20b zeigt, ebenfalls eindeutig.[1] Sie liefert die Abbildung $[3; 9] \to [1; 4]$ und legt ebenfalls eine Funktion fest. Sie heißt *Umkehrfunktion* von f und wird mit f^{-1} bezeichnet. Die Definitionsmenge von f^{-1} ist $[3; 9]$, also die Wertemenge von f. Die Wertemenge von f^{-1} ist $[1; 4]$, also die Definitionsmenge von f. Die Umkehrfunktion von f lautet daher:

$$f^{-1}: y \mapsto \tfrac{1}{2}(y - 1);\ y \in [3; 9] \qquad \text{(Variable y)}^{2}$$

U.a. gelten die Zuordnungen

$5 \mapsto 2 \qquad 6 \mapsto 2{,}5 \qquad 7 \mapsto 3$

Daher ist

$(5; 2) \in f^{-1} \qquad (6; 2{,}5) \in f^{-1} \qquad (7; 3) \in f^{-1}$

---

[1] Die Gleichung $x = \frac{1}{2}(y - 1)$ ergibt sich durch Auflösung von $y = 2x + 1$ nach x.

[2] Ist y die Variable für die Funktionswerte, so bezeichnen wir den Funktionsgraphen mit G^*. Siehe Fig. 2.20b.

Nun haben wir bisher die Variable nicht mit y, sondern mit x bezeichnet. Da eine Änderung der Bezeichnung der Variablen keinerlei Einfluß auf die Funktionseigenschaften hat, vertauschen wir y mit x und erhalten für die Umkehrfunktion von f in gewohnter Schreibweise

$$f^{-1}: x \mapsto \tfrac{1}{2}(x-1);\; x \in [3;9] \qquad \text{(Variable x)}$$

$D_{f^{-1}}$ liegt jetzt, wie üblich, auf der x-Achse, $W_{f^{-1}}$ auf der y-Achse. Fig. 2.20c. Die neue Lage von $D_{f^{-1}}$ bzw. $W_{f^{-1}}$ ergibt sich durch Spiegelung des ursprünglich auf der y-Achse liegenden Definitionsbereichs bzw. des auf der x-Achse liegenden Wertebereichs von f^{-1} an der Winkelhalbierenden WH des I. und III. Quadranten und auch der Graph von f^{-1} ist das Spiegelbild des Graphen von f in Bezug auf diese Gerade.

B. Nun untersuchen wir $x \mapsto y$ mit $y = x^2$; $x \in \mathbb{R}$. Zu jedem $x \in \mathbb{R}$ gehört genau ein $y \in \mathbb{R}_0^+$. Die Zuordnung $x \mapsto y$ definiert eine Funktion

$$\varphi: x \mapsto x^2;\; x \in \mathbb{R}$$

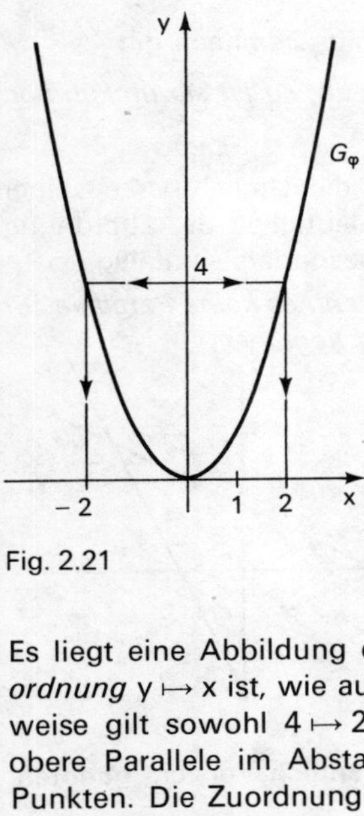

Fig. 2.21

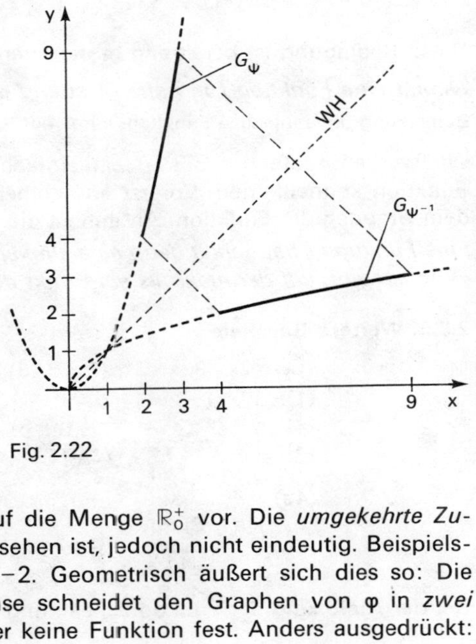

Fig. 2.22

Es liegt eine Abbildung der Menge $\mathbb{R}$ auf die Menge $\mathbb{R}_0^+$ vor. Die *umgekehrte Zuordnung* $y \mapsto x$ ist, wie aus Fig. 2.21 zu ersehen ist, jedoch nicht eindeutig. Beispielsweise gilt sowohl $4 \mapsto 2$ als auch $4 \mapsto -2$. Geometrisch äußert sich dies so: Die obere Parallele im Abstand 4 zur x-Achse schneidet den Graphen von φ in *zwei* Punkten. Die Zuordnung $y \mapsto x$ legt daher keine Funktion fest. Anders ausgedrückt: φ ist nicht umkehrbar.
Dagegen ist eine Einschränkung von φ umkehrbar, etwa

$$\psi: x \mapsto x^2;\; x \in [2;3]$$

Die Umkehrung von $2 \mapsto 4$ ist jetzt, wie auch Fig. 2.22 zeigt, eindeutig $4 \mapsto 2$. Die obere Parallele zur x-Achse im Abstand 4 schneidet den Graphen von Ψ in genau einem Punkt und alle anderen Parallelen schneiden ihn in höchstens einem Punkt. (→ Injektion)
Die Umkehrfunktion Ψ^{-1} finden wir, indem wir unsere im 1. Beispiel an f angestellten Betrachtungen auf Ψ übertragen:

(1) Wir bestimmen $W_\psi = [4; 9]$ und beachten, daß $W_\psi = D_{\psi^{-1}}$ ist.

(2) Wir lösen die Funktionsgleichung $y = x^2$ nach x auf und erhalten $x = \sqrt{y}$. Damit ist

(3) $\psi^{-1}: y \mapsto x = \sqrt{y};\ y \in [4; 9]$ und nach Vertauschung von y mit x

(4a) $\psi^{-1}: x \mapsto y = \sqrt{x};\ x \in [4; 9]$, was wir verkürzen können auf

(4b) $\psi^{-1}: x \mapsto \sqrt{x};\ x \in [4; 9]$.

C. Wir erkennen, daß eine Funktion mit der Zuordnung $x \mapsto y$ umkehrbar ist, wenn auch die Zuordnung $y \mapsto x$ eindeutig ist. Man sagt dann, die Zuordnung sei *eineindeutig* und spricht von einer (nun auch) *linkseindeutigen* oder *injektiven* Funktion. Dieser Fall tritt genau dann ein, wenn zu zwei voneinander verschiedenen Argumenten x_1 und x_2 stets auch zwei voneinander verschiedene Funktionswerte $f(x_1)$ und $f(x_2)$ gehören. Es ergibt sich der

Satz:

> Eine Funktion f hat genau dann eine Umkehrfunktion f^{-1}, wenn für alle $x_1, x_2 \in D_f$ gilt: $x_1 \neq x_2 \Rightarrow f(x_1) \neq f(x_2)$

→ injektiv

Diese Bedingung ist bei streng monotonen Funktionen erfüllt. Demnach gilt:

Nimmt eine Funktion f in ganz D_f streng monoton zu oder ab, so ist sie umkehrbar.

Bemerkung: Eine injektive Funktion von *D* auf *W* heißt *bijektiv*.

Wir werden später (in 5.3.2.) ein einfaches Kriterium für die Umkehrbarkeit einer Funktion kennenlernen. Vorerst entnehmen wir die Eineindeutigkeit der Zuordnung dem Graphen der Funktion. An ihm ist die Umkehrbarkeit besonders sinnfällig:

Eine Funktion f hat genau dann eine Umkehrfunktion f^{-1}, wenn es keine Parallele zur x-Achse gibt, auf der mehr als ein Punkt des Graphen von f liegt.

2.2.3. Weitere Beispiele

1. Beispiel: $l: x \mapsto 2x - 3;\ x \in \mathbb{R}_0^+$ (Fig. 2.23)

(1) $W_l = [-3; \infty[= D_{l^{-1}}$

(2) $y = 2x - 3 \Rightarrow x = \frac{1}{2}(y + 3)$

(3) $l^{-1}: y \mapsto x = \frac{1}{2}(y+3)$ mit $y \in [-3; \infty[$

(4a) $l^{-1}: x \mapsto y = \frac{1}{2}(x+3)$ mit $x \in [-3; \infty[$

(4b) $l^{-1}: x \mapsto \frac{1}{2}(x+3);\ x \in [-3; \infty[$

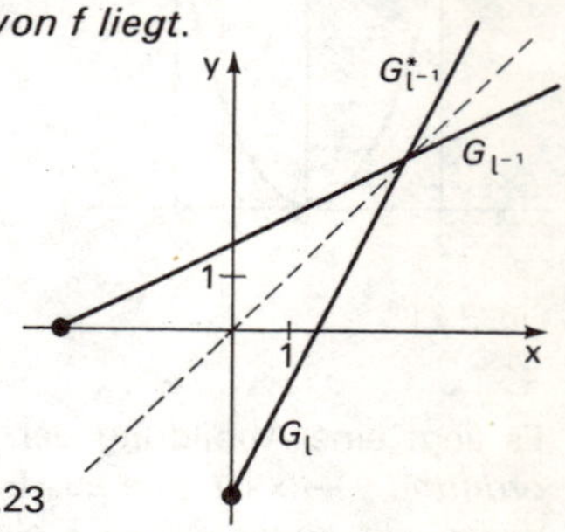

Fig. 2.23

Bei der Auflösung der Funktionsgleichung nach x ist gelegentlich Vorsicht geboten:

2. Beispiel: $k: x \mapsto x^3;\ x \in \mathbb{R}$ (Fig. 2.24);

(1) $W_k = \mathbb{R} = D_{k^{-1}}$

(2) $y = x^3 \Rightarrow x = \begin{cases} \sqrt[3]{y} & \text{für } y \geqq 0 \\ -\sqrt[3]{-y} & \text{für } y < 0 \end{cases}$

(3) $k^{-1}: y \mapsto x = \begin{cases} \sqrt[3]{y}\ ; & y \in \mathbb{R}_0^+ \\ -\sqrt[3]{-y}; & y \in \mathbb{R}^- \end{cases}$

(4) $k^{-1}: x \mapsto \begin{cases} \sqrt[3]{x}\ ; & x \in \mathbb{R}_0^+ \\ -\sqrt[3]{-x}; & x \in \mathbb{R}^- \end{cases}$

Beachte: $\mathbb{R}_0^+ \cup \mathbb{R}^- = \mathbb{R} = D_{k^{-1}}$

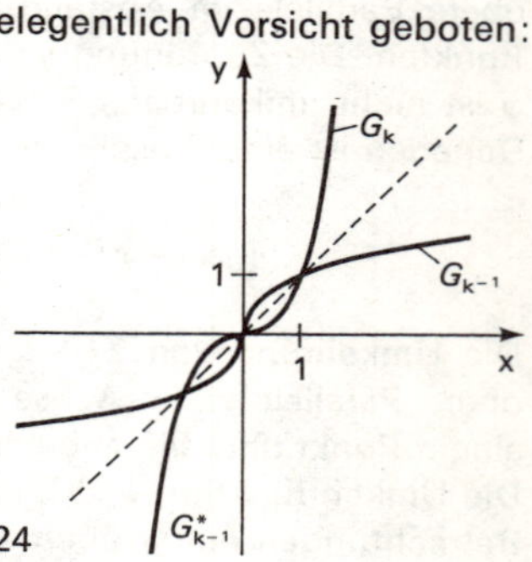

Fig. 2.24

Manchmal ist eine Auflösung der Funktionsgleichung nach x nicht möglich. Dann kann die Umkehrfunktion nur als Paarmenge beschreibend angegeben werden:

3. Beispiel: $\Psi: x \mapsto x^3 - 3x + 2;\ x \in [1; \infty[$; (Fig. 2.25)

(1) $W_\Psi = \mathbb{R}_0^+ = D_{\Psi^{-1}}$

(2) $y = x^3 - 3x + 2$ (nach x nicht auflösbar)

$x = y^3 - 3y + 2$ (Vertauschung von x und y)

(3) $\Psi^{-1} = \{(x; y) \mid x \in \mathbb{R}_0^+ \wedge x - y^3 + 3y - 2 = 0\}$

Die Umkehrfunktion Ψ^{-1} ist damit eindeutig festgelegt. U.a. gilt:

$(0; 1) \in \Psi^{-1}$, $(4; 2) \in \Psi^{-1}$, $(54; 4) \in \Psi^{-1}$.

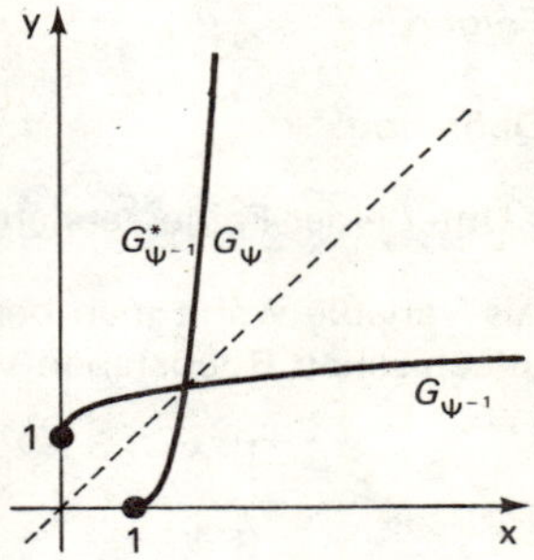

Fig. 2.25

Aufgaben

1. Gib die Umkehrrelation R^{-1} der Relation R von $A = \mathbb{N}_0$ zu $B = \mathbb{Z}$ an! Zeichne die Graphen von R und R^{-1}!
   a) $R = \{(1; -1); (0; -1); (0; 0); (0; 1); (1; 2); (1; 3); (2; 3); (2; 4); (3; 5)\}$
   b) $R = \{(0; 0); (1; 1); (2; 2); (2; 1); (2; 0); (2; -1); (2; -2); (3; -2); (4; -2); (4; -1); (4; 0)\}$
2. Wie lautet die Umkehrrelation R^{-1} der Relation R von $\mathbb{N}$ zu $\mathbb{R}$? Zeichne G_R und $G_{R^{-1}}$!
   a) $R = \{(x; y) \in \mathbb{N} \times \mathbb{R} \mid y \leqq 3\}$
   b) $R = \{(x; y) \in \mathbb{N} \times \mathbb{R} \mid y \leqq x\}$
   c) $R = \{(x; y) \in \mathbb{N} \times \mathbb{R} \mid x - 2y \geqq 0\}$
   d) $R = \{(x; y) \in \mathbb{N} \times \mathbb{R} \mid x^2 + y^2 \leqq 25 \wedge y \leqq 0\}$
3. Zeige: Die Funktion $f: x \mapsto x^2 \cdot \operatorname{sgn} x;\ x \in \mathbb{R}$ hat eine Umkehrfunktion, nämlich $f^{-1}: x \mapsto \sqrt{|x|} \cdot \operatorname{sgn} x;\ x \in \mathbb{R}$. Zeichne den Graphen von f und f^{-1}!
4. Schreibe die Umkehrfunktion an!
   a) $f: x \mapsto 0{,}5x + 3;\ D_f = [-10; 10]$
   b) $f: x \mapsto 4x^2 + 1;\ D_f = [0; \infty[$
   c) $f: x \mapsto x^4;\ D_f =]-\infty; 0]$
   d) $f: x \mapsto \frac{1-x}{x-2};\ D_f = \mathbb{R} \setminus \{2\}$
   e) $f: x \mapsto \sqrt{x} + 1;\ D_f = \mathbb{R}_0^+$
   f) $f: x \mapsto \sqrt{x+1};\ D_f = [-1; 8]$
5. Man überzeuge sich an Hand des Graphen, daß die Funktion f im angegebenen Definitionsbereich eineindeutig ist und gebe die Umkehrfunktion f^{-1} als Paarmenge an.
   a) $f: x \mapsto x^2 - 6x + 5;\ D_f = [3; \infty[$
   b) $f: x \mapsto 0{,}5x^3 - 2x;\ D_f =]-\infty; -2[\cup [2; \infty[$
   c) $f: x \mapsto \cos x;\ D_f = [0; \pi]$
   d) $f: x \mapsto \tan x;\ D_f =]-\frac{\pi}{2}; \frac{\pi}{2}[$
6. a) $f: x \mapsto c - x;\ x \in \mathbb{R}$; c reelle Formvariable
   Zeige: $f^{-1} = f$. Geometrische Deutung!
   b) Deute die Gleichung $(\varphi^{-1})^{-1} = \varphi$ und erläutere den Sachverhalt am Graphen der Funktion φ!

2.3. Folgen als spezielle Funktionen

2.3.1. Definition der Folge

Wir betrachten die beiden Funktionen

$f: x \mapsto 5 - x;\ x \in \{1; 2; 3; 4; \ldots\}$ und $g: x \mapsto \frac{6}{x+1};\ x \in \{1; 2; 3; 4; \ldots\}$.

In beiden Fällen ist die Definitionsmenge die Menge der natürlichen Zahlen. Als Wertemenge ergibt sich, wie leicht zu ersehen, jeweils eine Menge ganz bestimmter reeller Zahlen. Man nennt solche Funktionen reellwertige Folgefunktionen oder kurz *Folgen*.

Definition:

Unter einer Folge versteht man eine Funktion mit $D_f = \mathbb{N}$.

Als Variable wählt man bei Folgen an Stelle des Buchstabens x im allgemeinen den griechischen Buchstaben ν. Damit ist

$$f\colon \nu \mapsto 5 - \nu;\ \nu \in \mathbb{N},$$

$$g\colon \nu \mapsto \frac{6}{\nu + 1};\ \nu \in \mathbb{N}.$$

Bezeichnen wir den zu ν gehörigen Funktionswert mit a_ν, so liegt eine Abbildung mit der Vorschrift $\nu \mapsto a_\nu$ zugrunde und es ergibt sich in ausführlicher Schreibweise:

$$f\colon \nu \mapsto a_\nu \text{ mit } a_\nu = 5 - \nu;\ \nu \in \mathbb{N},$$

$$g\colon \nu \mapsto a_\nu \text{ mit } a_\nu = \frac{6}{\nu + 1};\ \nu \in \mathbb{N}.$$

Die Zahlen $a_1, a_2, a_3, a_4, \ldots$ sind die zu den Platznummern (Indizes) 1, 2, 3, 4, ... gehörigen Funktionswerte. Sie heißen *Glieder* der Folge $\langle a_\nu \rangle$. a_ν wird als das allgemeine Glied bezeichnet.[1] Mit Angabe des allgemeinen Gliedes ist die Folge festgelegt.
Die Wertemenge einer Folge ist eine echte Teilmenge von $\mathbb{R}$, ihr Graph eine Menge von isolierten, im I. oder auch IV. Quadranten liegenden Punkten.

1. Beispiel: $a_\nu = \frac{1}{10}(\nu^2 - 1)$. Man schreibe die ersten sieben Glieder der Folge $\langle a_\nu \rangle$ an. Wie heißt das 25. Glied, wie das n. Glied?

Lösung: $\langle a_\nu \rangle$: 0; 0,3; 0,8; 1,5; 2,4; 3,5; 4,8; ...; $a_{25} = 62{,}4$; $a_n = \frac{1}{10}(n^2 - 1)$ (Fig. 2.26)

2. Beispiel: $a_\nu = (-1)^\nu \cdot \frac{2}{\nu}$. Gib die ersten fünf, das 100. und das k. Glied der Folge $\langle a_\nu \rangle$ an!

Lösung: $\langle a_\nu \rangle$: $-2; 1; -\frac{2}{3}; \frac{1}{2}; -\frac{2}{5}; \ldots; a_{100} = \frac{1}{50}; a_k = (-1)^k \cdot \frac{2}{k}$ (Fig. 2.27)

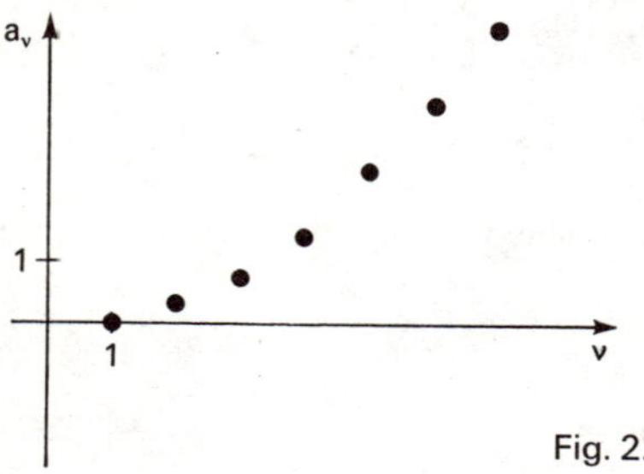

Fig. 2.26

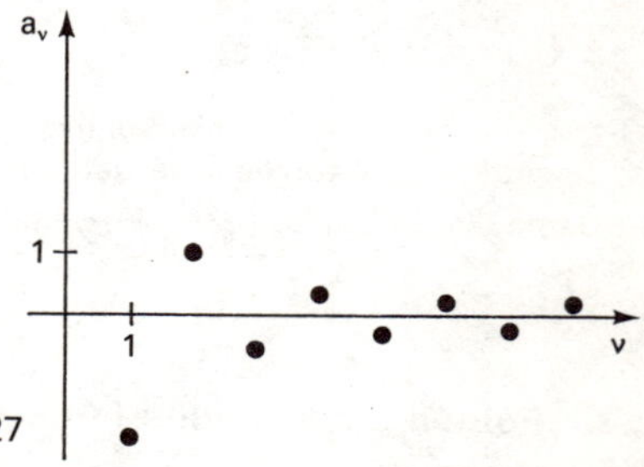

Fig. 2.27

3. Beispiel: $a_\nu = 2\cos\left(\nu \frac{\pi}{6}\right)$. Gib die ersten fünf, das 20. Glied sowie den Vorgänger und den Nachfolger des k. Gliedes an! (Fig. 2.28).

[1] Eine Folge wird kurz durch Angabe des zwischen zwei spitzen Klammern gesetzten allgemeinen Gliedes bezeichnet.

Lösung: $\langle a_\nu \rangle$: $\sqrt{3}$; 1; 0; −1; $-\sqrt{3}$; ...; $a_{20} = -1$;

$$a_{k-1} = 2\cos\left((k-1)\frac{\pi}{6}\right); \quad a_{k+1} = 2\cos\left((k+1)\frac{\pi}{6}\right)$$

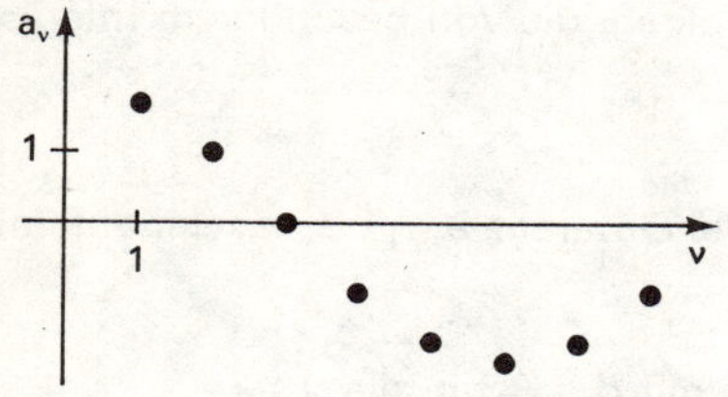

Fig. 2.28

Fig. 2.29

4. Beispiel: $a_\nu = 2$ (konstante Folge)
$\langle a_\nu \rangle$: 2; 2; 2; 2; 2; ... (Fig. 2.29).

Beschränkt man die Definitionsmenge auf die ersten n natürlichen Zahlen, so erhält man eine *endliche Folge* mit n Gliedern, dem Anfangsglied a_1 und dem Endglied a_n.

5. Beispiel: $a_\nu = \frac{10}{\nu}$; $\nu \in \{1, 2, 3, 4, 5\}$
$\langle a_\nu \rangle$: 10; 5; $3\frac{1}{3}$; $2\frac{1}{2}$; 2
Endliche Folge mit dem Anfangsglied $a_1 = 10$ und dem Endglied $a_5 = 2$.

Aufgaben

1. Gib das n. Glied der Folge $\langle a_\nu \rangle$ an für

a) $a_\nu = 1 + \frac{1}{\nu}$; $n = 7$
b) $a_\nu = \nu^2 - 5$; $n = 2$
c) $a_\nu = \sin\left(\nu\frac{\pi}{4}\right)$; $n = 10$
d) $a_\nu = \left(1 + \frac{1}{\nu}\right)^\nu$; $n = 4$

2. Schreibe die ersten acht Glieder der Folge $\langle a_\nu \rangle$ an und zeichne den Graphen!

a) $a_\nu = \frac{1}{10}(4\nu + 5)$
b) $a_\nu = \frac{1}{10}(10 - \nu^2)$
c) $a_\nu = (-1)^\nu \cdot \frac{\nu}{2}$
d) $a_\nu = 4(-1)^\nu \sin\left(\nu\frac{\pi}{6}\right)$

3. Aus den ersten vier Gliedern der Folge läßt sich jeweils das Bildungsgesetz erraten. Wie lautet der Term für das allgemeine Glied a_ν? Beachte, daß es unter Umständen mehrere Möglichkeiten geben kann!

a) 1; $\frac{1}{2}$; $\frac{1}{3}$; $\frac{1}{4}$; ...
b) $\frac{1}{2}$; $\frac{2}{3}$; $\frac{3}{4}$; $\frac{4}{5}$; ...
c) $\frac{1}{2}$; $\frac{4}{3}$; $\frac{9}{4}$; $\frac{16}{5}$; ...
d) 0; $\frac{1}{3}$; $\frac{2}{4}$; $\frac{3}{5}$; ...
e) 1; −1; 1; −1; ...
f) 1; −1; −3; −5; ...
g) 4; 2; 1; $\frac{1}{2}$; ...
h) 1; 3; 7; 15; ...

4. Für das allgemeine Glied a_ν einer Zahlenfolge gilt:

a) $a_\nu = 2\nu - 1$
b) $a_\nu = \nu^2$
c) $a_\nu = \sqrt{\nu} + 2$

Für welche Platzziffern ν ist jeweils die Ungleichung $10 < a_\nu < 20$ erfüllt?

5. Für das allgemeine Glied a_ν einer Zahlenfolge gilt:

a) $a_\nu = \sin\left(\nu \frac{\pi}{4}\right)$ b) $a_\nu = \nu^2 - 2\nu - 8$

Für welche Platzziffern $\nu \leqq 10$ gilt jeweils: $a_\nu \neq |a_\nu|$?

Wir betrachten nun zwei Typen von Folgen, die von besonderem Interesse sind.

2.3.2. Die arithmetische Folge

Eine Folge heißt *arithmetisch*, wenn die Differenz $a_{\nu+1} - a_\nu$ zweier aufeinanderfolgender Glieder konstant ist, d.h.:

$$a_{\nu+1} - a_\nu = d \qquad \text{mit } d \in \mathbb{R} \text{ für alle } \nu \in \mathbb{N}$$

Mit $a_{\nu+1} = a_\nu + d$ ergibt sich folgende Zuordnungstabelle:

ν	1	2	3	4	.....	ν
a_ν	a_1	$a_1 + d$	$a_1 + 2d$	$a_1 + 3d$	.....	$a_1 + (\nu - 1)\,d$

Hieraus ist das allgemeine Glied zu ersehen:

$$a_\nu = a_1 + (\nu - 1)\,d$$

Der Graph einer arithmetischen Folge ist eine Menge unendlich vieler äquidistanter, auf einer Geraden mit der Gleichung $y = a_1 + (x-1)\,d$ liegender Punkte, wenn die x-Achse mit der ν-Achse und die y-Achse mit der a_ν-Achse zusammenfällt. Ist $d = 0$, so erhält man die konstante Folge.

1. Beispiel: $a_\nu = 2 + (\nu - 1)\,0{,}5$; Wie heißt das 101. Glied?

Lösung: $\langle a_\nu \rangle$: 2; 2,5; 3; 3,5; 4; ... $a_{101} = 52$
Es handelt sich um eine zunehmende arithmetische Folge mit dem Anfangsglied 2 und der Differenz 0,5 (Fig. 2.30).

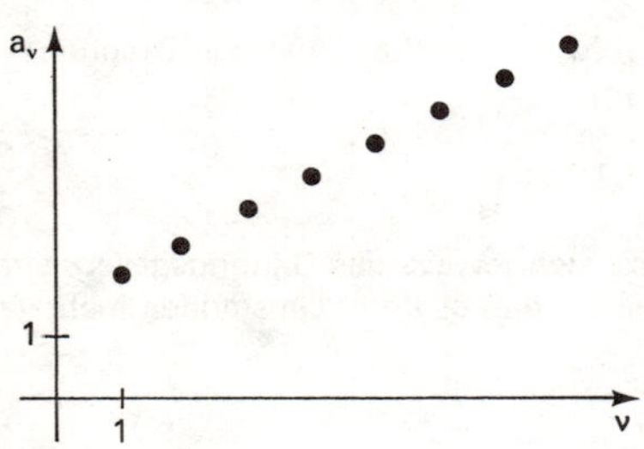

Fig. 2.30

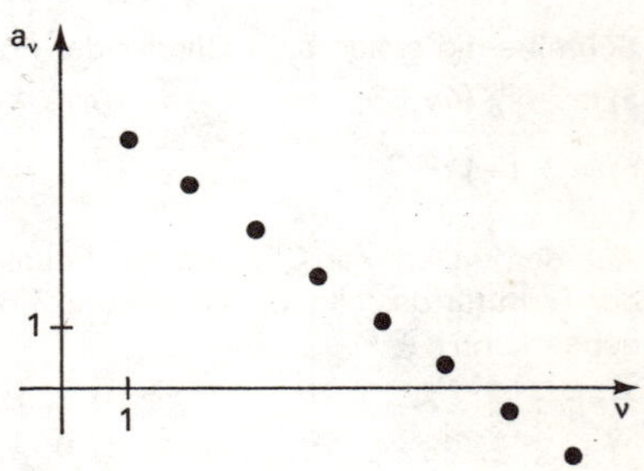

Fig. 2.31

2. Beispiel: $a_\nu = 4 + (1 - \nu)\,\frac{5}{7}$; Wie heißt das 201. Glied?

Lösung: $\langle a_\nu \rangle$: 4; $3\frac{2}{7}$; $2\frac{4}{7}$; $1\frac{6}{7}$; ... $a_{201} = -138\frac{6}{7}$
Das Anfangsglied ist 4, die Differenz $-\frac{5}{7}$, die Folge nimmt ab (Fig. 2.31).

2.3.3. Die geometrische Folge

Eine Folge heißt *geometrisch*, wenn der Quotient $a_{\nu+1} : a_\nu$ zweier aufeinanderfolgender Glieder konstant ist, d. h.:

$$\boxed{\frac{a_{\nu+1}}{a_\nu} = q} \qquad \text{mit } a_\nu \neq 0 \text{ und } q \in \mathbb{R}\setminus\{0\} \text{ für alle } \nu \in \mathbb{N}$$

Wegen $a_{\nu+1} = a_\nu q$ ergibt sich die Zuordnungstabelle

ν	1	2	3	4	.....	ν
a_ν	a_1	$a_1 q$	$a_1 q^2$	$a_1 q^3$	.....	$a_1 q^{\nu-1}$

Allgemeines Glied:

$$\boxed{a_\nu = a_1 q^{\nu-1}}$$

1. Beispiel: $a_\nu = \frac{1}{4}\left(\frac{3}{2}\right)^{\nu-1}$; Wie heißt das 8. Glied?

Lösung: $\langle a_\nu \rangle$: $\frac{1}{4}; \frac{3}{8}; \frac{9}{16}; \frac{27}{32}; \ldots; a_8 = \frac{1}{4} \cdot \frac{3^7}{2^7} = \frac{3^7}{2^9} = \frac{2187}{512} = 4\frac{139}{512}$,[1]

Zunehmende geometrische Folge mit dem Anfangsglied $\frac{1}{4}$ und dem Quotienten $\frac{3}{2}$. Ihr Graph ist eine Menge von Punkten, die auf der Exponentialkurve mit der Gleichung $y = \frac{1}{4}\left(\frac{3}{2}\right)^{x-1}$ liegen (Fig. 2.32).

2. Beispiel: $a_\nu = 4\left(\frac{1}{2}\right)^{\nu-1}$; Wie heißt das 11. Glied?

Lösung: $\langle a_\nu \rangle$: $4; 2; 1; \frac{1}{2}; \frac{1}{4}; \ldots; a_{11} = \frac{4}{2^{10}} = \frac{1}{2^8} = \frac{1}{256}$

Abnehmende geometrische Folge mit dem Anfangsglied 4 und dem Quotienten $\frac{1}{2}$.

3. Beispiel: $a_\nu = 3\left(-\frac{2}{3}\right)^{\nu-1}$; Wie heißt das 10. Glied?

$\langle a_\nu \rangle$: $3; -2; 1\frac{1}{3}; -\frac{8}{9}; \ldots; a_{10} = 3\left(-\frac{2}{3}\right)^9 = -\frac{2^9}{3^8} = -\frac{512}{6561}$

Die Folge heißt wegen des fortgesetzten Vorzeichenwechsels der Glieder eine *alternierende* Folge. Sie ist geometrisch, hat das Anfangsglied 3 und den Quotienten $-\frac{2}{3}$. Die zu ungeradem ν gehörigen Punkte des Graphen liegen auf der Exponentialkurve mit der Gleichung $y = 3\left(\frac{2}{3}\right)^{x-1}$, die zu geradem ν gehörigen Punkte auf der Exponentialkurve mit der Gleichung $y = -3\left(\frac{2}{3}\right)^{x-1}$ (Fig. 2.33).

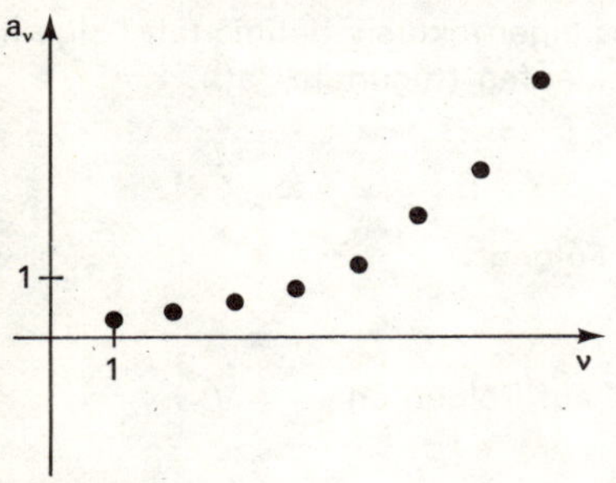

Fig. 2.32

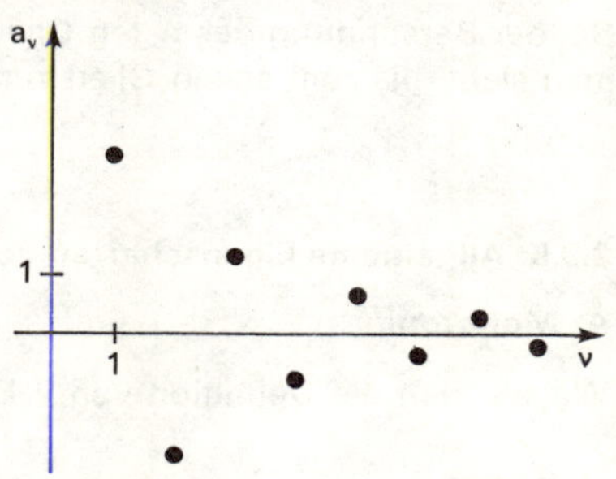

Fig. 2.33

Allgemein kann man sagen: Ist $a_1 > 0$, so nimmt die geometrische Folge zu für $q > 1$. Sie ist konstant für $q = 1$, sie nimmt ab für $0 < q < 1$ und sie ist alternierend für $q < 0$.

[1] Zur Berechnung der Potenzwerte siehe K. Wörle u. P. Mühlbauer: Mathematisches Tafelwerk, S. 8.

Aufgaben

1. Berechne die ersten zehn Glieder einer arithmetischen Folge mit dem Anfangsglied a_1 und der Differenz d für folgende Fälle:
   a) $a_1 = 5, d = 3$ b) $a_1 = -2{,}5, d = 0{,}5$ c) $a_1 = 0, d = -1$
2. Gib für die nachstehenden arithmetischen Folgen jeweils das n-te Glied an!
   a) 3; −0,5; −4; ... für n = 7 b) −10; −3,2; 3,6; ... für n = 20
3. Das allgemeine Glied einer Folge ist $a_\nu = \nu^2$. Zeige: Die Folge der Differenzen zweier aufeinanderfolgender Glieder ist eine arithmetische Folge.
4. Berechne die ersten fünf Glieder einer geometrischen Folge mit dem Anfangsglied a_1 und dem Quotienten q für folgende Fälle:
   a) $a_1 = 2; q = 3;$ b) $a_1 = -1; q = 2;$ c) $a_1 = 10; q = \frac{1}{10};$ d) $a_1 = 4; q = -\frac{1}{2}$.
5. Berechne das n-te Glied der nachstehenden geometrischen Folgen:
   a) 1,5; 3; 6; ... n = 10 b) 2; 2,4; 2,88; ... n = 5 c) $\frac{1}{2}; \frac{1}{\sqrt{2}}; 1; \ldots$ n = 8

2.3.4. Rekursiv definierte Folgen

Anstatt das allgemeine Glied a_ν anzugeben, kann eine Folge auch durch eine sogenannte *Rekursionsformel* festgelegt werden. In diesem Fall wird das erste Glied und zusätzlich eine Rechenvorschrift angegeben, die es gestattet, das zweite und alle folgenden Glieder jeweils aus dem vorausgehenden Glied zu berechnen.

Beispiel: $a_1 = 1;\ a_{\nu+1} = a_\nu + \nu^2$

Die ersten fünf Glieder der Folge sind:

$a_1 = \mathbf{1}$
$a_2 = a_1 + 1^2 = 1 + 1 = \mathbf{2}$
$a_3 = a_2 + 2^2 = 2 + 2^2 = \mathbf{6}$
$a_4 = a_3 + 3^2 = 6 + 3^2 = \mathbf{15}$
$a_5 = a_4 + 4^2 = 15 + 4^2 = \mathbf{31}$ .....

Bei der Berechnung des n-ten Gliedes einer rekursiv definierten Folge muß man, wie man sieht, bis zum ersten Glied zurücklaufen (recurrere, lat.).

2.3.5. Allgemeine Eigenschaften von Folgen

A. Monotonie

Wir wenden die Definition von 2.1.4. auf Folgen an:

Definition:

Die Folge $\langle a_\nu \rangle$ heißt streng monoton zunehmend, wenn $a_{\nu+1} > a_\nu$, bzw. streng monoton abnehmend, wenn $a_{\nu+1} < a_\nu$ ist für alle $\nu \in \mathbb{N}$.

Monotones Zunehmen bzw. Abnehmen liegt vor, wenn $a_{\nu+1} \geqq a_\nu$ bzw. $a_{\nu+1} \leqq a_\nu$ ist für alle $\nu \in \mathbb{N}$.

1. Beispiel:

$$a_\nu = \begin{cases} \dfrac{\nu+1}{2} & \text{für ungerades } \nu \\[2ex] \dfrac{\nu}{2} & \text{für gerades } \nu \end{cases}$$

$\langle a_\nu \rangle$: 1; 1; 2; 2; 3; 3; ....

Die Folge nimmt monoton zu, denn es gilt $a_{\nu+1} = a_\nu$ für ungerades ν und $a_{\nu+1} > a_\nu$ für gerades ν.

2. Beispiel: Es soll gezeigt werden, daß die Folge $\left\langle \dfrac{3\nu}{2\nu-1} \right\rangle$ streng monoton abnimmt.

Lösung: Es ist $a_\nu = \dfrac{3\nu}{2\nu-1}$,

$$a_{\nu+1} = \frac{3(\nu+1)}{2(\nu+1)-1} = \frac{3\nu+3}{2\nu+1}.$$

Wir bilden die Differenz $a_\nu - a_{\nu+1}$ zweier aufeinanderfolgender Glieder, von der gezeigt werden muß, daß sie für alle $\nu \in \mathbb{N}$ positiv ist:

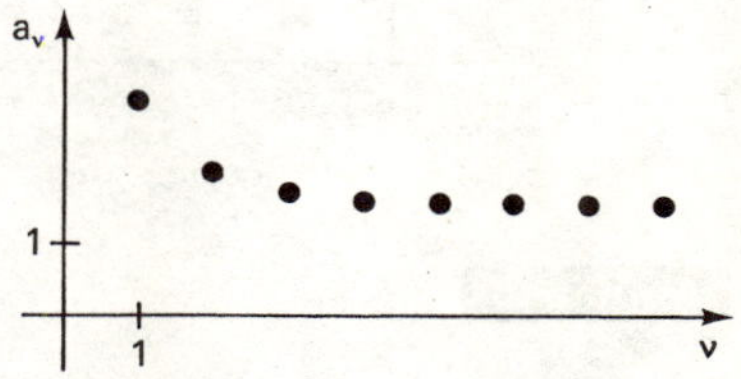

Fig. 2.34

$$a_\nu - a_{\nu+1} = \frac{3\nu}{2\nu-1} - \frac{3\nu+3}{2\nu+1} = \frac{3}{(2\nu-1)(2\nu+1)} > 0 \text{ für alle } \nu \in \mathbb{N}, \text{ w.z.b.w.}$$

(Fig. 2.34).

B. Beschränktheit

Wir übertragen die Definition 2.1.5. auf Folgen:

Definition:

> Die Folge $\langle a_\nu \rangle$ heißt nach oben bzw. unten beschränkt, wenn es eine Zahl S bzw. s gibt, so daß für alle $\nu \in \mathbb{N}$ gilt: $a_\nu \leqq S$ bzw. $a_\nu \geqq s$.

Alle in 2.1.5. angestellten Überlegungen und Begriffsbestimmungen gelten auch für Folgen. Demnach kann eine Folge auch beidseitig beschränkt sein.

Beispiel: Es soll nachgewiesen werden, daß die Zahl 4 eine obere, die Zahl 0 eine untere Schranke der Folge $\left\langle \dfrac{10\nu-7}{\nu^2} \right\rangle$ ist.

Lösung: Wir haben zu zeigen:

(1) $\dfrac{10\nu-7}{\nu^2} \leqq 4 \Leftrightarrow 10\nu - 7 - 4\nu^2 \leqq 0 \Leftrightarrow \nu(10-4\nu) - 7 \leqq 0.$

Die letzte Ungleichung wird für $\nu = 1$, $\nu = 2$ erfüllt, sowie für alle $\nu \geqq 3$, weil der Minuend der Differenz in diesem Fall negativ ist.

(2) $\dfrac{10\nu-7}{\nu^2} \geqq 0 \Leftrightarrow 10\nu - 7 \geqq 0$, erfüllt für alle $\nu \in \mathbb{N}$.

Die Folge ist sowohl nach oben wie nach unten beschränkt. Ihr Graph liegt in einem Streifen, der begrenzt wird von der ν-Achse und der Parallelen durch den I. Quadranten im Abstand 4 LE (Fig. 2.35).

(3) Die Folge hat die Zahl 3,25 als Supremum. Die Zahl 0 ist die größte untere Schranke, das Infimum. Das Supremum tritt als Folgenglied auf, *nicht aber* das Infimum.

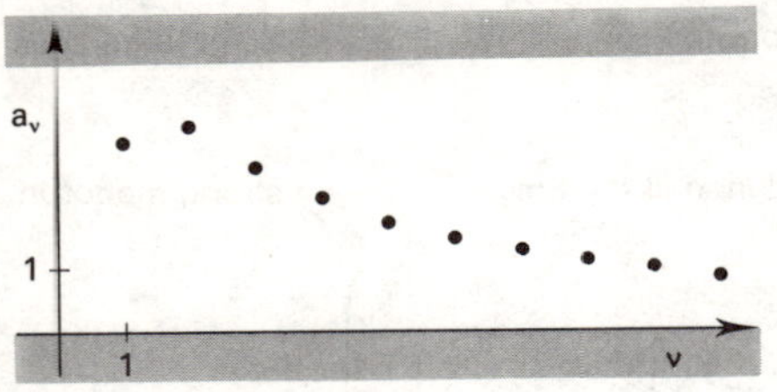

Fig. 2.35

Aufgaben

1. Eine Zahlenfolge ist rekursiv definiert. Es gilt: $a_1 = 1$; $a_2 = 2$; $a_{\nu+2} = a_\nu + a_{\nu+1}$. Wie lauten die ersten zehn Glieder der Folge?

2. Berechne für jede der rekursiv definierten Folgen die ersten fünf Glieder und gib das allgemeine Glied an!
   a) $a_1 = 1$; $a_{\nu+1} = 1 + a_\nu$ b) $a_1 = 2$; $a_{\nu+1} = -a_\nu$ c) $a_1 = \frac{1}{2}$; $a_{\nu+1} = \frac{1}{2} a_\nu$
   d) $a_1 = 3$; $a_{\nu+1} = 2a_\nu$ e) $a_1 = \frac{1}{2}$; $a_{\nu+1} = a_\nu + \dfrac{1}{(\nu+1)(\nu+2)}$

3. Zeige, daß für die Folge $\langle a_\nu \rangle$ die Zahl S obere, die Zahl s untere Schranke ist! Zeichne den Graphen im Bereich $1 \leqq \nu \leqq 10$ und den durch S und s markierten Parallelstreifen!
   a) $a_\nu = \dfrac{\nu+1}{\nu}$; $S = 3$; $s = 1$ b) $a_\nu = \dfrac{3-6\nu}{1+2\nu}$; $S = 0$; $s = -3$
   c) $a_\nu = \dfrac{\nu}{\nu^2+1}$; $S = \frac{5}{2}$; $s = 0$ d) $a_\nu = \dfrac{-8\nu-1}{\nu^2+2}$; $S = 1$; $s = -4$

4. Zeige daß die Folge $\langle a_\nu \rangle$ streng monoton ist und zeichne den Graphen im Bereich $1 \leqq \nu \leqq 10$!
   a) $a_\nu = \dfrac{\nu-1}{\nu}$;   b) $a_\nu = 1 - \sin \dfrac{\pi}{\nu+1}$ c) $a_\nu = \lg \nu$ d) $a_\nu = \dfrac{1-\nu^2}{\nu}$

2.4. Reihen

2.4.1. Begriff der Reihe

Werden die Glieder der endlichen Zahlenfolge $a_1, a_2, a_3, \ldots, a_n$ addiert, so entsteht eine *endliche Reihe* mit n Gliedern:

$$a_1 + a_2 + a_3 + \ldots + a_n$$

Zur Abkürzung dieser Summe führen wir ein neues Zeichen ein, das Symbol $\sum$, indem wir schreiben:

$$a_1 + a_2 + a_3 + \ldots + a_n =: \sum_{\nu=1}^{n} a_\nu;$$ [1]

[1] Lies: „Summe aller a_ν von $\nu = 1$ bis $\nu = n$".

Beispiele: a) $1^3+2^3+3^3+\ldots+n^3=\sum_{\nu=1}^{n}\nu^3$

b) $\sum_{\nu=1}^{n}3^\nu=3^1+3^2+3^3+\ldots+3^n$

c) $\sum_{\nu=1}^{6}\frac{(-1)^{\nu+1}}{(2\nu-1)(2\nu+1)}=\frac{1}{1\cdot3}-\frac{1}{3\cdot5}+\frac{1}{5\cdot7}-\frac{1}{7\cdot9}+\frac{1}{9\cdot11}-\frac{1}{11\cdot13}$

Den Summenwert einer aus n Gliedern bestehenden Reihe bezeichnen wir mit s_n. Es gilt:

$$s_n=\sum_{\nu=1}^{n}a_\nu$$

2.4.2. Die arithmetische Reihe

Die arithmetische Folge $a_1, a_1+d, a_1+2d, \ldots, a_1+(n-1)d$ führt zur *arithmetischen Reihe* mit n Gliedern. Für ihren Summenwert gilt:

(1) $s_n = a_1 + (a_1+d) + (a_1+2d) + \ldots + (a_1+(n-1)d)$

Um für s_n einen geschlossenen Term zu erhalten, schreiben wir (1) nochmals an, die rechte Seite der Gleichung von rechts nach links:

(2) $s_n=(a_1+(n-1)d)+(a_1+(n-2)d)+(a_1+(n-3)d)+\ldots+a_1$

Bilden wir (1) + (2), so erkennen wir, daß die Summe je zweier übereinanderstehender Summanden der rechten Seite $2a_1+(n-1)d$ ergibt. Da es n Summanden sind, folgt

$2s_n=n(2a_1+(n-1)d)$, also

$$s_n=\frac{n}{2}(2a_1+(n-1)d) \qquad a_1, d\in\mathbb{R},\ n\in\mathbb{N}.$$

Beispiel: Die 40-gliedrige arithmetische Reihe mit dem Anfangsglied $a_1=5$ und der Differenz $d=-3$ hat den Summenwert $s_{40}=20(10+39(-3))=-2140$.

2.4.3. Die geometrische Reihe

Die geometrische Folge $a_1, a_1q, a_1q^2, \ldots, a_1q^{n-1}$ führt zur *geometrischen Reihe* mit n Gliedern. Für ihren Summenwert s_n gilt:

(1) $s_n=a_1+a_1q+a_1q^2+\ldots+a_1q^{n-1}$

Um eine Formel für s_n zu erhalten, multiplizieren wir (1) mit q und erhalten

(2) $qs_n= a_1q+a_1q^2+\ldots+a_1q^{n-1}+a_1q^n$

Bilden wir (2) – (1), so folgt: $qs_n-s_n=-a_1+a_1q^n \Rightarrow s_n(q-1)=a_1(q^n-1) \Rightarrow$

$$s_n=a_1\frac{q^n-1}{q-1} \qquad a_1\in\mathbb{R};\ q\in\mathbb{R}\setminus\{1\};\ n\in\mathbb{N}$$

Für den Sonderfall $q=1$ erhält man $s_n=na_1$, wie aus (1) zu ersehen ist.

Beispiel: Für die geometrische Reihe $1+4+16+64+\ldots+4^8$ ergibt sich mit $a_1=1$, $q=4$, $n=8+1$ der Summenwert $s_9=\frac{4^9-1}{4-1}=87381$;[1]

Aufgaben

1. Schreibe die folgenden Reihen mit dem Symbol $\sum$!
   a) $1^4+2^4+3^4+4^4+5^4+6^4+7^4$ b) $2^1+2^2+2^3+2^4+2^5+2^6$
   c) $\frac{1}{1\cdot 2}-\frac{1}{2\cdot 3}+\frac{1}{3\cdot 4}-\frac{1}{4\cdot 5}+\frac{1}{5\cdot 6}$ d) $1^2-2^2+3^2-4^2+5^2-6^2+7^2-8^2$

2. Berechne:
   a) $\sum\limits_{\nu=1}^{6}\nu$ b) $\sum\limits_{\nu=1}^{5}\nu^2$ c) $\sum\limits_{\nu=1}^{19}(-1)^{\nu}$ d) $\sum\limits_{\nu=1}^{5}\sin\frac{\nu\pi}{4}$ e) $\sum\limits_{\nu=1}^{6}\cos\frac{\nu\pi}{6}$

3. Beweise durch gliedweises Anschreiben folgende Rechenregeln für endliche Reihen:
   a) $\sum\limits_{\nu=1}^{n}a_{\nu}=n\cdot a$, falls $a_{\nu}=a$ für $\nu=1, 2, 3, \ldots, n$
   b) $\sum\limits_{\nu=1}^{n}ka_{\nu}=k\sum\limits_{\nu=1}^{n}a_{\nu}$ c) $\sum\limits_{\nu=1}^{n}(a_{\nu}+b_{\nu})=\sum\limits_{\nu=1}^{n}a_{\nu}+\sum\limits_{\nu=1}^{n}b_{\nu}$
   d) $\sum\limits_{\nu=1}^{n}(a_{\nu}-b_{\nu})=\sum\limits_{\nu=1}^{n}a_{\nu}-\sum\limits_{\nu=1}^{n}b_{\nu}$ e) $\sum\limits_{\nu=1}^{n}a_{\nu+1}-\sum\limits_{\nu=1}^{n}a_{\nu}=a_{n+1}-a_1$

4. Wie groß ist die Summe aller natürlicher Zahlen
   a) von 1 bis 500, b) von 1 bis 1999, c) von 1 bis $2n+1$, d) von 17 bis 83?

5. Wie groß ist die Summe aller dreistelligen natürlichen Zahlen, die
   a) durch 5, b) durch 9, c) durch 13 teilbar sind?

6. a) Zeige: Der Summenwert einer arithmetischen Reihe mit n Gliedern ist gleich dem n-fachen arithmetischen Mittel aus dem ersten und letzten Glied.

$$s_n=n\,\frac{a_1+a_n}{2}$$

   b) Das erste Glied einer arithmetischen Reihe mit 100 Gliedern ist 5, das letzte Glied ist 495. Berechne den Summenwert!

7. Berechne den Summenwert folgender geometrischer Reihen:
   a) $1+4+16+\ldots+4^{10}$ b) $4+2+1+\ldots+\frac{1}{2^{17}}$
   c) $3-\frac{3}{5}+\frac{3}{25}-+\ldots+\frac{3}{390625}$ d) $-2+4-8+-\ldots+4096$

8. Berechne die Summe aller drei- und vierstelligen Potenzen von 2 auf möglichst einfache Weise!

[1] K. Wörle u. P. Mühlbauer: Mathematisches Tafelwerk, S. 8.

2.5. Vollständige Induktion

2.5.1. Einführende Überlegungen

Berechnet man Schritt für Schritt die Summenwerte s_1, s_2, ... der Reihe $\sum_{\nu=1}^{n} \frac{1}{\nu(\nu+1)}$, so erhält man:

$$s_1 = \tfrac{1}{2},\quad s_2 = \tfrac{2}{3},\quad s_3 = \tfrac{3}{4},\quad s_4 = \tfrac{4}{5},\quad s_5 = \tfrac{5}{6}, \ldots$$

Der Wert der ersten fünf Summen ist jeweils ein Bruch, dessen Nenner um 1 größer ist als der mit dem Index übereinstimmende Zähler. Dies läßt *vermuten*, daß

$$s_n = \frac{n}{n+1}$$

und somit die Aussageform

$$A(n):\ \frac{1}{1\cdot 2} + \frac{1}{2\cdot 3} + \frac{1}{3\cdot 4} + \ldots + \frac{1}{n(n+1)} = \frac{n}{n+1}$$

in $\mathbb{N}$ allgemeingültig ist.
Wie können wir dies beweisen? Zunächst erkennen wir, daß sich eine wahre Aussage ergibt, wenn wir in A(n) für n die Zahl 1 setzen. Denn es ist

$$\frac{1}{1\cdot 2} = \frac{1}{1+1} \qquad \text{und somit}$$

(1) $\boxed{A(1)\ \text{wahr}}$.

In entsprechender Weise läßt sich zeigen, daß auch A(2), A(3) usw. wahre Aussagen sind. Wir würden damit aber niemals die Allgemeingültigkeit der Summenformel, oder mit anderen Worten, die Allgemeingültigkeit von A(n) nachweisen können. Wir müssen vielmehr ein neues Beweisverfahren anwenden. Dazu überlegen wir folgendes:

Falls die Gleichung $A(n):\ \frac{1}{1\cdot 2} + \frac{1}{2\cdot 3} + \frac{1}{3\cdot 4} + \ldots + \frac{1}{n(n+1)} = \frac{n}{n+1}$ gilt,

läßt sich die Summe $s_{n+1} = \frac{1}{1\cdot 2} + \frac{1}{2\cdot 3} + \frac{1}{3\cdot 4} + \ldots + \frac{1}{n(n+1)} + \frac{1}{(n+1)(n+2)}$

zu $s_{n+1} = \frac{n}{n+1} + \frac{1}{(n+1)(n+2)}$

und weiter zu $s_{n+1} = \frac{n^2+2n+1}{(n+1)(n+2)} = \frac{(n+1)^2}{(n+1)(n+2)} = \frac{n+1}{n+2}$ vereinfachen.

Das heißt aber: Aus $A(n)$: $s_n = \frac{n}{n+1}$ folgt die Gleichung $s_{n+1} = \frac{n+1}{n+2}$.

Diese Gleichung ist aber mit der Aussageform A(n+1) identisch, wie man sogleich sieht, wenn man in A(n) die Variable n durch n+1 ersetzt. Damit gilt:
Aus A(n) folgt A(n+1), oder anders ausgedrückt:

(2) $\boxed{A(n) \Rightarrow A(n+1)\ \text{für alle}\ n \in \mathbb{N}}$

(2) besagt noch nicht, daß A(n) in $\mathbb{N}$ allgemeingültig ist. Vielmehr zeigt das 5. Beispiel in 2.5.2. und Aufgabe 8, daß zwar $A(n) \Rightarrow A(n+1)$ gilt, aber nicht einmal A(1) wahr ist. Dagegen können wir sagen:

Sind (1) *und* (2) erfüllt, dann ist A (n) in $\mathbb{N}$ allgemeingültig. Denn es gilt die Schlußkette:

	In Worten:
A (1)	Die Summenformel A (n) gilt für n = 1
A (1) ⇒ A (2)	Falls sie für n = 1 gilt, gilt sie auch für n = 2
A (2)	Die Summenformel A (n) gilt für n = 2
A (2) ⇒ A (3)	Falls sie für n = 2 gilt, gilt sie auch für n = 3
A (3) usw.	Die Summenformel A (n) gilt für n = 3, usw.

Das hier angewandte Beweisverfahren heißt „Schluß von n auf n + 1" oder *vollständige Induktion*, weil induktiv, d. h. vom Einzelfall ausgehend, unter vollständiger Erfassung aller Einzelfälle ein in $\mathbb{N}$ allgemeingültiges Gesetz begründet wurde.

2.5.2. Das Prinzip der vollständigen Induktion

Das Ergebnis unserer Überlegungen an Beispiel 2.5.1. können wir in folgende Kurzform bringen:

(1) A (1)

(2) A (n) ⇒ A (n + 1) für alle $n \in \mathbb{N}$

A (n) für alle $n \in \mathbb{N}$

Wir wollen den Sachverhalt an einigen weiteren Beispielen vertiefen.

1. Beispiel: Es ist zu zeigen, daß A (n): $1^2 + 2^2 + 3^2 + \ldots + n^2 = \frac{n(n+1)(2n+1)}{6}$ in $\mathbb{N}$ allgemeingültig ist.

1. Schritt: Nachweis der Gültigkeit von A (n) für n = 1.
Wir setzen in der linken und rechten Seite (lS und rS) von A (n) für n die Zahl 1.
Dann ist lS = 1; $rS = \frac{1 \cdot 2 \cdot 3}{6} = 1 = lS$. Folglich ist A (1) wahr.

2. Schritt: Schluß von n auf n + 1.
Wir ersetzen in A (n) die Variable n durch n + 1 und haben zu zeigen:

$$1^2 + 2^2 + 3^2 + \ldots + n^2 + (n+1)^2 = \frac{(n+1)(n+2)(2n+3)}{6}$$

Nachweis:
$$lS = \frac{n(n+1)(2n+1)}{6} + (n+1)^2 =$$
$$= \frac{n(n+1)(2n+1) + 6(n+1)^2}{6} =$$
$$= \frac{(n+1)(2n^2 + n + 6n + 6)}{6} =$$
$$= \frac{(n+1)(2n^2 + 7n + 6)}{6} =$$
$$= \frac{(n+1)(n+2)(2n+3)}{6} = rS$$

Aus A (n) folgt somit A (n + 1), womit in Verbindung mit dem 1. Beweisschritt gezeigt ist:

$$\boxed{\sum_{\nu=1}^{n} \nu^2 = \frac{n(n+1)(2n+1)}{6}}$$ gültig für alle $n \in \mathbb{N}$

z. B.: $\sum_{\nu=1}^{100} \nu^2 = 1^2 + 2^2 + 3^2 + \ldots + 100^2 = \frac{100 \cdot 101 \cdot 201}{6} = 338350$

2. Beispiel: Man beweise folgende Gesetzmäßigkeit:
„Der Term $T(n) = 9^n - 1$ ist für alle $n \in \mathbb{N}$ durch 8 teilbar".

1. Schritt: Nachweis der Gültigkeit für $n = 1$
$(9^1 - 1) : 8 = 8 : 8 = 1$. Gesetzmäßigkeit gilt für $n = 1$

2. Schritt: Schluß von n auf $n + 1$
Falls $A(n)$: „Der Term $T(n) = 9^n - 1$ ist für alle $n \in \mathbb{N}$ durch 8 teilbar" gilt, gelten auch die Gleichungen
$9^n - 1 = 8k \Leftrightarrow 9^n = 8k + 1$, wobei $k \in \mathbb{N}$.
Daraus folgt für den Term $T(n+1) = 9^{n+1} - 1$:
$9^{n+1} - 1 = 9^n \cdot 9 - 1 = (8k+1) \cdot 9 - 1 = 8(9k+1)$;
Setzen wir $9k + 1 = k'$ mit $k' \in \mathbb{N}$, so erhalten wir die Gleichung $9^{n+1} - 1 = 8k'$, die identisch ist mit $A(n+1)$. Aus $A(n)$ folgt somit $A(n+1)$, womit in Verbindung mit dem 1. Beweisschritt die Allgemeingültigkeit der Behauptung nachgewiesen ist.

3. Beispiel: Beweise die sogenannte *Bernoullische* Ungleichung[1]:

$$\boxed{(1+x)^n \geqq 1 + nx} \quad \text{gültig für alle } n \in \mathbb{N} \text{ und alle } x \in \mathbb{R} \text{ mit } x \geqq -1.$$

Lösung: (1) Die Aussageform $A(n)$: $(1+x)^n \geqq 1 + nx$ gilt offenbar für $n = 1$.

(2) $(1+x)^n \geqq 1 + nx$

$\Rightarrow (1+x)^{n+1} = (1+x)^n(1+x) \geqq (1+nx)(1+x)$

$\Rightarrow (1+x)^{n+1} \geqq 1 + x + nx + nx^2$

$\Rightarrow (1+x)^{n+1} \geqq 1 + (n+1)x + nx^2$

$\Rightarrow (1+x)^{n+1} \geqq 1 + (n+1)x \qquad$ (weil $nx^2 \geqq 0$ ist).

Dies ist die Aussageform $A(n+1)$, womit in Verbindung mit (1) der Nachweis der Allgemeingültigkeit von $A(n)$ in $\mathbb{N}$ erbracht ist.

Bemerkung: Mit der Bernoullischen Ungleichung lassen sich Potenzwerte nach unten abschätzen. So folgt etwa, wenn man beachtet, daß das Gleichheitszeichen nur für $n = 1$ oder $x = 0$ gilt:

$$\left(1 + \frac{1}{100}\right)^{1000} > 1 + \frac{1000}{100}, \text{ das heißt: } 1{,}01^{1000} > 11$$

Das Prinzip der vollständigen Induktion gründet sich auf ein von dem italienischen Mathematiker Peano (1858–1932) ausgesprochenes Axiom folgenden Inhalts:

> Gilt für eine Menge M natürlicher Zahlen
>
> (1) $1 \in M$
>
> (2) $n \in M \Rightarrow (n+1) \in M \qquad$ für alle $n \in M$
>
> so folgt: $M = \mathbb{N}$

Beweise, die sich auf das Peanosche *Induktionsaxiom* stützen, erfordern den Nachweis von (1) *und* (2). Andernfalls muß die Schlußfolgerung modifiziert werden, wie folgende Beispiele zeigen:

[1] Jakob Bernoulli (1654–1705), bedeutender Schweizer Mathematiker, gab die Ungleichung 1689 bekannt. Sie wird in der Mathematik häufig bei Termabschätzungen gebraucht.

4. Beispiel: Es soll untersucht werden, ob A (n): „T (n) = $n^2 - n + 41$ liefert eine Primzahl, wenn für n eine natürliche Zahl gesetzt wird" in $\mathbb{N}$ allgemeingültig ist.

Lösung: Offenbar ist (1) erfüllt, denn T (1) = 41 ist eine Primzahl. Dagegen ist jeder Versuch, (2) nachzuweisen, zum Scheitern verurteilt. Denn der Bau des Terms läßt erkennen, daß T (41) eine Quadratzahl ist. A (n) kann also in $\mathbb{N}$ nicht allgemeingültig sein. Mühsames Probieren ergibt, daß A (n) in $\{1, 2, 3, 4, \ldots, 40\} \subset \mathbb{N}$ gültig ist, womit noch nicht gesagt ist, daß diese Teilmenge von $\mathbb{N}$ zugleich die Erfüllungsmenge von A (n) ist. Wir sprechen von *„unvollständiger"* Induktion.

5. Beispiel: Untersuche, ob A (n): $\sqrt{n} < \frac{n+1}{2}$ in $\mathbb{N}$ allgemeingültig ist.

Lösung: (1) A (1): $\sqrt{1} < \frac{1+1}{2}$ ist eine falsche Aussage, also ist A (n) in $\mathbb{N}$ nicht allgemeingültig.

(2) $\sqrt{n_0} < \frac{n_0+1}{2} \Rightarrow n_0 < \frac{(n_0+1)^2}{4} \Rightarrow n_0 + 1 < \frac{n_0^2 + 2n_0 + 1 + 4}{4}$

$\Rightarrow n_0 + 1 < \frac{n_0^2 + 4n_0 + 4}{4} \Rightarrow n_0 + 1 < \frac{(n_0+2)^2}{4} \Rightarrow \sqrt{n_0 + 1} < \frac{n_0 + 2}{2}$

Bedingung (2) ist erfüllt.

Der Nachweis von (2) nützt nichts, wenn wir keine Zahl angeben können, die A (n) in eine wahre Aussage überführt. Tatsächlich gilt aber:

(3) A (2): $\sqrt{2} < \frac{2+1}{2}$ (w)

Die Erfüllungsmenge von A (n) ist also eine Teilmenge von $\mathbb{N}$, nämlich $\mathbb{N} \setminus \{1\}$.
Anders ausgedrückt: Die Ungleichung $\sqrt{n} < \frac{n+1}{2}$ gilt für alle natürlichen Zahlen $n \geqq 2$.

Schlußbemerkung:
Der induktive Schluß ist dadurch gekennzeichnet, daß er eine Einzelaussage (Spezialfall) verallgemeinert. Demgegenüber spricht man von einer Deduktion, wenn ein allgemeines Gesetz auf einen Sonderfall innerhalb seines Geltungsbereichs angewendet wird. Um beide Schlußverfahren zu vergleichen, betrachten wir folgendes

Beispiel:

Allgemeines Gesetz		Einzelaussage
Für jedes Paar positiv reeller Zahlen a, b mit $a \neq b$ gilt: $\sqrt{ab} < \frac{a+b}{2}$	$\longrightarrow$ Deduktion (a = 2; b = 4,5) $\longleftarrow$ Induktion (2 = a; 4,5 = b)	Für die positiv reellen Zahlen 2 und 4,5 gilt: $\sqrt{2 \cdot 4{,}5} < \frac{2 + 4{,}5}{2}$

Während der deduktive Schluß bei richtiger Anwendung zwingende Gewißheit vermittelt, können induktive Schlußfolgerungen entweder wahr oder falsch sein. Ihre Richtigkeit steht nur dann fest, wenn jeder mögliche Einzelfall als richtig erwiesen ist. Aus diesem Grund können z. B. alle auf experimentellem Weg gefundenen physikalischen Gesetze keinen absoluten Gültigkeitsanspruch erheben. Denn sie beruhen stets auf einer „unvollständigen" Induktion. In der Mathematik dagegen gelingt es, mit dem Prinzip der vollständigen Induktion unendlich viele Einzelfälle in einem einfachen Denkvorgang auf einmal restlos zu erfassen.

Aufgaben

1. Beweise die Summenformeln für die arithmetische und die geometrische Reihe mit vollständiger Induktion!

2. Beweise durch vollständige Induktion die Gültigkeit der folgenden Summenformeln für alle natürlichen Zahlen:

a) $2^0 + 2^1 + 2^2 + \ldots + 2^n = 2^{n+1} - 1$

b) $\frac{1}{k(k+1)} + \frac{1}{(k+1)(k+2)} + \frac{1}{(k+2)(k+3)} + \ldots + \frac{1}{(k+n-1)(k+n)} = \frac{n}{k(k+n)}$

c) $1 \cdot 2 + 2 \cdot 3 + 3 \cdot 4 + \ldots + n(n+1) = \frac{n(n+1)(n+2)}{3}$

d) $1 \cdot 2 \cdot 3 + 2 \cdot 3 \cdot 4 + 3 \cdot 4 \cdot 5 + \ldots + n(n+1)(n+2) = \frac{n(n+1)(n+2)(n+3)}{4}$

e) $1^3 + 2^3 + 3^3 + \ldots + n^3 = \frac{n^2(n+1)^2}{4}$

3. Berechne die Werte folgender Summen:

a) $1^2 + 2^2 + 3^2 + \ldots + 10^2$ b) $1^2 + 2^2 + 3^2 + \ldots + (n-1)^2$

c) $2^2 + 4^2 + 6^2 + \ldots + 100^2$ d) $1^2 - 2^2 + 3^2 - 4^2 + - \ldots (2n-1)^2$

4. Gib den Gültigkeitsbereich an für die Aussageform A (n):

„Der Quotient $\frac{1^2 + 2^2 + 3^2 + \ldots + n^2}{1 + 2 + 3 + \ldots + n}$ ist ein Element von $\mathbb{N}$, wenn $n \in \mathbb{N}$ ist".

5. Beweise mit vollständiger Induktion:

a) Der Term $(n-1)\,n\,(n+1)$ ist für alle $n \in \mathbb{N}$ durch 6 teilbar.

b) Der Term $n(n^2+5)$ ist für alle $n \in \mathbb{N}$ durch 3 teilbar.

c) Der Term $8^n - 1$ ist für alle $n \in \mathbb{N}$ durch 7 teilbar.

6. Beweise mit vollständiger Induktion:

a) $2n^2 > (n+1)^2$, gültig für alle natürlichen Zahlen $n \geqq 3$

b) $2^n > n^2$, gültig für alle natürlichen Zahlen $n \geqq 5$.

7. Für die nachstehenden, rekursiv definierten Folgen soll das allgemeine Glied a_ν empirisch gefunden und durch vollständige Induktion bestätigt werden!

a) $a_1 = 3;\ a_{\nu+1} = 2a_\nu$ b) $a_1 = \frac{1}{2};\ a_{\nu+1} = a_\nu + \frac{1}{(\nu+1)(\nu+2)}$

8. Zeige, daß für die folgenden Aussageformen der Schluß von n auf n + 1 gelingt, obwohl sich keine Zahl aus $\mathbb{N}$ angeben läßt, die die Aussageform in eine wahre Aussage überführt:

a) $1 + \frac{1}{2} + \frac{1}{2^2} + \ldots + \frac{1}{2^{n-1}} = \frac{5}{2} - \frac{1}{2^{n-1}}$

b) $\frac{1}{1 \cdot 3} + \frac{1}{3 \cdot 5} + \frac{1}{5 \cdot 7} + \ldots + \frac{1}{(2n-1)(2n+1)} = \frac{3n+1}{2n+1}$

9. a) Schätze mit der Bernoullischen Ungleichung nach unten ab: $1{,}02^{1000}$; $1{,}001^{100}$; $0{,}997^{10}$.

b) Erläutere am Beispiel 2^{10}, daß die Abschätzung „grob" und am Beispiel $0{,}875^8$, daß sie „trivial" sein kann!

c) Zeige: Die Zahl 2 ist eine untere Schranke der Menge $\{x \mid x = \left(1 + \frac{1}{n}\right)^n \wedge n \in \mathbb{N}\}$.

3. UMGEBUNG, GRENZWERT UND STETIGKEIT

3.1. Grenzwert von Funktionen für $x \to \infty$

3.1.1. Einführungsbeispiele

Wir untersuchen die Graphen G_1 bis G_6 der folgenden Funktionen:

$$\left.\begin{array}{ll} f_1: x \mapsto \frac{2}{x}; & D_1 = [1; \infty[\\ f_2: x \mapsto \frac{2}{x}; & D_2 = \mathbb{N} \end{array}\right\} \text{Fig. 3.1}$$

$$\left.\begin{array}{ll} f_3: x \mapsto \frac{x+2}{x}; & D_3 = [1; \infty[\\ f_4: x \mapsto \frac{x+2}{x}; & D_4 = \mathbb{N} \end{array}\right\} \text{Fig. 3.2}$$

$$\left.\begin{array}{ll} f_5: x \mapsto \frac{2\sin(\frac{\pi}{2}x)}{x}; & D_5 = [1; \infty[\\ f_6: x \mapsto \frac{2\sin(\frac{\pi}{2}x)}{x}; & D_6 = \mathbb{N} \end{array}\right\} \text{Fig. 3.3}$$

Die Funktion f_2 ist wegen $D_2 \subset D_1$ eine Einschränkung der Funktion f_1. Da die Definitionsmenge von f_2 die Menge $\mathbb{N}$ ist, stellt f_2 eine Folge mit dem allgemeinen Glied $a_\nu = \frac{2}{\nu}$ (für $\nu \in \mathbb{N}$) dar. Entsprechend sind die Funktionen f_4 und f_6 Folgen, die als Einschränkungen der Funktionen f_3 bzw. f_5 aufgefaßt werden können.
Alle diese Funktionen haben eine gemeinsame Eigenschaft: Für immer größer werdendes x kommen die Funktionswerte einer bestimmten Zahl beliebig nahe. Bei den Funktionen f_1 und f_2 sowie f_5 und f_6 nähern sich die Funktionswerte immer mehr der Zahl 0, bei den Funktionen f_3 und f_4 der Zahl 1. In Fig. 3.1 bis 3.3 sind grün die Parallelen zur x-Achse eingezeichnet, für deren Punkte sich die y-Werte von 0 bzw. 1 um 0,6 Längeneinheiten unterscheiden. Von einem bestimmten x-Wert an liegen alle Punkte der Graphen innerhalb des grün berandeten Parallelstreifens. Beispielsweise gilt

für f_1 in D_1: $\frac{2}{x} < 0{,}6 \Leftrightarrow x > \frac{10}{3}$

Bei f_5 gilt $\left|\frac{2\sin(\frac{\pi}{2}x)}{x}\right| < 0{,}6$ wegen $|\sin(\frac{\pi}{2}x)| \leqq 1$ sicher für alle x mit $\frac{2}{x} < 0{,}6$, also für $x > \frac{10}{3}$.

Die Figur 3.3 zeigt, daß wir dabei nicht genau den kleinstmöglichen x-Wert gefunden haben. Diesem Problem wollen wir hier aber nicht weiter nachgehen. Wichtig ist für uns lediglich, daß es überhaupt x-Werte gibt, von denen ab die Abweichung von den „Grenzwerten" 0 bzw. 1 eine vorgegebene Toleranzgrenze unterschreitet.
Man bestimme selbst x-Werte, von denen ab sich die Funktionswerte von 0 bzw. 1 sicher um weniger als 0,3 unterscheiden (blaue Parallelen in Fig. 3.1 bis 3.3).
Bevor wir den Begriff des „Grenzwerts" präzisieren, brauchen wir noch ein „Maß" dafür, daß ein Funktionswert „genügend nahe" bei einer bestimmten Zahl liegt. Hierzu führen wir den Begriff der Umgebung einer Zahl ein.

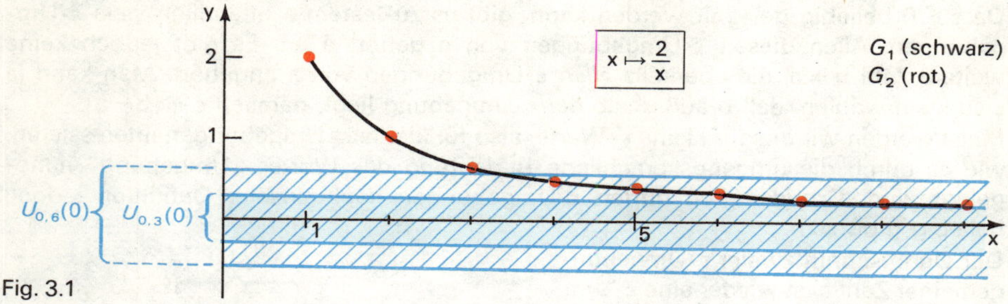

Fig. 3.1

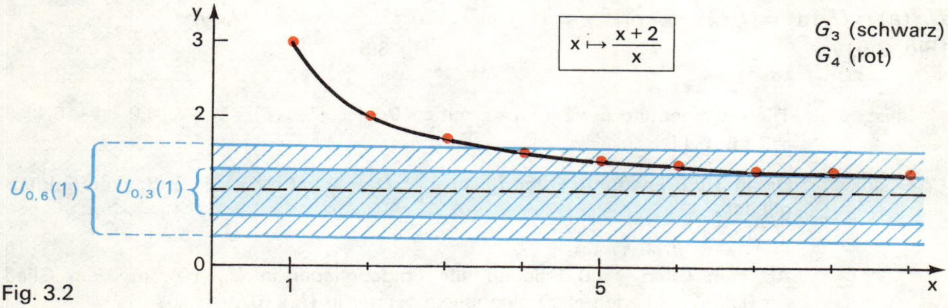

Fig. 3.2

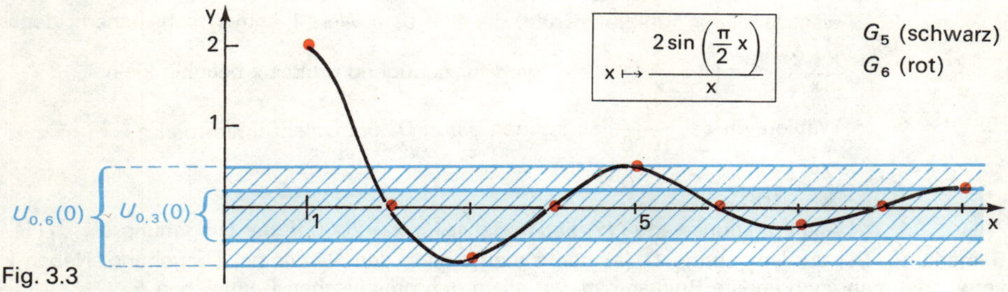

Fig. 3.3

3.1.2. Umgebung

Definition:

Sind $\varepsilon > 0$ und a reelle Zahlen, so verstehen wir unter der ε-*Umgebung* von a die Menge

$$U_\varepsilon(a) = \{t \in \mathbb{R} \mid a - \varepsilon < t < a + \varepsilon\} =]a - \varepsilon; a + \varepsilon[= \{t \in \mathbb{R} \mid |t - a| < \varepsilon\}.$$

Eine ε-Umgebung ist also ein offenes Intervall der Länge 2ε, das den zu a gehörigen Punkt zum Mittelpunkt hat (Fig. 3.4).

In Fig. 3.1 und 3.3 sind auf der y-Achse die Umgebungen $U_{0,6}(0)$ und $U_{0,3}(0)$ eingezeichnet, ebenso in Fig. 3.2 $U_{0,6}(1)$ und $U_{0,3}(1)$.

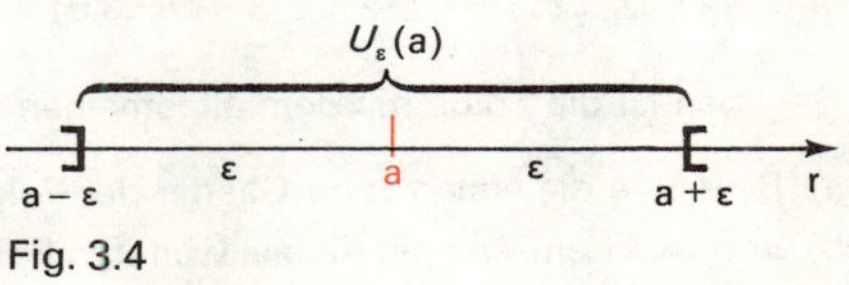

Fig. 3.4

Da $\varepsilon > 0$ beliebig gewählt werden kann, gibt es zu festem a unendlich viele ε-Umgebungen. Allen diesen ε-Umgebungen von a gehört a an. Es gibt jedoch keine weitere Zahl $b \neq a$, die ebenfalls *allen* ε-Umgebungen von a angehört. Man kann ja ε so klein wählen, daß b außerhalb der ε-Umgebung liegt, nämlich $\varepsilon < |b - a|$.
Meist werden wir uns für kleine ε-Werte, also für kleine ε-Umgebungen interessieren, wie es durch die umgangssprachliche Bedeutung des Wortes „Umgebung" nahegelegt wird. Grundsätzlich dürfen ε-Umgebungen nach unserer Definition jedoch beliebig groß sein.

Der Durchschnitt zweier ε-Umgebungen einer Zahl a ist wieder eine ε-Umgebung von a, nämlich die kleinere der beiden.

$U_{\varepsilon'}(a) \cap U_\varepsilon(a) = U_\varepsilon(a)$ wenn $\varepsilon < \varepsilon'$ (Fig. 3.5).

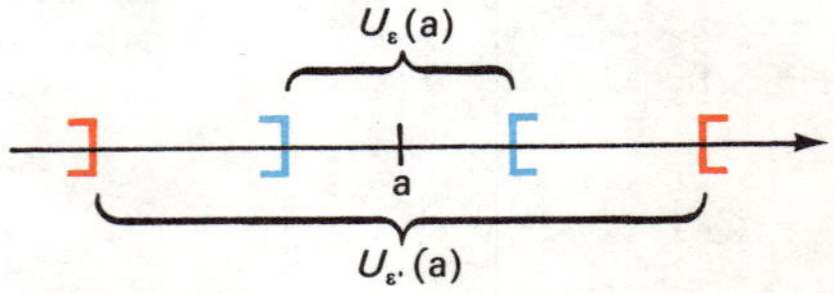

Fig. 3.5

1. Beispiel: Die ε-Umgebung der Zahl $a = 5$ mit $\varepsilon = 0{,}1$ ist $U_{0,1}(5) = \{t \in \mathbb{R} \mid 4{,}9 < t < 5{,}1\} =]4{,}9;\, 5{,}1[$.

2. Beispiel: Die in 3.1.1. erwähnte Folge $f_2\colon x \mapsto \frac{2}{x}$; $D_2 = \mathbb{N}$ hat für $x = 1; 2; 3; \ldots$ die Folgenglieder

$2; 1; \frac{2}{3}; \frac{2}{4}; \frac{2}{5}; \frac{2}{6}; \frac{2}{7}; \frac{2}{8}; \ldots$

Ab dem Glied $\frac{2}{4} = 0{,}5$ liegen alle Folgenglieder in $U_{0,6}(0)$, ab dem Glied $\frac{2}{7} = 0{,}2857\ldots$ liegen alle Folgenglieder sogar in $U_{0,3}(0)$.

3. Beispiel: Die ebenfalls in 3.1.1. angeführte Funktion $f_3\colon x \mapsto \frac{x+2}{x}$; $D_3 = [1; \infty[$ liefert für wachsendes x Funktionswerte, die sich dem Wert 1 immer mehr nähern, denn

$\frac{x+2}{x} - 1 = \left(1 + \frac{2}{x}\right) - 1 = \frac{2}{x}$ wird für genügend großes x beliebig klein.

Wählen wir $\varepsilon = \frac{1}{1000}$, so können wir in D_3 äquivalent umformen:

$\frac{2}{x} < \frac{1}{1000} \Leftrightarrow x > 2000.$

Alle Funktionswerte f(x) liegen daher für $x > 2000$ in der Umgebung $U_{0,001}(1)$.

Bemerkung: Bei der Umgebung $U_\varepsilon(a)$ nennt man ε auch den *Radius* der Umgebung. Neben ε verwendet man auch andere Buchstaben, vor allem den griechischen Buchstaben δ.

Aufgaben

1. Gib die ε-Umgebung von a in der Mengenschreibweise und als Intervall an für:
   a) $a = 7;\ \varepsilon = 0{,}2$ b) $a = 1;\ \varepsilon = 2$ c) $a = -1;\ \varepsilon = \frac{2}{7}$
2. Bestimme folgende Durchschnitte und schreibe sie als Intervalle:
   a) $U_3(-1) \cap U_2(1)$ b) $U_3(-1) \cap U_{0,5}(1)$
3. Entscheide, ob die folgenden Aussagen wahr oder falsch sind:
   a) $5 \in U_2(6)$ b) $7 \in U_1(6)$ c) $\pi \in U_{0,1}(3)$
   d) $0{,}99 \in U_{0,1}(1)$ e) $3 \in U_{0,1}(\pi)$ f) $2 \in U_\varepsilon(2)$
4. Gegeben ist die Folge mit dem allgemeinen Glied $a_\nu = (-1)^\nu \frac{6}{2\nu + 1}$; $\nu \in \mathbb{N}$.
   a) Berechne die ersten zehn Glieder der Folge und zeichne den Graphen für $1 \leqq \nu \leqq 10$!
   b) Von welchem ν ab gilt für alle weiteren Folgenglieder $a_\nu \in U_{0,3}(0)$, von wann ab $a_\nu \in U_{0,01}(0)$?

5. Eine Folge ist gegeben durch $a_1 = 1$ und $a_{\nu+1} = \frac{1}{2} a_\nu$ für alle $\nu \in \mathbb{N}$. Wie groß muß man die natürliche Zahl n mindestens wählen, daß für alle $\nu > n$ gilt: $a_\nu \in U_{0{,}01}(0)$?

6. a) Zeichne den Graphen der Funktion

$$f\colon x \mapsto \frac{2x+4}{x+1};\ D = \mathbb{R}_0^+ \quad \text{im Bereich } [0; 6]!$$

b) Zeige, daß für hinreichend großes x alle Funktionswerte in $U_{0{,}5}(2)$ liegen! Wie groß muß x dazu mindestens sein?

3.1.3. Definition des Grenzwerts für $x \to \infty$

In 3.1.1. haben wir bereits an sechs verschiedenen Funktionen gesehen, daß die Funktionswerte für genügend großes x einem bestimmten „Grenzwert" beliebig nahe kommen können. Um anzudeuten, daß bei der Untersuchung dieses Sachverhalts für x beliebig große Zahlenwerte eingesetzt werden können, sagt man abkürzend, daß „x gegen unendlich geht", geschrieben $x \to \infty$.[1] Mit Hilfe des Umgebungsbegriffs läßt sich nun das Verhalten der in 3.1.1. untersuchten Funktionen folgendermaßen beschreiben:

Definition:

Eine Funktion $f\colon x \mapsto f(x);\ x \in D$ mit rechtsseitig unbeschränkter Definitionsmenge heißt *konvergent*[2] *gegen den Grenzwert* a für $x \to \infty$, wenn es zu *jedem* $\varepsilon > 0$ eine reelle Zahl $r > 0$ gibt, so daß für alle $x \in D$ mit $x > r$ gilt

$$f(x) \in U_\varepsilon(a).$$

Man schreibt dafür kurz:

$$\boxed{\lim_{x \to \infty} f(x) = a}$$ [3]

Bemerkungen:

(1) Je kleiner ε gewählt wird, um so größer muß man im allgemeinen den „Schwellenwert" r wählen. Diese Abhängigkeit von ε wird oft durch die Schreibweise r(ε) verdeutlicht. Es spielt dabei keine Rolle, ob die Zahl r zu *D* gehört oder nicht. Auch ist es nicht unbedingt erforderlich, stets das kleinstmögliche r anzugeben.

(2) Wie die Folgen f_2, f_4 und f_6 aus 3.1.1. zeigen, fordert die Definition nicht, daß die Definitionsmenge *D* ein rechtsseitig unbeschränktes Intervall umfaßt. Dieser Fall ist aber selbstverständlich eingeschlossen.

Zur Erläuterung betrachten wir die in 3.1.1. definierten Funktionen:

1. Beispiel: Die Funktion $f_1\colon x \mapsto \frac{2}{x};\ D_1 = [1; \infty[$ konvergiert für $x \to \infty$ gegen den Grenzwert 0, denn es gilt in D_1 für ein *beliebiges* $\varepsilon > 0$: $|f_1(x)| = \frac{2}{x} < \varepsilon$ für alle $x > \frac{2}{\varepsilon}$.

Man braucht also nur $r = \frac{2}{\varepsilon}$ zu setzen, um für alle $x > r$ $f_1(x) \in U_\varepsilon(0)$ zu erreichen.

[1] Natürlich darf man dieses „∞" nicht als eine Zahl auffassen.
[2] Vom lat. Wort *convergere*, zusammenstreben.
[3] Gelesen: limes von f(x) für x gegen unendlich gleich a. *limes* (lat.), die Grenze.

2. Beispiel: Die Funktion $f_3\colon x \mapsto \frac{x+2}{x}$; $D_3 = [1; \infty[$ konvergiert für $x \to \infty$ gegen den Grenzwert 1, denn für ein *beliebiges* $\varepsilon > 0$ gilt für die Abweichung in D_3

$$|f_3(x) - 1| = \left|\frac{x+2}{x} - 1\right| = \left|\left(1 + \frac{2}{x}\right) - 1\right| = \frac{2}{x} < \varepsilon \text{ für alle } x > \frac{2}{\varepsilon} = r.$$

Dagegen gelingt es bei f_3 für eine von 1 verschiedene Zahl a nicht für *jedes* $\varepsilon > 0$, einen solchen Schwellenwert r zu finden. Z. B. erhalten wir mit $a = 0{,}5$ in D_3

$$\left|\frac{x+2}{x} - \frac{1}{2}\right| < \varepsilon \Leftrightarrow \frac{x+4}{2x} < \varepsilon \Leftrightarrow x(2\varepsilon - 1) > 4.$$

Diese Ungleichung ist zwar im Fall $2\varepsilon - 1 > 0$, das heißt bei $\varepsilon > 0{,}5$ für alle $x > \frac{4}{2\varepsilon - 1}$ erfüllt; im Falle $0 < \varepsilon < 0{,}5$ müßte aber $x < \frac{4}{2\varepsilon - 1}$ sein (was in D_3 bei positivem x ohnehin unmöglich ist).

3. Beispiel: Die Funktion $f_2\colon x \mapsto \frac{2}{x}$; $D_2 = \mathbb{N}$ hat ebenfalls einen rechtsseitig unbeschränkten Definitionsbereich. Sie konvergiert als Einschränkung der Funktion f_1 (vgl. 1. Beispiel) auch gegen den Grenzwert 0. Da sich f_2 als Folge mit dem allgemeinen Glied $a_\nu = \frac{2}{\nu}$; $\nu \in \mathbb{N}$ auffassen läßt, sagt man auch von dieser Folge, sie konvergiert gegen den Grenzwert 0.

4. Beispiel: Die Funktion $f_4\colon x \mapsto \frac{x+2}{x}$; $D_4 = \mathbb{N}$ stellt eine Folge mit dem allgemeinen Glied $a_\nu = \frac{\nu+2}{\nu}$; $\nu \in \mathbb{N}$ dar, die als Einschränkung der Funktion f_3 im 2. Beispiel auch gegen 1 konvergieren muß.

Die letzten beiden Beispiele führen uns auf den folgenden Sonderfall unserer allgemeinen Grenzwertdefinition:

> Eine Folge $\langle a_\nu \rangle$; $\nu \in \mathbb{N}$ heißt konvergent gegen den Grenzwert a, wenn es zu jedem $\varepsilon > 0$ eine reelle Zahl $r > 0$ gibt, so daß für alle natürlichen Zahlen $\nu > r$ gilt: $a_\nu \in U_\varepsilon(a)$

Wir schreiben dafür kurz:

$$\boxed{\lim_{\nu \to \infty} a_\nu = a}$$

Eine Folge mit dem Grenzwert 0 nennt man eine *Nullfolge*.
Sonderfall: Eine konstante Folge, für deren Glieder $a_\nu = a$ für alle $\nu \in \mathbb{N}$ gilt, ist eine gegen a konvergente Folge, denn es ist ja $a \in U_\varepsilon(a)$ für alle $\varepsilon > 0$.

5. Beispiel: Die Funktion $f_5\colon x \mapsto \frac{2\sin(\frac{\pi}{2}x)}{x}$; $D_5 = [1; \infty[$ aus 3.1.1. konvergiert gegen den Grenzwert 0, denn für ein beliebiges $\varepsilon > 0$ gilt in D_5 die Abschätzung

$$\left|\frac{2\sin(\frac{\pi}{2}x)}{x}\right| \leq \frac{2}{x} < \varepsilon \quad \text{für alle} \quad x > \frac{2}{\varepsilon}.$$

6. Beispiel: Entsprechend ist die Folge mit dem allgemeinen Glied $a_\nu = \frac{2\sin(\frac{\pi}{2}\nu)}{\nu}$; $\nu \in \mathbb{N}$ (identisch mit der Funktion f_6 aus 3.1.1.) als Einschränkung von f_5 eine Nullfolge.

Bemerkenswert ist an den letzten beiden Beispielen, daß der Grenzwert 0 als Funktionswert (sogar unendlich oft) auftritt.

Aufgaben

1. Von welchem $x > 1$ an gilt:

a) $\frac{10}{\sqrt{x}} \in U_{0,001}(0)$ b) $\frac{5x-6}{2x-2} \in U_{0,001}(\frac{5}{2})$

c) $\frac{x^2+1}{x^2-1} \in U_{0,01}(1)$ d) $\frac{\sqrt{x}+1}{\sqrt{x}-1} \in U_{0,01}(1)$.

2. Zeichne die Graphen der Folge $\langle a_\nu \rangle$ im Teilbereich $1 \leqq \nu \leqq 10$ und trage den Horizontalstreifen ein, in dem alle Punkte liegen, für die $a_\nu \in U_{0,3}(0)$:

a) $a_\nu = \frac{(-1)^\nu}{2\nu - 1}$ b) $a_\nu = \frac{1+(-1)^\nu}{\nu}$

Überprüfe das Ergebnis der Zeichnung rechnerisch!

3. Suche in den nachstehenden Zahlenfolgen mit dem allgemeinen Glied a_ν den Grenzwert a (z.B. durch Einsetzen einer „großen" Zahl ν) und berechne die kleinste natürliche Zahl n so, daß $a_\nu \in U_{0,001}(a)$ für alle $\nu \in \mathbb{N}$ mit $\nu > n$:

a) $a_\nu = 2 + \frac{1}{\nu+1}$ b) $a_\nu = -3 + \frac{(-1)^\nu}{\sqrt{\nu}}$

c) $a_\nu = \frac{4\nu-3}{2\nu+2}$ d) $a_\nu = \frac{3\nu^2+2}{12\nu^2+7}$

4. Es sei $\varepsilon > 0$ beliebig vorgegeben und $x > 1$. Welcher Beziehung muß x genügen, damit $f(x) \in U_\varepsilon(0)$?

a) $f(x) = \frac{5}{7x-3}$ b) $f(x) = \frac{1}{x^2}$

c) $f(x) = \frac{1}{\sqrt{x}}$ d) $f(x) = \sqrt{\frac{1}{2x-1}}$

5. Warum stellen die nachstehenden Zahlenfolgen *keine* Nullfolgen dar:

a) $1; \frac{1}{2}; 1; \frac{1}{4}; \frac{1}{8}; 1; \frac{1}{16}; \frac{1}{32}; \frac{1}{64}; 1; \ldots$ b) $a_{2\nu} = \frac{1}{2\nu}$; $a_{2\nu-1} = \frac{2\nu}{2\nu-1}$ mit $\nu \in \mathbb{N}$

c) $a_\nu = \frac{1}{\nu+1+\nu(-1)^\nu}$ mit $\nu \in \mathbb{N}$ d) $a_\nu = \sin\left(\frac{\pi}{4}\nu\right)$ mit $\nu \in \mathbb{N}$

6. Es sei a eine beliebige reelle Zahl. Stelle durch Negation der Definition fest, was für eine Funktion $f: x \mapsto y = f(x)$ mit rechtsseitig unbeschränkter Definitionsmenge *D* gelten muß, damit f(x) für $x \to \infty$ *nicht* gegen a konvergiert!

7. Berechne bei der Funktion $f: x \mapsto f(x)$; $D = \mathbb{R}^+$ die Funktionswerte für einige „große" x-Werte und stelle eine Vermutung über einen möglichen Grenzwert a an! Beweise die Vermutung anhand der Definition des Grenzwertes!

a) $f(x) = \frac{x+1}{x+2}$ b) $f(x) = \frac{x-2}{2x+10}$

8. a) Zeige, daß die Funktion

$f: x \mapsto \frac{\sin x}{x}$; $D = [1; \infty[$ für $x \to \infty$ einen Grenzwert hat, die Funktion mit der Gaußklammer

$f^*: x \mapsto \left[\frac{\sin x}{x}\right]$; $D = [1; \infty[$ jedoch nicht!

b) Warum ist es bei den Funktionen

$g: x \mapsto \frac{1}{2} + \frac{1}{4}\sin x$; $x \in \mathbb{R}$ und $g^*: x \mapsto [\frac{1}{2} + \frac{1}{4}\sin x]$; $x \in \mathbb{R}$ gerade umgekehrt?

3.1.4. Einfache Folgerungen

Unmittelbar aus der Definition des Grenzwerts im letzten Abschnitt ergeben sich einige einfache Folgerungen:

Satz 1:

Der Grenzwert einer Funktion für $x \to \infty$ ist, soweit er existiert, eindeutig bestimmt.

Beweis: (indirekt)

Hätte die Funktion $f\colon x \mapsto f(x);\ x \in D$ zwei verschiedene Grenzwerte $\lim\limits_{x \to \infty} f(x) = a$ und $\lim\limits_{x \to \infty} f(x) = b$ mit $a \neq b$, dann müßte es zu *jedem* $\varepsilon > 0$ ein r_1 geben, so daß $f(x) \in U_\varepsilon(a)$ für alle $x \in D$ mit $x > r_1$ und ebenso müßte sich ein r_2 so finden lassen, daß $f(x) \in U_\varepsilon(b)$ für alle $x \in D$ mit $x > r_2$. Ist r die größere der beiden Zahlen r_1 und r_2 – man schreibt dafür auch $r = \max(r_1;\ r_2)$ – so wäre $f(x) \in U_\varepsilon(a) \cap U_\varepsilon(b)$ für alle $x \in D$ mit $x > r$. Das ist aber unmöglich, sobald man $\varepsilon < \frac{1}{2}|b-a|$ wählt, weil dann $U_\varepsilon(a) \cap U_\varepsilon(b) = \emptyset$ wird.

Noch einfacher ist der folgende

Satz 2:

Eine Funktion $f\colon x \mapsto f(x);\ x \in D$ hat genau dann für $x \to \infty$ den Grenzwert a, wenn die Funktion $g\colon x \mapsto f(x) - a;\ x \in D$ den Grenzwert 0 hat:

$$\lim_{x \to \infty} f(x) = a \;\Leftrightarrow\; \lim_{x \to \infty} (f(x) - a) = 0$$

Führe den Beweis selbst durch!

Beispiel: In 3.1.3. (2. Beispiel) haben wir festgestellt, daß die Funktion $f_3\colon x \mapsto \frac{x+2}{x};$ $x \in [1;\infty[$ für $x \to \infty$ gegen 1 konvergiert.

Die Funktion $f\colon x \mapsto \frac{x+2}{x} - 1;\ x \in [1;\infty[$ ist identisch mit der Funktion $f_1\colon x \mapsto \frac{2}{x};\ x \in [1;\infty[$ und konvergiert für $x \to \infty$ gegen 0 (vgl. 1. Beispiel in 3.1.3.).

Auf Folgen angewandt besagt Satz 2, daß eine Folge $\langle a_\nu \rangle$ genau dann für $\nu \to \infty$ gegen einen Grenzwert a konvergiert, wenn die Folge $\langle a_\nu - a \rangle$ eine Nullfolge ist. Der Nachweis hierfür ist im allgemeinen leichter zu führen.

Beispiel: Wir betrachten die Folge $\langle a_\nu \rangle$ mit dem allgemeinen Glied $a_\nu = \frac{\nu^2 - 2{,}5}{2\nu^2 + 1};\ \nu \in \mathbb{N}$.

Den Term für a_ν kann man umformen:

$$a_\nu = \frac{(\nu^2 + \frac{1}{2}) - 3}{2\nu^2 + 1} = \frac{1}{2} - \frac{3}{2\nu^2 + 1}.$$ Also gilt:

$$|a_\nu - \tfrac{1}{2}| = \frac{3}{2\nu^2 + 1}$$

Da die Folge mit dem allgemeinen Glied $\frac{3}{2\nu^2 + 1}$ sofort als Nullfolge zu erkennen ist, erhalten wir nach Satz 2 $\lim\limits_{\nu \to \infty} a_\nu = \frac{1}{2}$.

Eine weitere selbstverständliche Folgerung aus der Grenzwertdefinition ist

Satz 3:

Ist $f: x \mapsto f(x);\ x \in D$ eine Funktion mit $\lim\limits_{x\to\infty} f(x) = a$ und $f_1: x \mapsto f_1(x);\ x \in D_1$ eine Einschränkung von f mit ebenfalls rechtsseitig unbeschränkter Definitionsmenge $D_1 \subseteqq D$, so gilt auch $\lim\limits_{x\to\infty} f_1(x) = a$.

Der Beweis ergibt sich sofort daraus, daß $f_1(x)$ mit $f(x)$ auf $D_1 \subseteqq D$ übereinstimmt.

Beispiel: In 3.1.1. sind die Funktionen f_2, f_4 und f_6 Einschränkungen der Funktionen f_1 bzw. f_3 bzw. f_5 mit rechtsseitig unbeschränkten Definitionsmengen (nämlich $\mathbb{N}$) und haben daher jeweils die gleichen Grenzwerte.

Umgekehrt kann die Konvergenz und ggf. auch der Grenzwert einer Funktion bei unverändertem Funktionsterm durchaus von der Definitionsmenge abhängen.

Beispiel: $f_1: x \mapsto \sin x;\ D_1 = \{x_\nu \mid x_\nu = \nu\pi \wedge \nu \in \mathbb{N}\}$, (Fig. 3.6, rote Punkte)

$f_2: x \mapsto \sin x;\ D_2 = \{x'_\nu \mid x'_\nu = (4\nu - 3)\frac{\pi}{2} \wedge \nu \in \mathbb{N}\}$, (Fig. 3.6, blaue Punkte)

Da $\sin \nu\pi = 0$ für alle $\nu \in \mathbb{N}$ ist, hat f_1 für $x \to \infty$ auch den Grenzwert 0. Dagegen ist $\sin(4\nu - 3)\frac{\pi}{2} = 1$ für alle $\nu \in \mathbb{N}$, somit $\lim\limits_{x\to\infty} f_2(x) = 1$. Die Funktion $f: x \mapsto \sin x$; $D = \mathbb{R}$, die eine gemeinsame Fortsetzung von f_1 und f_2 ist, konvergiert für $x \to \infty$ nicht, da die Funktionswerte auch für noch so großes x stets zwischen -1 und $+1$ hin- und herpendeln (siehe auch Fig. 3.6). Dies steht in Einklang mit unseren allgemeinen Überlegungen: Hätte f für $x \to \infty$ einen Grenzwert, so müßte dieser nach Satz 3 mit dem Grenzwert von f_1 und mit dem Grenzwert von f_2 übereinstimmen. Da die beiden letzteren nicht übereinstimmen, würde sich ein Widerspruch zu Satz 1 ergeben.
Man sieht sofort, daß es durch geeignete Wahl der Definitionsmenge möglich ist, eine Funktion mit dem Funktionsterm $f(x) = \sin x$ zu konstruieren, die für $x \to \infty$ einen beliebigen Grenzwert zwischen -1 und $+1$ hat.

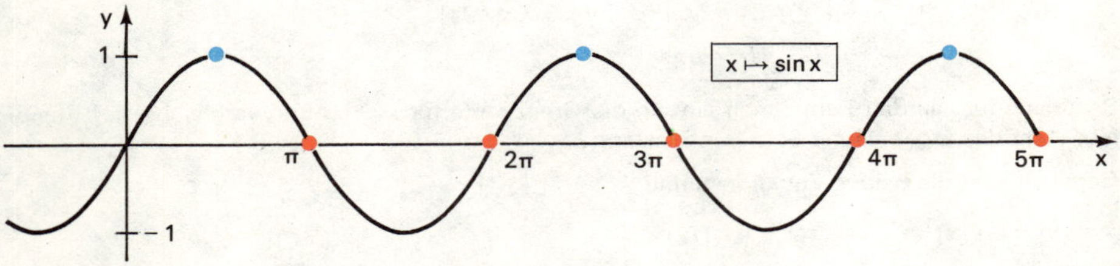

Fig. 3.6

Bemerkung: Die als Definitionsmenge von f_1 gewählten Werte $x_\nu = \nu\pi$ bilden für $\nu \in \mathbb{N}$ eine Zahlenfolge, deren Glieder mit wachsendem ν über alle Grenzen wachsen. Auch die zugehörigen Funktionswerte $f_1(x_\nu)$ bilden für $\nu \in \mathbb{N}$ eine Folge. Man spricht dann von einer *Folge von Funktionswerten*.

Aufgaben

1. Bestimme nach geeigneter Umformung mit Hilfe von Satz 2 die Grenzwerte nachstehender Folgen mit dem allgemeinen Glied a_ν $(\nu \in \mathbb{N})$:

a) $a_\nu = \dfrac{\nu+6}{\nu+5}$ b) $a_\nu = \dfrac{3\nu^2-2}{\nu^2+7}$

c) $a_\nu = \dfrac{3-7\nu}{2\nu+9}$ d) $a_\nu = \dfrac{3\nu^2-1}{1-4\nu^2}$

2. Bestimme mit Hilfe einer geeigneten Umformung $\lim\limits_{x\to\infty} f(x)$ für die folgenden Funktionsterme $f(x)$, wobei jeweils $D_{f(x)}$ als Definitionsmenge zugrundezulegen ist:

a) $f(x) = \dfrac{3x-4}{2x+7}$ b) $f(x) = \dfrac{x+\sin x}{x}$

c) $f(x) = \dfrac{\cos x - 3x}{1-2x}$ d) $f(x) = \dfrac{\sqrt{x-x^2}}{\sqrt{x+x^2}}$

3. Konstruiere zwei Einschränkungen f_1 und f_2 von $f\colon x \mapsto \sin x$; $D = \mathbb{R}$ mit

a) $\lim\limits_{x\to\infty} f_1(x) = \frac{1}{2}\sqrt{2}$, b) $\lim\limits_{x\to\infty} f_2(x) = -\frac{1}{2}$!

4. Zeichne den Graphen der Funktion $f\colon x \mapsto (-1)^{[x]}$; $x \in \mathbb{R}$!
Warum hat f für $x \to \infty$ keinen Grenzwert? Gib zwei Einschränkungen f_1 und f_2 von f an mit

a) $\lim\limits_{x\to\infty} f_1(x) = 1$, b) $\lim\limits_{x\to\infty} f_2(x) = -1$!

5. Zeichne die Graphen der Funktionen

a) $f\colon x \mapsto [\sin x]$; $D = \mathbb{R}$, b) $g\colon x \mapsto 1 + \operatorname{sgn}(\sin x)$; $D = \mathbb{R}$!

Zeige, daß es zu beiden Funktionen Einschränkungen gibt, die für $x \to \infty$ gegen 1 konvergieren und gib jeweils eine solche Einschränkung an! Welche anderen Grenzwerte können Einschränkungen von f bzw. g für $x \to \infty$ noch haben? Gib zu jedem dieser Grenzwerte jeweils eine Einschränkung an!

6. Mit dem Funktionsterm $f(x) = \dfrac{2x+4}{x+1}$ werden folgende Funktionen gebildet:

$f_1\colon x \mapsto f(x)$; $D_1 = \mathbb{N}$
$f_2\colon x \mapsto f(x)$; $D_2 = \{x_\nu \mid x_\nu = 2\nu - \frac{3}{2} \wedge \nu \in \mathbb{N}\}$
$f\colon x \mapsto f(x)$; $D = D_{f(x)}$.

Bestimme für alle drei Funktionen einzeln die Grenzwerte für $x \to \infty$ und vergleiche sie! Inwiefern steht das Ergebnis mit Satz 3 in Einklang?

7. Gegeben sind die beiden Funktionsterme

a) $f(x) = x - [x]$ b) $f(x) = \dfrac{x}{[x]}$

Zeichne für beide Terme die Graphen der folgenden Funktionen, prüfe nach, ob die Funktionen für $x \to \infty$ Grenzwerte haben und bestimme diese gegebenenfalls:

α) $f_1\colon x \mapsto f(x)$; $D_1 = \mathbb{N}$
β) $f_2\colon x \mapsto f(x)$; $D_2 = \{x_\nu \mid x_\nu = \nu + \frac{1}{2} \wedge \nu \in \mathbb{N}\}$
γ) $f_3\colon x \mapsto f(x)$; $D_3 = \{x'_\nu \mid x'_\nu = \dfrac{\nu+1}{2} \wedge \nu \in \mathbb{N}\}$
δ) $f_4\colon x \mapsto f(x)$; $D_4 = D_{f(x)}$.

8. Beweise folgende Ergänzung zu Satz 3:
Ist $f_1: x \mapsto f_1(x);\ x \in D_1$ eine Funktion mit $\lim\limits_{x\to\infty} f_1(x) = a$, so gilt $\lim\limits_{x\to\infty} f(x) = a$ für jede beliebige Fortsetzung f von f_1 genau dann, wenn D_1 ein rechtsseitig unbeschränktes *Intervall* $]s; \infty[$ enthält ($s > 0$ beliebig).

Beachte: In diesem Fall sind also Konvergenz und Grenzwert *nur* noch von der Zuordnungsvorschrift, d.h. dem Term $f(x) = f_1(x)$ und nicht mehr weiter von der Definitionsmenge abhängig. Führe den Beweis in der schwierigeren Richtung indirekt!

9. Beweise:
Für eine Funktion $f: x \mapsto f(x);\ x \in D$ gilt genau dann $\lim\limits_{x\to\infty} f(x) = a$, wenn für *alle* unbeschränkten, monoton zunehmenden Folgen $\langle x_\nu \rangle$ mit $x_\nu \in D$ gilt: $\lim\limits_{\nu\to\infty} f(x_\nu) = a$.

Hinweis: Führe den Beweis in der schwierigeren Richtung indirekt!

3.1.5. Konvergente geometrische Folgen und Reihen

A. Die konvergente geometrische Folge

Bereits in 2.3.3. haben wir die geometrische Folge mit dem allgemeinen Glied $a_\nu = a_1 q^{\nu-1}$ ($\nu \in \mathbb{N}$) kennengelernt. Wählt man $a_1 = 3$ und $q = \frac{1}{2}$, so erhalten wir die Folge 3; 1,5; 0,75; 0,375; 0,1875; 0,09375; ...... Wählen wir $a_1 = 2$ und $q = -\frac{3}{4}$, so erhalten wir die alternierende geometrische Folge 2; −1,5; 1,125; −0,84375; 0,6328125; .... Wir vermuten, daß es sich in beiden Fällen um Nullfolgen handelt. Dies kann natürlich nur dann erwartet werden, wenn die Folgenglieder ihrem Betrage nach laufend kleiner werden, also für $|q| < 1$.

Die geometrische Folge ist für $|q| < 1$ eine Nullfolge.

Beweis:
Aus $|q| < 1$ folgt $\frac{1}{|q|} > 1$; wir können also $\frac{1}{|q|} = 1 + x$ mit $x > 0$ ansetzen. Nach der Bernoullischen Ungleichung (2.5.2., 3. Beispiel) gilt $(1+x)^\nu \geqq 1 + \nu x$ und damit ergibt sich bei beliebig vorgegebenem $\varepsilon > 0$

$$|a_1 q^\nu| = |a_1| \cdot |q|^\nu = \frac{|a_1|}{(1+x)^\nu} \leqq \frac{|a_1|}{1+\nu x} < \varepsilon \quad \text{für alle} \quad \nu > \frac{1}{x}\left(\frac{|a_1|}{\varepsilon} - 1\right).^1$$

Bemerkung: Eine für die Praxis besser geeignete Abschätzung ist durch Logarithmieren möglich:

$$|a_1| \cdot |q|^\nu < \varepsilon \Leftrightarrow \lg|a_1| + \nu \lg|q| < \lg\varepsilon \Leftrightarrow \nu > \frac{\lg\varepsilon - \lg|a_1|}{\lg|q|}$$

wobei zu beachten ist, daß $\lg|q| < 0$ wegen $|q| < 1$.

B. Die konvergente geometrische Reihe

Addieren wir die Glieder einer geometrischen Folge, z.B. 1; $\frac{1}{2}$; $\frac{1}{4}$; $\frac{1}{8}$; $\frac{1}{16}$; ..., so erhalten wir eine geometrische Reihe (vgl. 2.4.3.). In unserem Beispiel ergeben sich die Summenwerte $s_1 = 1$; $s_2 = \frac{3}{2}$; $s_3 = \frac{7}{4}$; $s_4 = \frac{15}{8}$; $s_5 = \frac{31}{16}$; ... (vgl. Fig. 3.7).

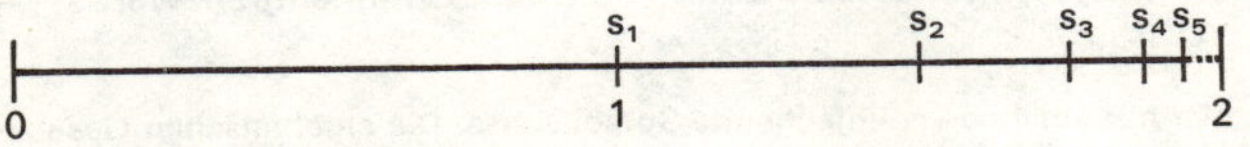

Fig. 3.7

[1] Wir betrachten zur Vereinfachung der bei den Abschätzungen auftretenden Terme das allgemeine Glied $a_{\nu+1}$ statt a_ν.

Offenbar konvergiert die Folge der s_ν für $\nu \to \infty$ gegen den Wert 2.
Allgemein haben wir in 2.4.3. für die Teilsumme

$$s_\nu = a_1 + a_1 q + a_1 q^2 + \ldots + a_1 q^{\nu-1} \quad (\nu \in \mathbb{N})$$

einer beliebigen geometrischen Reihe den geschlossenen Term

$$s_\nu = a_1 \frac{q^\nu - 1}{q - 1} \qquad \text{für } q \in \mathbb{R} \setminus \{1\}$$

gefunden.

Durchläuft nun ν die Folge der natürlichen Zahlen, so durchläuft s_ν die sogenannte *Teilsummenfolge* der geometrischen Reihe. Eine Konvergenz der Teilsummenfolge $\langle s_\nu \rangle$ kann für $a_1 \neq 0$ von vorneherein nur dann erwartet werden, wenn die Summanden, also die Glieder der geometrischen Folge, dem Betrage nach dauernd kleiner werden. Dann tritt sie aber tatsächlich auch ein:

Die Teilsummenfolge $\langle s_\nu \rangle$ *konvergiert* (*bei* $a_1 \neq 0$) *für* $\nu \to \infty$ *genau dann, wenn* $|q| < 1$ *ist. Es gilt*:

$$\lim_{\nu \to \infty} s_\nu = \frac{a_1}{1 - q} \qquad \text{für } |q| < 1$$

Beweis:

Wir formen den Ausdruck für s_ν etwas um:

$$s_\nu = a_1 \frac{q^\nu - 1}{q - 1} = a_1 \frac{1 - q^\nu}{1 - q} = \frac{a_1}{1 - q} - \frac{a_1 q^\nu}{1 - q}$$

Dabei ist $\frac{a_1}{1-q}$ ein von ν unabhängiger Term. Bringt man ihn auf die linke Seite, so erhalten wir

$$s_\nu - \frac{a_1}{1 - q} = \frac{-1}{1 - q} \cdot a_1 q^\nu.$$

Die rechte Seite ist nach Abschnitt A aber für $|q| < 1$ eine Nullfolge, also geht mit $\nu \to \infty$ s_ν gegen $a_1 : (1 - q)$.

Dafür sagt man auch: Die *unendliche*[1] *geometrische Reihe* konvergiert für $|q| < 1$ gegen den Summengrenzwert $s = \frac{a_1}{1 - q}$.[2]

Ist dagegen $|q| > 1$, so können wir $|q| = 1 + x$ mit $x > 0$ setzen und erhalten nach der Bernoullischen Ungleichung:

$$|a_1 q^\nu| = |a_1| \cdot |q|^\nu = |a_1| \cdot (1 + x)^\nu \geqq |a_1| (1 + \nu x).$$

Für $a_1 \neq 0$ wird die rechte Seite beliebig groß, also auch die linke. Daher wachsen auch die Glieder der Teilsummenfolge s_ν für $\nu \to \infty$ ihrem Betrage nach über alle Grenzen. Eine Konvergenz ist daher nicht mehr möglich.

Untersuche selbst die verbleibenden Fälle $q = 1$ und $q = -1$!

1. Beispiel: Für die monoton zunehmende unendliche geometrische Reihe

$$10 + 9 + 8{,}1 + \ldots + 10 \cdot \left(\tfrac{9}{10}\right)^{\nu-1} + \ldots$$

erhalten wir mit $a_1 = 10$ und $q = 0{,}9$ den Summengrenzwert $s = \frac{10}{1 - 0{,}9} = 100$.

---

[1] Es handelt sich hier nur um eine vereinfachende Sprechweise. Die algebraischen Gesetze der Addition sind stets nur für endlich viele Summanden definiert.

[2] Man verwendet auch das Symbol $\sum_{\nu=1}^{\infty} a_\nu := \lim_{\nu \to \infty} s_\nu$ und schreibt $\sum_{\nu=1}^{\infty} a_\nu = s$ (gelesen „Summe der a_ν von $\nu = 1$ bis unendlich").

2. Beispiel: Für die alternierende unendliche geometrische Reihe

$$10-9+8{,}1-\ldots+10\cdot\left(\frac{-9}{10}\right)^{\nu-1}\ldots \text{ mit } q=-0{,}9$$

ergibt sich der kleinere Grenzwert $s=\frac{10}{1+0{,}9}=\frac{100}{19}$.

3. Beispiel: Bereits im Mathematikunterricht der 6. Klasse[1] sind wir bei der Umwandlung eines gewöhnlichen Bruches in einen Dezimalbruch auf die *unendlichen periodischen Dezimalbrüche* gestoßen, z. B. $0{,}\overline{3}$ oder $0{,}\overline{37}$ und haben dort auch die Rückverwandlung an einzelnen Beispielen kennengelernt, allerdings ohne eine Begründung für ein solches Rechenverfahren angeben zu können. Wie die Zerlegung

$$0{,}\overline{3}=0{,}3+0{,}03+0{,}003+\ldots$$

zeigt, kann $0{,}\overline{3}$ als unendliche geometrische Reihe mit $a_1=0{,}3$ und $q=\frac{1}{10}$ aufgefaßt werden. Der Summengrenzwert dieser Reihe ist

$$s=0{,}3\cdot\frac{1}{1-\frac{1}{10}}=\frac{0{,}3}{0{,}9}=\frac{1}{3}.$$

Entsprechend ist $0{,}\overline{37}=0{,}37+0{,}0037+0{,}000037+\ldots$

$$=0{,}37\cdot\frac{1}{1-\frac{1}{100}}=\frac{37}{99}.$$

Periodische Dezimalbrüche können also als Summengrenzwerte einer unendlichen konvergenten geometrischen Reihe aufgefaßt werden.

Aufgaben

1. Von welcher Platznummer n ab liegen die Glieder nachstehender geometrischer Folgen in $U_{0,001}(0)$? Schätze dabei einmal mit Hilfe der Bernoullischen Ungleichung und einmal logarithmisch ab!

   a) $1;\ \frac{2}{3};\ \frac{4}{9};\ \ldots$ b) $10;\ 9;\ 8{,}1;\ \ldots$ c) $9;\ -3;\ 1;\ \ldots$

2. Zeige, daß die folgenden unendlichen geometrischen Reihen konvergent sind und berechne jeweils den Summengrenzwert:

   a) $3-\frac{3}{5}+\frac{3}{25}-\ldots$ b) $100+99+98{,}01+\ldots$ c) $5-4{,}5+4{,}05-\ldots$

3. Berechne

   a) $\lim\limits_{\nu\to\infty} 4\cdot\frac{1-0{,}8^\nu}{1-0{,}8}$ b) $\lim\limits_{\nu\to\infty}\frac{5}{3}\cdot\frac{1-(-\frac{2}{3})^\nu}{1+\frac{2}{3}}$

   Welche unendliche geometrische Reihe hat diesen Summengrenzwert?

4. Welche unendliche geometrische Reihe (Anfangsglied a_1) hat den Summengrenzwert s für:

   a) $a_1=1;\ s=20$ b) $a_1=-2;\ s=-\frac{20}{19}$ c) $s=\frac{2a_1}{3}$

5. Verwandle in gewöhnliche Brüche

   a) $0{,}\overline{1}$ b) $0{,}\overline{9}$ c) $0{,}\overline{54}$ d) $0{,}\overline{612}$ e) $0{,}\overline{04}$ f) $0{,}63\overline{123}$

6. Unter welchen Bedingungen ist die Teilsummenfolge einer geometrischen Reihe

   a) monoton zunehmend b) monoton abnehmend c) nicht monoton?

---

[1] K. Wörle: Mathematik 6. Schuljahr, § 23 D., § 24 B.

7. Gedämpfte Schwingungen.
Wir sprechen in der Physik von einer gedämpften Schwingung, wenn die Amplitude, d. h. die maximale Entfernung aus der Ruhelage, mit der Zeit abnimmt. Dabei bilden die Amplituden $a_1; a_2; a_3; \ldots$ im allgemeinen eine geometrische Folge (vgl. die graphische Darstellung einer gedämpften Schwingung in Fig. 3.8).
Welchen Weg legt die Pendelmasse eines Fadenpendels bei der Ausgangsamplitude $a_1 = 10$ cm bis zur vollständigen Ruhe zurück, wenn die Amplitude nach jeder halben Schwingung um 10% kleiner wird? Nach welcher Zeit ist die Amplitude kleiner als 1 mm, wenn die Schwingungsdauer 1 s beträgt?

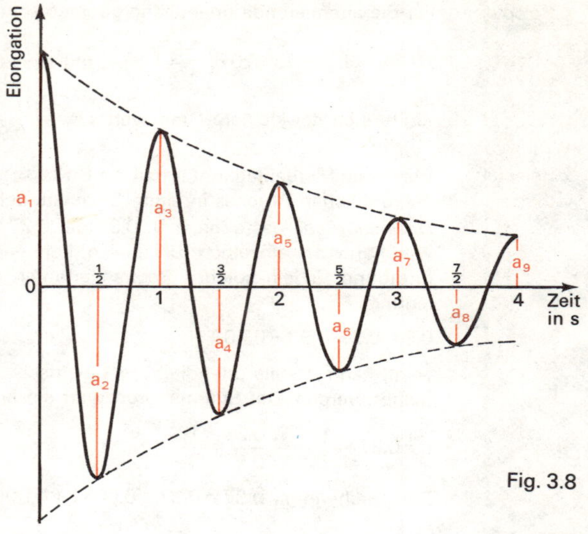

Fig. 3.8

Bemerkung: Theoretisch kommt die gedämpfte Schwingung erst nach unendlich langer Zeit vollständig zur Ruhe, weil jede volle Hin- und Herbewegung stets die gleiche Zeit (Schwingungsdauer) beansprucht. Praktisch dürfen wir jedoch die Schwingung bereits als beendet ansehen, wenn die Amplituden kleiner als 1 mm sind.

3.1.6. Divergente Funktionen

Jede Funktion mit rechtsseitig unbeschränkter Definitionsmenge, die für $x \to \infty$ nicht gegen einen Grenzwert konvergiert, heißt *divergent* für $x \to \infty$.

Beispiele: Für die auf $\mathbb{R}$ definierten Funktionen $f: x \mapsto \frac{1}{2}x + 1$ oder $f: x \mapsto x^2$ nehmen die Funktionswerte unbeschränkt zu, wenn x über alle Grenzen wächst. Wir schreiben $f(x) \to \infty$ für $x \to \infty$.[1] Dazu die exakte

Definition:

Eine Funktion $f: x \mapsto f(x)$ mit rechtsseitig unbeschränkter Definitionsmenge D divergiert für $x \to \infty$ nach ∞, wenn es zu jeder (noch so großen!) reellen Zahl $G > 0$ eine Zahl $r > 0$ gibt, so daß für alle $x \in D$ mit $x > r$ gilt: $f(x) > G$.

Wie das Beispiel der Funktion $f: x \mapsto \frac{1}{2}x + \sin(\frac{\pi}{2}x)$; $x \in \mathbb{R}$ (Fig. 3.9) zeigt, muß eine solche Funktion nicht von irgendeiner Stelle an monoton zunehmen.

Bemerkung: Bei einer Folge, z. B. $a_\nu = 2^\nu$ mit $\nu \in \mathbb{N}$, schreiben wir entsprechend: $a_\nu \to \infty$ für $\nu \to \infty$.

Bei der Funktion $g: x \mapsto 1 - x^2$; $x \in \mathbb{R}$ schreiben wir entsprechend.

---

[1] Daneben ist auch die Schreibweise $\lim\limits_{x \to \infty} f(x) = \infty$ zulässig. Wir wollen davon jedoch keinen Gebrauch machen, da das Zeichen ∞ nicht als Zahl aufzufassen ist.

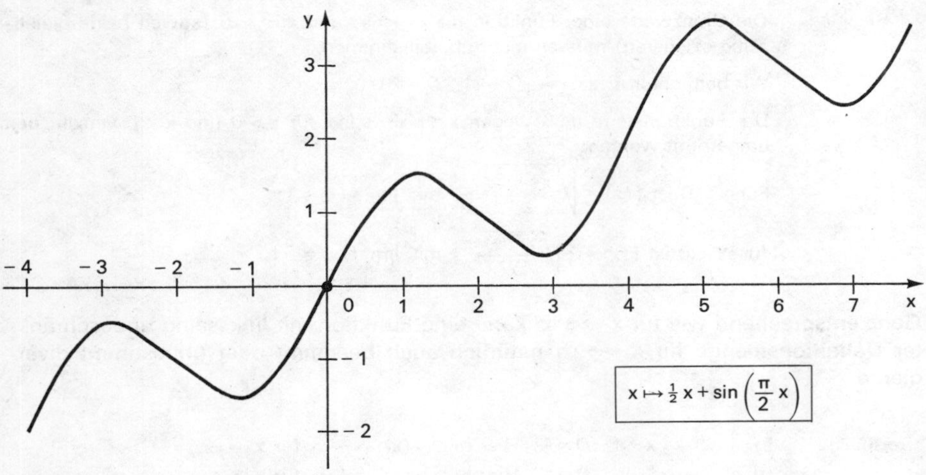

Fig. 3.9

Formuliere selbst eine exakte Definition für diesen Sachverhalt! Gilt $f(x) \to \infty$ oder $f(x) \to -\infty$ für $x \to \infty$, so spricht man in beiden Fällen von *bestimmter Divergenz*. Daneben gibt es auch noch andere Möglichkeiten (die sogenannte *unbestimmte Divergenz*).

Beispiele:

a) $\sin\colon x \mapsto \sin x;\ x \in \mathbb{R}$
Die Funktion ist beschränkt, hat für $x \to \infty$ keinen Grenzwert.

b) $h\colon x \mapsto x \sin(\frac{\pi}{2}x);\ x \in \mathbb{R}$
Der Betrag der Funktionswerte wird zwar für $x \to \infty$ beliebig groß, das Vorzeichen wechselt aber immer wieder.

3.1.7. Verhalten von Funktionen für $x \to -\infty$

Ganz entsprechend wie eine Funktion mit rechtsseitig unbeschränkter Definitionsmenge für $x \to +\infty$ gegen einen Grenzwert konvergieren kann, ist dies auch bei einer Funktion mit linksseitig unbeschränkter Definitionsmenge für $x \to -\infty$ möglich. Alle unsere bisherigen Aussagen und Sätze lassen sich analog auf diesen Fall übertragen. Wir beschränken uns auf zwei Beispiele:

1. Beispiel: Gegeben sei $f\colon x \mapsto \frac{2x+4}{x+1};\ D = \mathbb{R}\setminus\{-1\}$

In D können wir den Funktionsterm äquivalent umformen zu $f(x) = 2 + \frac{2}{x+1}$.

Für $x \to -\infty$ hat der Term $\frac{2}{x+1}$ (wie für $x \to +\infty$) den Grenzwert 0, daher ist $\lim\limits_{x \to -\infty} f(x) = 2$.

Die Grenzwerte für $x \to +\infty$ und $x \to -\infty$ stimmen hier überein. An der Differenz $f(x) - 2 = \frac{2}{x+1}$ erkennt man sofort, daß diese für $x > -1$ positiv, für $x < -1$ negativ ist. $f(x)$ nähert sich daher für $x \to +\infty$ dem Grenzwert 2 von oben, für $x \to -\infty$ von unten an. Überprüfe dies am Graphen der Funktion!

2. Beispiel: Die Grenzwerte einer Funktion für $x \to +\infty$ und $x \to -\infty$ (soweit beide gleichzeitig existieren) müssen nicht übereinstimmen.

Wir betrachten f: $x \mapsto \frac{1}{x}\sqrt{x^2+1}$; $D = \mathbb{R} \setminus \{0\}$

Der Funktionsterm muß wegen $x = \sqrt{x^2} \cdot \operatorname{sgn} x$ für $x > 0$ und $x < 0$ verschieden umgeformt werden:

Für $x > 0$ ist $f(x) = \sqrt{\frac{x^2+1}{x^2}}$ mit $\lim\limits_{x \to \infty} f(x) = 1$;

für $x < 0$ ist $f(x) = -\sqrt{\frac{x^2+1}{x^2}}$ mit $\lim\limits_{x \to -\infty} f(x) = -1$.

Ganz entsprechend wie für $x \to +\infty$ kann eine Funktion mit linksseitig unbeschränkter Definitionsmenge für $x \to -\infty$ natürlich auch bestimmt oder unbestimmt divergieren.

Beispiele:

a) l: $x \mapsto \frac{1}{2}x + 1$; $D = \mathbb{R}$. Hier gilt: $l(x) \to -\infty$ für $x \to -\infty$

b) q: $x \mapsto x^2$; $D = \mathbb{R}$. Hier gilt: $q(x) \to +\infty$ für $x \to -\infty$

Aufgaben

1. Bestimme bei folgenden Funktionstermen eine Schranke r, so daß für alle $x > r$ sicher $f(x) > 1000$ gilt!

   a) $f(x) = \sqrt{x+1}$ b) $f(x) = x^2$ c) $f(x) = x^2 - 7x - 44$

   d) $f(x) = x^2 + 2x - 3$ e) $f(x) = \frac{x^2}{1+x}$

2. Untersuche bei folgenden Funktionstermen das Verhalten für $x \to +\infty$ und – soweit zulässig – auch für $x \to -\infty$!

   a) $f(x) = x^2 - 2x$ b) $f(x) = \sqrt{x} - \frac{x^2}{4}$

   c) $f(x) = 2^x$ d) $f(x) = \frac{1 + \sin x}{x}$

   e) $f(x) = \frac{2x^2 - 3x + 2}{5x^2 + 1}$ f) $f(x) = \frac{\sqrt{x+1}}{x-1}$

   g) $f(x) = \frac{3 - 2x}{\sqrt{x^2+1}}$ h) $f(x) = x^3$

   i) $f(x) = -x^4$ k) $f(x) = x^4 - 2x^2$

3.2. Grenzwertsätze und Anwendungen

3.2.1. Einführung

Wir betrachten die beiden Funktionen

$$f_1\colon x \mapsto \frac{x-1}{x+1};\ D_1 = \mathbb{R}^+$$

und

$$f_2\colon x \mapsto \frac{2x+5}{x+1};\ D_2 = \mathbb{R}^+$$

Wie man sofort nachrechnet, gilt $\lim\limits_{x\to\infty} f_1(x) = 1$ und $\lim\limits_{x\to\infty} f_2(x) = 2$. Bildet man durch Addition der beiden Terme $f_1(x)$ und $f_2(x)$ die Funktion

$$f\colon x \mapsto \frac{x-1}{x+1} + \frac{2x+5}{x+1};\ D = \mathbb{R}^+,$$

so können wir vereinfachen zu

$$f\colon x \mapsto \frac{3x+4}{x+1};\ D = \mathbb{R}^+$$

und stellen fest, daß $\lim\limits_{x\to\infty} f(x) = 3$.

Dies führt uns zur Vermutung, daß allgemein der Grenzwert eines Summenterms gleich der Summe der Grenzwerte der Einzelterme sein könnte, vorausgesetzt natürlich, daß diese Grenzwerte überhaupt existieren. Ähnliche Vermutungen könnte man hinsichtlich der Differenz, des Produkts und des Quotienten anstellen. Wir werden sehen, daß diese Vermutungen zutreffen. Sie stellen den Inhalt der sogenannten *Grenzwertsätze* dar.

Vorher müssen wir erst noch definieren, was wir allgemein unter Summe, Differenz, Produkt und Quotient zweier Funktionen verstehen wollen. Wir definieren, entsprechend unserem Anfangsbeispiel, in sehr naheliegender Weise:

Definition:

Sind $f_1\colon x \mapsto f_1(x);\ x \in D_1$ und $f_2\colon x \mapsto f_2(x);\ x \in D_2$ zwei Funktionen und ist $D = D_1 \cap D_2 \neq \emptyset$, so verstehen wir unter der

Summenfunktion: $f_1 + f_2\colon x \mapsto f_1(x) + f_2(x);\ x \in D$

Differenzfunktion: $f_1 - f_2\colon x \mapsto f_1(x) - f_2(x);\ x \in D$

Produktfunktion: $f_1 f_2\colon\ x \mapsto f_1(x) \cdot f_2(x);\ x \in D$

Quotientenfunktion: $\dfrac{f_1}{f_2}\colon\ x \mapsto \dfrac{f_1(x)}{f_2(x)};\ x \in D \setminus N_2$

wobei $N_2 = \{x \mid f_2(x) = 0\}$ die Nullstellenmenge des Terms $f_2(x)$ ist.

Beispiel:

$f_1\colon x \mapsto x^2\sqrt{x};\ x \in [0;9]$

$f_2\colon x \mapsto \sqrt{x}\ ;\ x \in [0;\infty[$

Dann lautet die Quotientenfunktion $\dfrac{f_1}{f_2}\colon x \mapsto x^2;\ x \in\ ]0;9]$.

3.2.2. Grenzwertsätze

Mit Hilfe der vereinbarten Definitionen formulieren wir nun die

Grenzwertsätze:

Sind $f_1: x \mapsto f_1(x);\; x \in D_1$ und $f_2: x \mapsto f_2(x);\; x \in D_2$ zwei Funktionen mit $\lim\limits_{x \to \infty} f_1(x) = a_1$ und $\lim\limits_{x \to \infty} f_2(x) = a_2$ und ist $D = D_1 \cap D_2$ eine rechtsseitig unbeschränkte Menge, so gilt:

a) $\lim\limits_{x \to \infty} (f_1 + f_2)(x) = a_1 + a_2$

b) $\lim\limits_{x \to \infty} (f_1 - f_2)(x) = a_1 - a_2$

c) $\lim\limits_{x \to \infty} (f_1 f_2)(x) = a_1 a_2$

d) ist außerdem $a_2 \neq 0$, so gilt auch $\lim\limits_{x \to \infty} \dfrac{f_1}{f_2}(x) = \dfrac{a_1}{a_2}$.

Zum **Beweis** der Grenzwertsätze benützen wir folgenden einfachen Hilfssatz:

(1) Eine für $x \to \infty$ konvergente Funktion f ist von einer Stelle $r > 0$ an beschränkt, d.h. es existiert ein $K > 0$, so daß $|f(x)| < K$ für alle $x \in D$ mit $x > r$.

(2) Ist der Grenzwert der Funktion von 0 verschieden, so ist auch $\dfrac{1}{f(x)}$ von irgendeiner Stelle $r > 0$ an beschränkt.

Beweis des Hilfssatzes:

(1) Ist $\lim\limits_{x \to \infty} f(x) = a$, so existiert zu einem beliebigen $\varepsilon > 0$ ein $r > 0$ so, daß $f(x) \in U_\varepsilon(a)$ für alle $x \in D$ mit $x > r$. Dann gilt $a - \varepsilon < f(x) < a + \varepsilon$.
Setzen wir $K = \max(|a - \varepsilon|;\; |a + \varepsilon|)$, so folgt $|f(x)| < K$ für alle diese x.

(2) Ist $a \neq 0$, so wählen wir ein positives $\varepsilon < \dfrac{|a|}{2}$. Zu diesem ε muß es ein $r > 0$ geben mit $|f(x) - a| < \dfrac{|a|}{2}$ für alle $x \in D$ mit $x > r$.
Nach den Rechengesetzen für den absoluten Betrag in 1.2.2. ergibt sich daraus (vgl. Fig. 3.10): $\frac{1}{2}|a| < |f(x)| < \frac{3}{2}|a|$, und daraus folgt:

$$\frac{2}{|a|} > \left|\frac{1}{f(x)}\right| > \frac{2}{3|a|}$$

$\dfrac{1}{f(x)}$ ist also für $x \in D$ mit $x > r$ beschränkt, man braucht nur $\dfrac{2}{|a|} = K$ zu setzen.

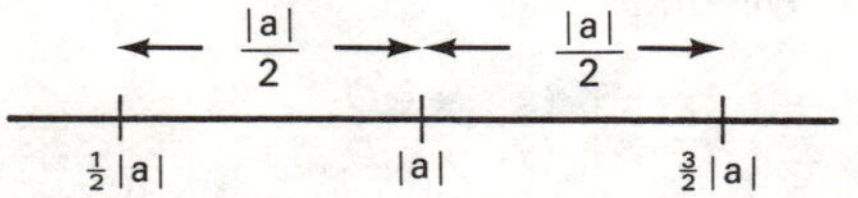

Fig. 3.10

Damit können wir nun die Grenzwertsätze beweisen:

a) Ist ein beliebiges $\varepsilon > 0$ fest vorgegeben, so müssen wir zeigen, daß sich dazu ein $r > 0$ so finden läßt, daß gilt $|((f_1(x) + f_2(x)) - (a_1 + a_2)| < \varepsilon$ für alle $x \in D$ mit $x > r$.
Nun muß es aber nach Voraussetzung bei f_1 zur positiven Zahl $\dfrac{\varepsilon}{2}$ ein r_1 geben mit $|f_1(x) - a_1| < \dfrac{\varepsilon}{2}$ für alle $x \in D$ mit $x > r_1$, ebenso bei f_2 ein r_2 mit $|f_2(x) - a_2| < \dfrac{\varepsilon}{2}$ für alle $x \in D$ mit $x > r_2$.
Wählt man nun $r = \max(r_1; r_2)$, so gilt für alle $x \in D$ mit $x > r$
$|(f_1(x) + f_2(x)) - (a_1 + a_2)| = |(f_1(x) - a_1) + (f_2(x) - a_2)| \leqq |f_1(x) - a_1| + |f_2(x) - a_2| < \dfrac{\varepsilon}{2} + \dfrac{\varepsilon}{2} = \varepsilon.$

b) Der Beweis ergibt sich ganz entsprechend. Führe ihn selbst durch!

c) Ist wieder ein beliebiges $\varepsilon > 0$ vorgegeben, so müssen wir ein $r > 0$ so finden, daß für alle $x \in D$ mit $x > r$ gilt $|f_1(x) \cdot f_2(x) - a_1 a_2| < \varepsilon$.

Dazu formen wir zunächst um:

$$|f_1(x)\cdot f_2(x)-a_1a_2| = |f_1(x)\cdot f_2(x)-a_1f_2(x)+a_1f_2(x)-a_1a_2| \leqq$$
$$|(f_1(x)-a_1)\cdot f_2(x)|+|a_1\cdot(f_2(x)-a_2)| = |f_2(x)|\cdot|(f_1(x)-a_1)|+|a_1|\cdot|f_2(x)-a_2|$$

Nun ist $f_2(x)$ von irgendeiner Stelle r_2 an beschränkt, also $|f_2(x)|<K$ für alle $x\in D$ mit $x>r_2$. Dann muß es zur positiven Zahl $\frac{\varepsilon}{2K}$ ein r_1 geben mit $|f_1(x)-a_1|<\frac{\varepsilon}{2K}$ für alle $x\in D$ mit $x>r_1$.

Außerdem muß es noch ein r_2' geben mit $|f_2(x)-a_2|<\frac{\varepsilon}{2|a_1|}$ für alle $x\in D$ mit $x>r_2'$ (sollte $a_1=0$ sein, setzen wir $r_2'=r_2$). Setzen wir nun $r=\max(r_1, r_2, r_2')$, so können wir für alle $x\in D$ mit $x>r$ abschätzen:

$$|f_2(x)|\cdot|(f_1(x)-a_1)|+|a_1|\cdot|f_2(x)-a_2| < \frac{\varepsilon}{2K}\cdot K+|a_1|\cdot\frac{\varepsilon}{2|a_1|} \leqq \frac{\varepsilon}{2}+\frac{\varepsilon}{2}<\varepsilon$$

d) Der Beweis ergibt sich ähnlich wie bei c). Man formt dazu um:

$$\left|\frac{f_1(x)}{f_2(x)}-\frac{a_1}{a_2}\right| = \left|\frac{(a_2f_1(x)-a_2a_1)+(a_2a_1-a_1f_2(x))}{a_2f_2(x)}\right| \leqq$$
$$\left|\frac{1}{f_2(x)}\right|\cdot|f_1(x)-a_1|+\frac{|a_1|}{|a_2|\cdot|f_2(x)|}\cdot|f_2(x)-a_2|$$

Nach dem 2. Teil unseres Hilfssatzes ist, wegen $a_2\neq 0$, $\frac{1}{f_2(x)}$ für genügend großes x beschränkt, während $|f_1(x)-a_1|$ und $|f_2(x)-a_2|$ beliebig klein werden. Führe den Beweis für ein beliebiges $\varepsilon>0$ selbst durch!

Die Grenzwertsätze haben eine zentrale Bedeutung für die gesamte Analysis, denn sie besagen, daß die Operation der Grenzwertbildung und die Operationen der vier Grundrechenarten in ihrer Reihenfolge untereinander vertauschbar sind. Davon werden wir in Zukunft laufend Gebrauch machen, ohne die Grenzwertsätze stets zu erwähnen.

1. Beispiel: $\lim\limits_{x\to\infty}\frac{3x^2+4x-7}{x^2}=\lim\limits_{x\to\infty}\left(3+\frac{4}{x}-\frac{7}{x^2}\right)=3+0+0=3 \qquad (x\neq 0)$

2. Beispiel: $f\colon x\mapsto\frac{3x^2-4x+7}{4x^2+2x+5};\ D=[1;\infty[$

Zähler und Nenner des Funktionsterms werden für $x\to\infty$ beliebig groß, trotzdem kann ein Grenzwert existieren. Man erhält ihn am einfachsten dadurch, daß man durch die höchste im Nenner vorkommende Potenz von x kürzt und dann den Grenzwertsatz auf die in Zähler und Nenner entstehenden Funktionen anwendet:

$$\lim_{x\to\infty}\frac{3x^2-4x+7}{4x^2+2x+5}=\lim_{x\to\infty}\frac{3-\frac{4}{x}+\frac{7}{x^2}}{4+\frac{2}{x}+\frac{5}{x^2}}=\frac{\lim\limits_{x\to\infty}\left(3-\frac{4}{x}+\frac{7}{x^2}\right)}{\lim\limits_{x\to\infty}\left(4+\frac{2}{x}+\frac{5}{x^2}\right)}=\frac{3}{4}$$

Die Division durch x^2 war in D wegen $0\notin D$ eine äquivalente Umformung; sonst müßte $x=0$ eigens ausgeschlossen werden. was für $x\to\infty$ ohnehin keine Rolle spielt.

3. Beispiel: Wir können die Grenzwertsätze auch auf Folgen anwenden:

$$\lim_{\nu \to \infty} \left[\frac{2^{\nu+2}+1}{2^\nu} \cdot \frac{3\nu + \sin(\nu \frac{\pi}{2})}{6\nu} \right] = \lim_{\nu \to \infty} \left(4 + \frac{1}{2^\nu}\right) \cdot \lim_{\nu \to \infty} \left(\frac{1}{2} + \frac{\sin(\nu \frac{\pi}{2})}{6\nu}\right) = 4 \cdot \frac{1}{2} = 2$$

Aufgaben

1. Berechne folgende Grenzwerte:

a) $\lim\limits_{x \to \infty} \dfrac{2x^3 - 3x^2 + 7x + 4}{5x^3 + 8x^2 - 9x + 11}$

b) $\lim\limits_{x \to \infty} \dfrac{10x^2 - 4x + 1}{x^3 + 3x + 4}$ c) $\lim\limits_{x \to \infty} \dfrac{\sqrt{x+1}}{x-1}$

d) $\lim\limits_{x \to \infty} \dfrac{2x-3}{\sqrt{x^2+1}}$ e) $\lim\limits_{x \to \infty} \dfrac{x + 2\sqrt{x}}{3x - \sqrt{x}}$

2. Berechne die nachstehenden Folgengrenzwerte ($\nu \in \mathbb{N}$) mit Hilfe der Grenzwertsätze:

a) $\lim\limits_{\nu \to \infty} \dfrac{5\nu - \sqrt{\nu+1}}{\nu+1}$ b) $\lim\limits_{\nu \to \infty} \dfrac{2\nu + \cos \nu\pi}{\nu} \cdot \dfrac{3\nu}{\nu+1}$

3. a) Beweise in Anlehnung an Teil 1 unseres obigen Hilfssatzes:
Jede für $\nu \to \infty$ konvergente Zahlenfolge $\langle a_\nu \rangle$ ist beschränkt.
b) Zeige an einem Gegenbeispiel, daß die Umkehrung nicht gilt!

3.2.3. Ein Konvergenzkriterium

Wir wollen abschließend noch untersuchen, aus welchen Eigenschaften man bei bestimmten Funktionen auf die Existenz eines Grenzwerts für $x \to \infty$ schließen kann. Für monoton zunehmende (bzw. monoton abnehmende) Funktionen gilt das folgende

Konvergenzkriterium:

Eine monoton zunehmende (bzw. monoton abnehmende) und zugleich nach oben (bzw. nach unten) beschränkte Funktion f mit rechtsseitig unbeschränkter Definitionsmenge D hat für $x \to \infty$ einen Grenzwert.

Beweis:

Ist f nach oben beschränkt, so ist nach 2.1.5. die Wertemenge W der Funktion nach oben beschränkt (und selbstverständlich nicht leer). Nach der Vollständigkeitseigenschaft der reellen Zahlen (vgl. 1.2.3.) gibt es dann eine reelle Zahl a, die *kleinste* obere Schranke aller Elemente aus W ist. Dann ist für jedes $\varepsilon > 0$ die Zahl $a - \varepsilon$ keine obere Schranke mehr. Es gibt also ein $x_0 \in D$ mit $f(x_0) > a - \varepsilon$. Ist nun f monoton zunehmend, so folgt daraus $f(x) > a - \varepsilon$ für alle $x \in D$ mit $x > x_0$. Daraus ergibt sich $a - f(x) < \varepsilon$, also ist $f(x) \in U_\varepsilon(a)$ für alle $x \in D$ mit $x > x_0$. Da $\varepsilon > 0$ beliebig gewählt war, ist nach der Grenzwertdefinition $\lim\limits_{x \to \infty} f(x) = a$.

Entsprechend zeigt man, daß eine monoton abnehmende, aber nach unten beschränkte Funktion mit rechtsseitig unbeschränkter Definitionsmenge gegen ihre größte untere Schranke konvergiert.

Beispiel: Bei der Einführung in 3.1.1. haben wir bereits die Funktion

$$f_3\colon x \mapsto \frac{x+2}{x};\ D_3 = [1; \infty[$$

kennengelernt. Durch die Termumformung $\frac{x+2}{x} = 1 + \frac{2}{x}$ erkennt man, daß f_3 monoton abnimmt (vgl. Fig. 3.2) und daß 1 die größte untere Schranke ist: es ist tatsächlich $\lim\limits_{x \to \infty} f_3(x) = 1$.

Der besondere Wert unseres Konvergenzkriteriums liegt darin, daß es die Existenz auch für einen bis dahin noch unbekannten Grenzwert verbürgt. Man kann wegen der Eindeutigkeit des Grenzwerts eine bestimmte reelle Zahl sogar dadurch *definieren*, daß sie Grenzwert einer Funktion sein soll, welche die Voraussetzungen unseres Konvergenzkriteriums erfüllt. Wir werden davon später noch öfter Gebrauch machen.

Bereits bekannte Beispiele für dieses Verfahren sind die in der Mittelstufe eingeführten *Intervallschachtelungen*[1]:
Die Intervalle $J_\nu = [a_\nu; b_\nu]$ mit den Intervallgrenzen a_ν, $b_\nu \in \mathbb{R}$ bilden eine Intervallschachtelung, wenn mit $\nu \in \mathbb{N}$ gilt:

(1) Die Folge $\langle a_\nu \rangle$ ist monoton zunehmend.
(2) Die Folge $\langle b_\nu \rangle$ ist monoton abnehmend.
(3) Die Differenzfolge $\langle b_\nu - a_\nu \rangle$ ist eine Nullfolge.

Aufgrund der geometrischen Eigenschaften eines Intervalls kann man noch fordern:

(4) $a_\nu \leqq b_\nu$ für alle $\nu \in \mathbb{N}$

Es läßt sich allerdings zeigen (vgl. Aufgabe 6), daß sich diese 4. Eigenschaft bereits aus den drei vorherigen ergibt.

Setzen wir alle vier Eigenschaften voraus, so kann man schließen:

Die Funktion: $\nu \mapsto a_\nu$; $\nu \in \mathbb{N}$ ist wegen (1) monoton zunehmend und wegen (4) und (2) nach oben beschränkt, da z. B. b_1 eine obere Schranke für alle Funktionswerte a_ν darstellt. Es gibt also nach unserem Konvergenzkriterium eine reelle Zahl $a = \lim\limits_{\nu \to \infty} a_\nu$.
Da ganz entsprechend die Folge $\langle b_\nu \rangle$ durch a_1 nach unten beschränkt ist, muß es auch eine reelle Zahl $b = \lim\limits_{\nu \to \infty} b_\nu$ geben. Aus dem Grenzwertsatz für die Differenz zweier Funktionen ergibt sich dann aber wegen (3):
$0 = \lim\limits_{\nu \to \infty} (a_\nu - b_\nu) = \lim\limits_{\nu \to \infty} a_\nu - \lim\limits_{\nu \to \infty} b_\nu = a - b$, also $a = b$.

Damit ist gezeigt:

Jede Intervallschachtelung definiert genau eine reelle Zahl als gemeinsamen Grenzwert der Folgen der Intervallgrenzen.

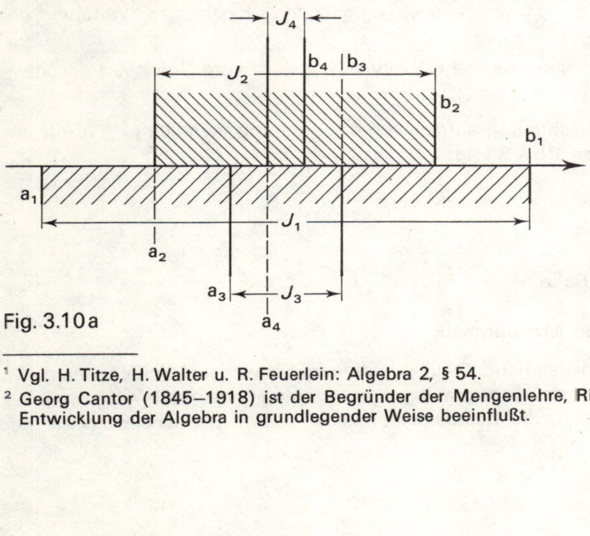

Fig. 3.10a

Veranschaulicht man die Intervallschachtelung auf der Zahlengeraden (Fig. 3.10a), so läßt sich unser Ergebnis auch in der Form aussprechen:
Jede Intervallschachtelung auf der Zahlengeraden definiert genau einen Punkt, der allen Intervallen angehört (sogenanntes Cantor-Dedekindsches Axiom[2]).

[1] Vgl. H. Titze, H. Walter u. R. Feuerlein: Algebra 2, § 54.
[2] Georg Cantor (1845–1918) ist der Begründer der Mengenlehre, Richard Dedekind (1831–1916) hat die Entwicklung der Algebra in grundlegender Weise beeinflußt.

Aufgaben

1. Die Folge $\langle a_\nu \rangle$ ist rekursiv gegeben durch $a_1 = 2$; $a_{\nu+1} = \sqrt{a_\nu}$ für alle $\nu \in \mathbb{N}$.
   a) Zeige durch Anwendung unseres Konvergenzkriteriums, daß $\lim\limits_{\nu \to \infty} a_\nu$ existiert!
   b) Um welchen Grenzwert wird es sich vermutlich handeln? Beweise diese Vermutung durch Anwendung der Grenzwertsätze!
   Zusatz für Kleinrechner: Berechne die ersten zwölf Glieder der Folge!
   c) Welche Eigenschaften hat die Folge, wenn man mit $a_1 = 0{,}5$ beginnt?

2. a) Warum bilden die Zahlenfolgen mit den allgemeinen Gliedern

$$a_\nu = 2 - \frac{1}{2^\nu}; \quad b_\nu = 2 + \frac{1}{\nu}; \qquad \nu \in \mathbb{N}$$

   eine Intervallschachtelung?
   b) Gib eine Intervallschachtelung mit dem Grenzwert $\frac{4}{3}$ an!

3. Beweise: Bilden zwei Zahlenfolgen $\langle a_\nu \rangle$ und $\langle b_\nu \rangle$ mit $\nu \in \mathbb{N}$ eine Intervallschachtelung, so gilt dies auch für die Folgen $\langle a_\nu^2 \rangle$ und $\langle b_\nu^2 \rangle$, wenn die Bedingung $a_\nu \geqq 0$ und $b_\nu \geqq 0$ für alle $\nu \in \mathbb{N}$ erfüllt ist.

4. Die Folge $\langle a_\nu \rangle$ ist rekursiv gegeben durch $a_1 = 1$ und $a_{\nu+1} = \dfrac{1}{2 + a_\nu}$ für alle $\nu \in \mathbb{N}$.
   Zeige, daß die Intervalle $[a_{2\nu}; a_{2\nu-1}]$ eine Intervallschachtelung bilden! Welche Zahl gehört allen Intervallen an?
   Zusatz für Kleinrechner: Berechne die Grenzen der ersten sieben Intervalle!
   Hinweis: Leite zunächst die Gleichung $(a_{\nu+1} + 1)^2 - 2 = \dfrac{2 - (a_\nu + 1)^2}{(2 + a_\nu)^2}$ her und überlege, was daraus für die Fälle $a_\nu \geqq \sqrt{2} - 1$ bzw. $a_\nu < \sqrt{2} - 1$ folgt! Diskutiere dann in entsprechender Weise die Differenz $a_\nu - a_{\nu+2}$!

5. Gegeben ist die Funktion $f\colon x \mapsto x^3 + x^2 - 10x - 12$; $x \in \mathbb{R}$.
   Zeige zunächst, daß $f(2) < 0$ und $f(4) > 0$ gilt! Mit $a_1 = 2$ und $b_1 = 4$ werden nun zwei Folgen $\langle a_\nu \rangle$ und $\langle b_\nu \rangle$ folgendermaßen für alle $\nu \in \mathbb{N}$ definiert:

$$\text{Falls } f\left(\frac{a_\nu + b_\nu}{2}\right) \leqq 0, \quad \text{sei} \quad a_{\nu+1} = \frac{a_\nu + b_\nu}{2} \quad \text{und} \quad b_{\nu+1} = b_\nu,$$

$$\text{falls } f\left(\frac{a_\nu + b_\nu}{2}\right) > 0, \quad \text{sei} \quad a_{\nu+1} = a_\nu \quad \text{und} \quad b_{\nu+1} = \frac{a_\nu + b_\nu}{2}.$$

   a) Zeige, daß die Folgen $\langle a_\nu \rangle$ und $\langle b_\nu \rangle$ eine Intervallschachtelung bestimmen (Verfahren der fortgesetzten Intervallhalbierung)!
   b) Berechne mit dem Kleinrechner die ersten zehn Intervalle! Was ist vom Grenzwert der Intervallschachtelung zu vermuten?

6. Zeige, daß die für eine Intervallschachtelung aufgestellte 4. Forderung, nämlich $a_\nu \leqq b_\nu$ für alle $\nu \in \mathbb{N}$, bereits aus den Eigenschaften 1 bis 3 folgt!

Ergänzungen und Ausblicke

Ein Beispiel aus der praktischen Mathematik

In der angewandten Mathematik spielen heute rekursiv definierte konvergente Folgen eine große Rolle, da man elektronische Datenverarbeitungsanlagen so programmieren kann, daß sie jedes neu errechnete Folgenglied wieder in die Rekursionsformel einsetzen, bis schließlich die ge-

wünschte Genauigkeit erzielt ist. Wird der gleiche Rechengang immer wieder, lediglich mit veränderten Zahlen, durchlaufen, spricht man auch von Iterationsverfahren.[1]
Das älteste bekannte Rekursionsverfahren wird dem griechischen Mathematiker *Heron von Alexandria* (um 100 v. Chr.) zugeschrieben, der für die Berechnung der Diagonale im Quadrat mit der Seitenmaßzahl 1 nach rationalen Näherungswerten für die Zahl $\sqrt{2}$ suchte:[2]

Ist ein erster Näherungswert (z. B. $a_1 = 2$) größer als $\sqrt{2}$, so ist $\frac{2}{a_1}$ zu klein. Heron wählte nun das arithmetische Mittel

$$a_2 = \frac{1}{2}\left(a_1 + \frac{2}{a_1}\right)$$

als nächsten Näherungswert und setzte mit ihm das Verfahren fort. Die von ihm aufgestellte Rekursionsformel lautet also:

$$a_1 = 2; \quad a_{\nu+1} = \frac{1}{2}\left(a_\nu + \frac{2}{a_\nu}\right) \qquad \text{für } \nu \in \mathbb{N};$$

Die ersten fünf Glieder der Folge (auf jeweils 9 Stellen genau):

$$\begin{aligned} a_1 &= 2{,}000000000 \\ a_2 = \tfrac{3}{2} &= 1{,}500000000 \\ a_3 = \tfrac{17}{12} &= 1{,}416666667 \\ a_4 = \tfrac{577}{408} &= 1{,}414215686 \\ a_5 = \tfrac{665\,857}{470\,832} &= 1{,}414213562 \end{aligned}$$

a_5 stimmt in den 9 angegebenen Dezimalen bereits mit $\sqrt{2}$ überein! Die Folge konvergiert also sehr schnell. Außerdem spielt die Wahl von a_1 nur eine sehr untergeordnete Rolle: Die Folge konvergiert immer gegen $\sqrt{2}$, wenn man $a_1 > 0$ wählt (für $a_1 < 0$ konvergiert sie gegen $-\sqrt{2}$). Eine ungünstige Wahl von a_1, z. B. $a_1 = 10000$, hat lediglich den praktischen Nachteil, daß man eine größere Anzahl von Gliedern ausrechnen muß, ehe die Abweichung von $\sqrt{2}$ eine vorgegebene Zahl ε unterschreitet. Wir führen die Untersuchung an einer etwas allgemeineren Folge durch: Wir wählen statt der Zahl 2 eine beliebige reelle Zahl $x > 0$ und betrachten die rekursiv gegebene Folge

$$a_1 > 0 \text{ beliebig}$$

$$a_{\nu+1} = \frac{1}{2}\left(a_\nu + \frac{x}{a_\nu}\right); \; \nu \in \mathbb{N}. \tag{1}$$

Zunächst beweisen wir, daß die Folge $\langle a_\nu \rangle$ *nach unten beschränkt* ist:

Es gilt nämlich:

$$a_{\nu+1}^2 - x = \frac{1}{4}\left(a_\nu^2 + 2x + \frac{x^2}{a_\nu^2}\right) - x = \frac{1}{4}\left(a_\nu - \frac{x}{a_\nu}\right)^2 \geqq 0, \qquad \text{d.h.} \qquad a_{\nu+1}^2 \geqq x$$

Da aufgrund der Rekursionsformel (1) mit a_1 auch alle weiteren Folgenglieder positiv sein müssen, folgt daraus $a_{\nu+1} \geqq \sqrt{x}$ für alle $\nu \in \mathbb{N}$, d. h. $a_\nu \geqq \sqrt{x}$ für alle $\nu > 1$ (nur a_1 kann eventuell kleiner als $\sqrt{x}$ sein).
Die Folge $\langle a_\nu \rangle$ ist außerdem für $\nu > 1$ *monoton abnehmend*, denn wegen $a_\nu \geqq \sqrt{x}$ gilt $\frac{x}{a_\nu} \leqq \sqrt{x}$ und daher

$$a_\nu - a_{\nu+1} = \tfrac{1}{2} a_\nu - \tfrac{1}{2}\frac{x}{a_\nu} = a_{\nu+1} - \frac{x}{a_\nu} \geqq a_{\nu+1} - \sqrt{x} \geqq 0. \tag{2}$$

Also ist $a_\nu \geqq a_{\nu+1}$ für alle $\nu > 1$.

[1] Vom lat. Wort *iteratio*, Wiederholung.
[2] Vgl. J. Kratz u. K. Wörle: Geometrie 2, § 1 B und H. Titze, H. Walter u. R. Feuerlein: Algebra 2, § 56.

Die Folge $\langle a_\nu \rangle$ muß also nach dem Konvergenzkriterium in 3.2.3. konvergieren. Daß der Grenzwert $\sqrt{x}$ ist, können wir ebenfalls der Ungleichung (2) entnehmen. Aus $a_\nu - a_{\nu+1} \geqq a_{\nu+1} - \sqrt{x}$ folgt nämlich $a_{\nu+1} \leqq \frac{1}{2}(a_\nu + \sqrt{x})$; d.h. $a_{\nu+1}$ liegt nicht über dem arithmetischen Mittel von a_ν und $\sqrt{x}$.

Durch Subtraktion von $\sqrt{x}$ auf beiden Seiten kann man daraus folgern:

$$a_{\nu+1} - \sqrt{x} \leqq \frac{1}{2}(a_\nu - \sqrt{x})$$

Für die Differenzfolge mit dem allgemeinen Glied $d_\nu = a_\nu - \sqrt{x}$ gilt demnach für $\nu > 1$:

$$0 \leqq d_{\nu+1} \leqq \frac{1}{2} d_\nu$$

Es ist daher $d_3 \leqq \frac{1}{2} d_2$; $d_4 \leqq \frac{1}{2} d_3 \leqq \frac{1}{4} d_2$ usw., also (mit vollständiger Induktion)

$$0 \leqq d_{\nu+1} \leqq \frac{1}{2^{\nu-1}} d_2 .$$

Da $\left\langle \frac{1}{2^{\nu-1}} \right\rangle$ eine Nullfolge ist, muß auch $\langle d_\nu \rangle$ eine Nullfolge sein.

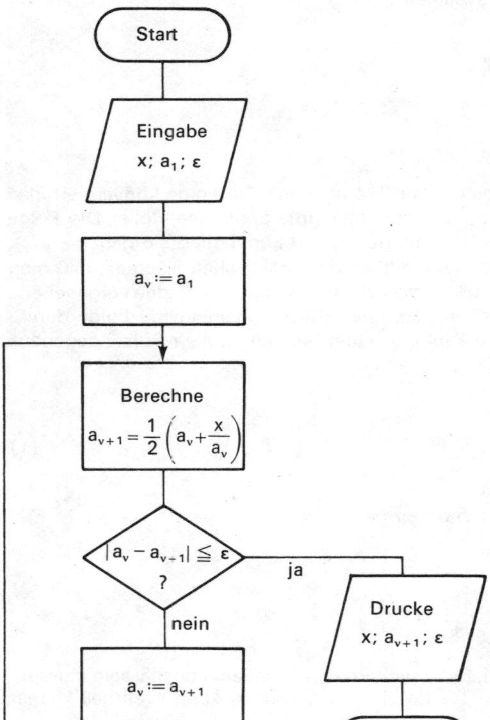

Bemerkung: Man kann den Grenzwert selbst auch einfacher mit den Grenzwertsätzen finden: Falls nämlich der Grenzwert $\lim_{\nu \to \infty} a_\nu = a \neq 0$ überhaupt existiert, muß auch $\lim_{\nu \to \infty} a_{\nu+1} = a$ sein, und auch die Folge $\left\langle \frac{x}{a_\nu} \right\rangle$ gegen $\frac{x}{a}$ konvergieren, so daß wir nach den Grenzwertsätzen aus der Rekursionsformel (1) für den Grenzwert a die Beziehung $a = \frac{1}{2}\left(a + \frac{x}{a}\right)$ erhalten. Daraus ergibt sich $a^2 = x$. Es kann also nur $a = \pm\sqrt{x}$ sein. $-\sqrt{x}$ scheidet bei $a_1 > 0$ aus. Es bleibt nur $\sqrt{x}$ als möglicher Grenzwert.

Fig. 3.11 zeigt oben den Programmablaufplan zur iterativen Berechnung von $\sqrt{x}$ mit Hilfe einer Rechenanlage. Im konkreten Fall muß dieser Plan noch in eine sogenannte Programmiersprache umgewandelt werden, die von der Maschine verarbeitet werden kann, z.B. in ALGOL[1] (siehe Fig. 3.11 unten).

Das Programm enthält eine „Schleife“: Solange der Betrag der Differenz zweier aufeinanderfolgender Glieder noch nicht die Toleranzgrenze ε unterschreitet, wird mit Hilfe der Gleichung (1) das nächste Folgenglied berechnet. Erst wenn die gewünschte Genauigkeit erreicht ist, wird das Ergebnis ausgedruckt[2].

```
'BEGIN'
  'REAL' X, A, B, E;
  READ (X, A, E);
  'FOR' B := (A + X/A)/2
     'WHILE' ABS (A − B) > E 'DO' A := B;
  PRINT (X, B, E)
'END'
```

Fig. 3.11

[1] Vgl. H. Meier: ALGOL-Handbuch für Anfänger.
[2] In der Praxis läßt sich $\sqrt{x}$ bei den meisten Rechenanlagen direkt abrufen.

Aufgaben

1. a) Mit der Folge $a_1 = 2$;

$$a_{\nu+1} = \frac{1}{2}\left(a_\nu + \frac{3}{a_\nu}\right);\ \nu \in \mathbb{N}$$

soll $\sqrt{3}$ auf 5 gültige Dezimalstellen berechnet werden (Kleinrechner!).

b) Weise direkt nach, daß die Folge $\langle d_\nu \rangle = \langle a_\nu - \sqrt{3} \rangle$ eine Nullfolge darstellt!
Anleitung: Durch Einsetzen erhält man

$$d_{\nu+1} = \frac{d_\nu^2}{2\,(d_\nu + \sqrt{3})} < \frac{d_\nu}{2};$$

2. Auch die Folge

$$a_1 = 1;\ a_{\nu+1} = \frac{a_\nu}{4}\,(6 - a_\nu^2);\ \nu \in \mathbb{N}$$

konvergiert gegen $\sqrt{2}$.

a) Berechne die ersten 4 Glieder der Folge auf jeweils 4 Dezimalen genau (Kleinrechner!) und beweise die Konvergenz durch den Nachweis, daß die Folge

$$\langle d_\nu \rangle = \langle \sqrt{2} - a_\nu \rangle$$

eine Nullfolge darstellt.
Anleitung: Durch Einsetzen erhält man

$$d_{\nu+1} = \frac{d_\nu^2}{4}\,(3\sqrt{2} - d_\nu)\,.$$

Unter Verwendung von d_1 kann damit das allgemeine Glied abgeschätzt werden.

b) Beweise, daß die Folge streng monoton zunimmt!

c) Zeige, daß die Folge nicht mehr konvergiert, wenn man mit $a_1 = 4$ beginnt!

3.3. Grenzwert von Funktionen für $x \to x_0$

3.3.1. Einführung und Definition

Wir betrachten den Funktionsterm $f(x) = \dfrac{2x^2 + x}{x}$.

Der Term ist für $x_0 = 0$ nicht definiert, er hat dort eine *Definitionslücke*. Wir wollen uns der Stelle $x_0 = 0$ zunächst dadurch annähern, daß wir eine unendliche Folge $\langle x_\nu \rangle$ von rechts gegen $x_0 = 0$ laufen lassen. Wählen wir z. B. $x_\nu = \dfrac{1}{\nu}$ mit $\nu \in \mathbb{N}$, dann ist zwar jedes $x_\nu \neq x_0$, aber zu jeder noch so kleinen Zahl $\sigma > 0$ gibt es ein $r > 0$, so daß $x_\nu \in U_\sigma(x_0)$ für alle $\nu > r$. Wir gelangen damit zur Funktion

$$f_1\colon x \mapsto \frac{2x^2 + x}{x};\ D_1 = \left\{x_\nu \mid x_\nu = \frac{1}{\nu} \wedge \nu \in \mathbb{N}\right\}.$$

Für die Folge der zugehörigen Funktionswerte $f(x_\nu) = \dfrac{2\left(\frac{1}{\nu}\right)^2 + \frac{1}{\nu}}{\frac{1}{\nu}} = 1 + \dfrac{2}{\nu}$ gilt $\lim\limits_{\nu \to \infty} f(x_\nu) = 1$.

Untersuchen wir die Funktion

$$f\colon x \mapsto \frac{2x^2 + x}{x};\ x \in \mathbb{R}\setminus\{0\}\ \text{(Fig. 3.12)},$$

die eine Fortsetzung von f_1 ist, so können wir auch hier sehr leicht erkennen, daß sich $f(x)$ bei hinreichender Annäherung an $x_0 = 0$ beliebig wenig von 1 unterscheidet: In $\mathbb{R}\setminus\{0\}$ sind ja die Terme $\frac{2x^2 + x}{x}$ und $2x + 1$ äquivalent und man erhält daher für ein beliebiges $\varepsilon > 0$:

$|f(x) - 1| = |2x| < \varepsilon$ für alle x mit $-\frac{\varepsilon}{2} < x < \frac{\varepsilon}{2}$, also für alle $x \in U_{\varepsilon/2}(0)$ mit Ausnahme von $x_0 = 0$ selbst.

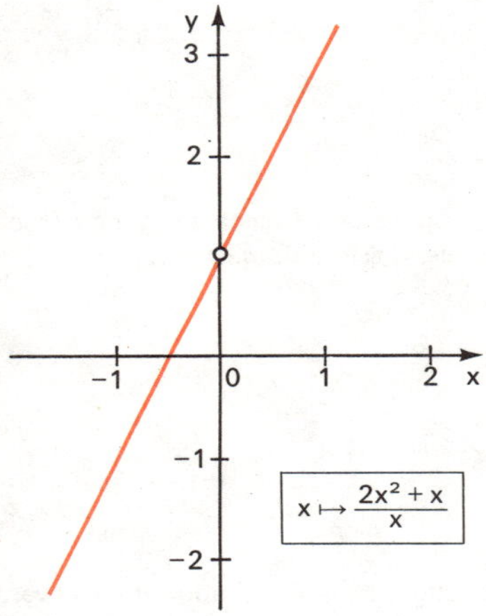

Fig. 3.12

Zur Vereinfachung der Sprechweise führen wir für beliebiges $\sigma > 0$ einen eigenen Namen für diejenige Menge ein, die aus der Umgebung $U_\sigma(x_0)$ durch Herausnahme des Punktes x_0 entsteht:

Definition:

Unter einer *punktierten* σ-Umgebung einer Zahl $x_0 \in \mathbb{R}$ verstehen wir für beliebiges $\sigma > 0$ die Menge $U_\sigma^*(x_0) = U_\sigma(x_0)\setminus\{x_0\} = \{x \mid 0 < |x - x_0| < \sigma\} = \,]x_0 - \sigma;\ x_0[\, \cup \,]x_0;\ x_0 + \sigma[$.

Damit können wir bei f den Sachverhalt so formulieren: Für alle $x \in U_{\varepsilon/2}^*(0)$ gilt $f(x) \in U_\varepsilon(1)$ oder, weil ja dann $U_{\varepsilon/2}^*(0)$ als Menge ganz in die Menge $U_\varepsilon(1)$ abgebildet wird, $f(U_{\varepsilon/2}^*(0)) \subseteq U_\varepsilon(1)$. Werfen wir unter diesem Gesichtspunkt noch einen Blick auf die Funktion f_1 zurück, so muß noch eine kleine Ergänzung angebracht werden: Da f_1 nicht für alle $x \in U_{\varepsilon/2}^*(0)$ definiert ist, gilt unsere letzte Beziehung dort nur für alle $x \in D_1 \cap U_{\varepsilon/2}^*(0)$, also $f_1(U_{\varepsilon/2}^*(0) \cap D_1) \subseteq U_\varepsilon(1)$.
Bei den Funktionen f_1 und f liegen also die Funktionswerte bei beliebig kleinem $\varepsilon > 0$ stets in $U_\varepsilon(1)$, wenn man sich nur auf diejenigen x-Werte der Definitionsmenge zurückzieht, die in einer hinreichend kleinen punktierten Umgebung von $x_0 = 0$ liegen.
Es liegt daher nahe, analog zum Grenzwert einer Funktion für $x \to \infty$ (vgl. 3.1.3.) auch bei einer endlichen Stelle x_0 einen Grenzwert für $x \to x_0$ zu definieren.

Definition (vgl. Fig. 3.13):

Eine Funktion f: $x \mapsto f(x)$, $x \in D$, deren Definitionsmenge D für jedes $\sigma > 0$ mit $U_\sigma^*(x_0)$ einen nicht-leeren Durchschnitt hat, *konvergiert für* $x \to x_0$ *gegen den Grenzwert* a, wenn sich zu jedem $\varepsilon > 0$ eine reelle Zahl $\delta > 0$ so bestimmen läßt, daß $f(x) \in U_\varepsilon(a)$ für alle $x \in D \cap U_\delta^*(x_0)$, oder – gleichwertig damit –, daß $f(D \cap U_\delta^*(x_0)) \subseteq U_\varepsilon(a)$.

Wir schreiben dafür: $\lim\limits_{x \to x_0} f(x) = a$

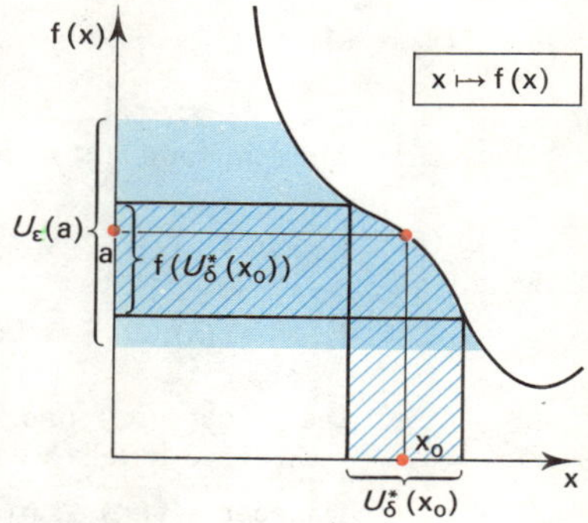

Fig. 3.13

Bemerkungen

(1) Die Voraussetzung $U_\sigma^*(x_0) \cap D \neq \emptyset$ für alle $\sigma > 0$ ist erforderlich, damit man sich innerhalb der Definitionsmenge der Stelle x_0 beliebig nähern kann. Daraus folgt sofort, daß in jeder punktierten σ-Umgebung von x_0 sogar unendlich viele von x_0 verschiedene Punkte der Definitionsmenge liegen (warum?). Sehr oft wird später eine (punktierte) Umgebung von x_0 selbst ganz zu D gehören.

(2) Der Voraussetzung $U_\sigma^*(x_0) \cap D \neq \emptyset$ für alle $\sigma > 0$ entspricht bei $x \to \infty$ genau die Voraussetzung, daß die Definitionsmenge rechtsseitig unbeschränkt ist. Definiert man für ein beliebiges $\varepsilon > 0$ die Menge $\left\{x \mid x > \frac{1}{\varepsilon}\right\}$ als (punktierte) „ε-Umgebung von ∞", so kann man alle Aussagen vom „unendlichen Fall" $x \to \infty$ sofort auf den „endlichen Fall" $x \to x_0$ übertragen und umgekehrt.

(3) In der Definition ist offengelassen, ob x_0 zu D gehört oder nicht. Daher ist auch über einen eventuell vorhandenen Funktionswert $f(x_0)$ nichts ausgesagt. Die damit zusammenhängenden Fragen werden uns in Abschnitt 3.4. näher beschäftigen.

1. Beispiel: Für die zu Beginn dieses Abschnitts definierten Funktionen f_1 und f gilt $\lim\limits_{x \to 0} f_1(x) = \lim\limits_{x \to 0} f(x) = 1$.

Bei beliebig vorgegebenem $\varepsilon > 0$ braucht man in beiden Fällen nur $\delta = \frac{\varepsilon}{2}$ zu wählen und erhält $f(U_\delta^*(0) \cap D) \subseteq U_\varepsilon(1)$.

2. Beispiel: Wir betrachten die Funktion

$f_1: x \mapsto \frac{|x|}{x}$; $D_1 = \mathbb{R}^+$,

(Graph G_1 in Fig. 3.14).

Da in $\mathbb{R}^+$ stets $|x| = x$, ist $f_1(x) = 1$ für alle $x \in D_1$ und daher auch $\lim\limits_{x \to 0} f_1(x) = 1$.

Für die Funktion

$f_2: x \mapsto \frac{|x|}{x}$; $D_2 =]-\infty; 0[$

dagegen ist $|x| = -x$, also $f_2(x) = -1$ für alle $x \in D_2$ (vgl. Graph G_2 in Fig. 3.14) und damit auch $\lim\limits_{x \to 0} f_2(x) = -1$.

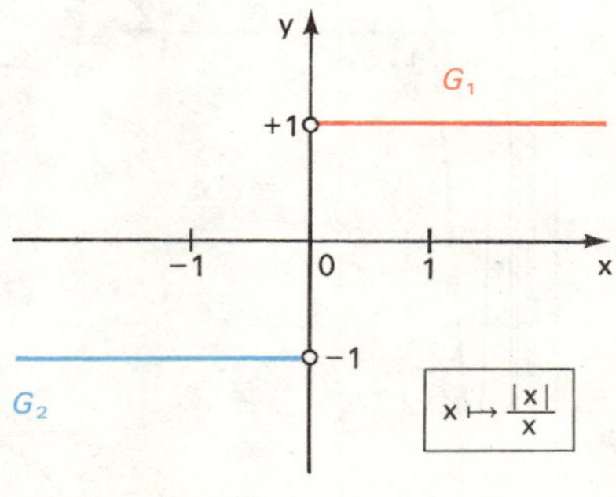

Fig. 3.14

Der Grenzwert kann also bei unverändertem Term durchaus von der Wahl der Definitionsmenge abhängen. So hat im 2. Beispiel die gemeinsame Fortsetzung von f_1 und f_2, nämlich f: $x \mapsto \frac{|x|}{x}$; $D = \mathbb{R} \setminus \{0\}$ für $x \to 0$ keinen Grenzwert, da ein beliebiges $x \in U_\sigma^*(0) \cap D$ positiv oder negativ sein kann. Weil aber hier bei Annäherung von rechts an $x_0 = 0$ stets der Grenzwert $+1$, bei Annäherung von links stets der Grenzwert -1 auftritt, nennt man 1 den *rechtsseitigen Grenzwert* von f für $x \to x_0$, geschrieben $\lim\limits_{x \to x_0+0} f(x) = 1$, und entsprechend -1 den *linksseitigen Grenzwert*, $\lim\limits_{x \to x_0-0} f(x) = -1$.

3. Beispiel: Mit dem Term $f(x) = \sin \frac{1}{x}$ bilden wir folgende Funktionen:

$$f_1\colon x \mapsto f(x);\ D_1 = \{x_\nu \mid x_\nu = \frac{1}{\nu\pi} \wedge \nu \in \mathbb{N}\}$$

$$f_2\colon x \mapsto f(x);\ D_2 = \{x'_\nu \mid x'_\nu = \frac{2}{\pi(4\nu-3)} \wedge \nu \in \mathbb{N}\}$$

Die Folgen $\langle x_\nu \rangle$ und $\langle x'_\nu \rangle$ konvergieren für $\nu \to \infty$ gegen 0. Es gilt $f(x_\nu) = \sin \pi\nu = 0$ für alle $\nu \in \mathbb{N}$ (vgl. Fig. 3.15, rote Punkte), also auch $\lim\limits_{x \to 0} f_1(x) = 0$. Dagegen ist $f(x'_\nu) = \sin(4\nu-3) \cdot \frac{\pi}{2} = 1$ für alle $\nu \in \mathbb{N}$ (vgl. Fig. 3.15, blaue Punkte), also $\lim\limits_{x \to 0} f_2(x) = 1$. Die gemeinsame Fortsetzung f: $x \mapsto \sin \frac{1}{x}$; $D = \mathbb{R} \setminus \{0\}$ kann für $x \to 0$ nicht konvergieren, da in jeder Umgebung $U_\sigma^*(0)$ alle Werte zwischen $+1$ und -1 beliebig oft angenommen werden.

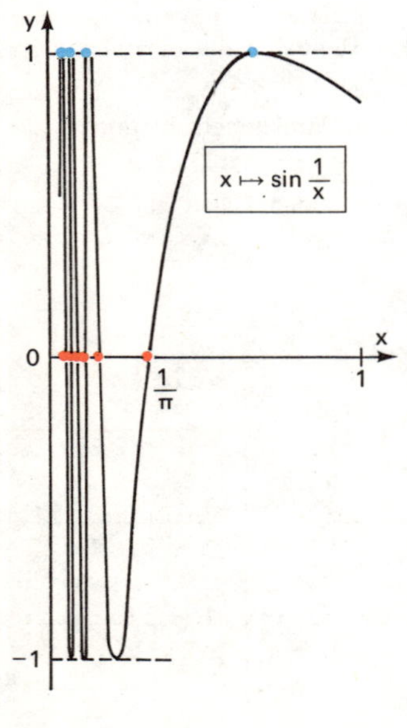

Fig. 3.15

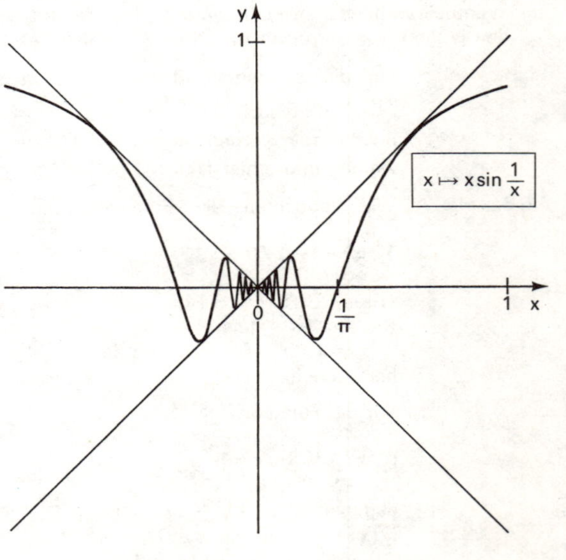

Fig. 3.16

4. Beispiel: Betrachten wir dagegen die Funktion f: $x \mapsto x \sin \frac{1}{x}$; $x \in \mathbb{R} \setminus \{0\}$, so gilt bei beliebig vorgegebenem $\varepsilon > 0$: $|f(x)| = |x| \cdot |\sin \frac{1}{x}| \leqq |x| < \varepsilon$ für alle $x \in U_\varepsilon^*(0)$. Es gilt also $\lim\limits_{x \to 0} f(x) = 0$ (Fig. 3.16). Schränkt man f auf die im 3. Beispiel angegebenen Definitionsbereiche D_1 und D_2 ein, so müssen die entstehenden Funktionen f_1 und f_2 ebenfalls für $x \to 0$ gegen 0 konvergieren. Prüfe dies selbst nach!

5. Beispiel: f: $x \mapsto 2x^2$; $D = \mathbb{R}$. Wir betrachten die Stelle $x_0 = 1$, die diesmal zu D gehört. Aufgrund des von früher geläufigen Graphen von f (Fig. 3.17) kann man vermuten, daß sich f(x) für $x \to 1$ immer mehr dem Wert $f(1) = 2$ nähert. Bei der Überprüfung dieser Annahme erweist es sich als zweckmäßig, die Abweichung der Zahl x von $x_0 = 1$ als Hilfsveränderliche h einzuführen, also $h = x - 1 \Leftrightarrow x = 1 + h$. Für $h > 0$ ist $x > 1$, für $h < 0$ ist $x < 1$. Die Annäherung $x \to 1$ ist gleichbedeutend mit $h \to 0$. Daher sind nur betragsmäßig „kleine" h-Werte zu untersuchen, wir können uns z. B. auf $-1 < h < 1$ beschränken. Dann gilt bei beliebig vorgegebenem $\varepsilon > 0$: $|f(x) - 2| = |f(1+h) - 2| = |2(1+h)^2 - 2| = |2 + 4h + 2h^2 - 2| = 2|h| \cdot |2 + h| < 6|h| < \varepsilon$ für alle h mit $|h| < \min\left(1; \frac{\varepsilon}{6}\right)$. Wählt man also $\delta = \min\left(1; \frac{\varepsilon}{6}\right)$, so gilt sicher $f(x) \in U_\varepsilon(2)$ für alle $x \in U_\delta^*(1)$. Es ist also tatsächlich $\lim\limits_{x \to 1} f(x) = 2$.

Den hier auftretenden Fall, daß eine Funktion an einer Stelle x_0 definiert ist und der Grenzwert für $x \to x_0$ mit $f(x_0)$ übereinstimmt, werden wir in Abschnitt 3.4. noch genauer untersuchen.

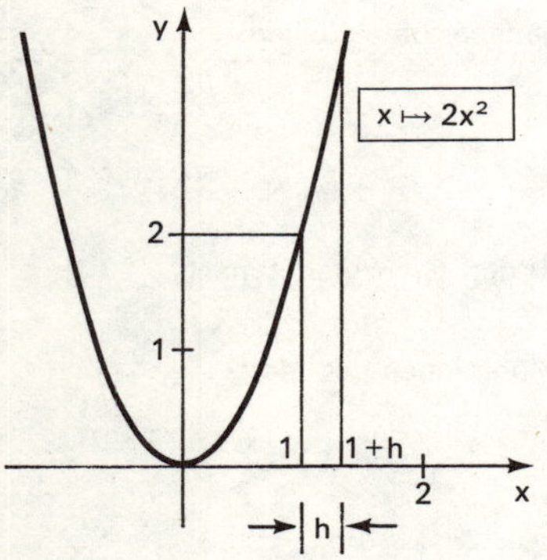

Fig. 3.17

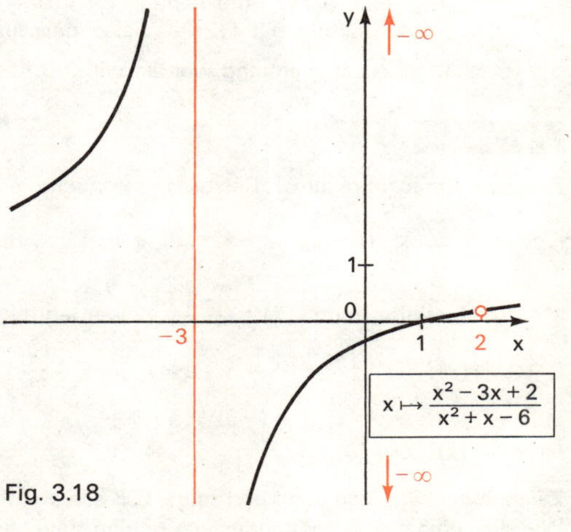

Fig. 3.18

6. Beispiel: f: $x \mapsto \frac{x^2 - 3x + 2}{x^2 + x - 6}$; $D = \mathbb{R} \setminus \{2; -3\}$; (Fig. 3.18).

Da der Nenner für $x_0 = 2$ und $x_1 = -3$ den Wert 0 annimmt, diese Werte also von vorneherein ausgeschlossen werden müssen, ist $D = D_{f(x)}$. Zur Untersuchung in der Umgebung der Stelle $x_0 = 2$ setzen wir wieder $x = 2 + h$ an und fragen nach dem Verhalten für $h \to 0$. ($h = 0$ ist durch D ausgeschlossen.) Es ist

$$f(x) = f(2+h) = \frac{(2+h)^2 - 3(2+h) + 2}{(2+h)^2 + (2+h) - 6} = \frac{h + h^2}{5h + h^2} = \frac{1+h}{5+h}.$$

Man erkennt sofort

$$\left| \frac{1+h}{5+h} - \frac{1}{5} \right| = \left| \frac{4h}{5(5+h)} \right| < \varepsilon$$

bei hinreichend kleinem $|h|$.
Es gilt also $\lim\limits_{x \to 2} f(x) = \frac{1}{5}$.
Man hätte auch Zähler und Nenner des Funktionsterms in Linearfaktoren zerlegen können:

$$f(x) = \frac{(x-2)(x-1)}{(x-2)(x+3)}$$

In D ist das Kürzen durch $x - 2 \neq 0$ eine äquivalente Umformung, wir können also auch einfacher schreiben:

$$f\colon x \mapsto \frac{x-1}{x+3}; \quad D = \mathbb{R}\setminus\{2; -3\}$$

Dabei ergibt sich für $x \to 2$ natürlich auch der Grenzwert $\frac{1}{5}$. Dagegen ist die Funktion

$$\bar{f}\colon x \mapsto \frac{x-1}{x+3}; \quad \bar{D} = \mathbb{R}\setminus\{-3\}$$

eine echte Fortsetzung von f, da $\bar{f}$ an der Stelle $x_0 = 2$ definiert ist. Für diese Funktion gilt $\bar{f}(2) = \frac{1}{5}$, also dasselbe Ergebnis wie für $\lim\limits_{x \to 2} f(x)$. Auch diesen Zusammenhang werden wir in 3.4. noch genauer untersuchen.

Aufgaben

1. Zeige (in Ergänzung zum 1. Beispiel), daß auch die Funktion

$$f_2\colon x \mapsto \frac{2x^2 + x}{x}; \quad D_2 = \{x'_\nu \mid x'_\nu = -\frac{1}{\nu^2} \wedge \nu \in \mathbb{N}\}$$ für $x \to 0$ den Grenzwert 1 hat!

2. Mit dem Funktionsterm $f(x) = \frac{x - 1{,}5x^2}{x}$ werden folgende Funktionen gebildet:

$f_1\colon x \mapsto f(x);\ D_1 = \{x_\nu \mid x_\nu = \frac{1}{\nu} \wedge \nu \in \mathbb{N}\}$

$f_2\colon x \mapsto f(x);\ D_2 = \{x'_\nu \mid x'_\nu = (-\frac{1}{2})^\nu \wedge \nu \in \mathbb{N}\}$

$f\colon\ x \mapsto f(x);\ D = D_{f(x)}$

Zeichne den Graphen von f und zeige, daß alle drei Funktionen für $x \to 0$ den Grenzwert 1 haben! Wie klein muß man $\delta > 0$ mindestens wählen, damit für vorgegebenes $\varepsilon > 0$ gilt: $f(U^*_\delta(0)) \subseteqq U_\varepsilon(1)$

3. Mit dem Funktionsterm $f(x) = \frac{x^2 + |x|}{x}$ bilden wir die Funktionen

$f_1\colon x \mapsto f(x);\ D_1 = \mathbb{R}^+$, $\quad f_2\colon x \mapsto f(x);\ D_2 =]-\infty; 0[$, $\quad f\colon\ x \mapsto f(x);\ D = D_{f(x)}$.

Zeichne die Graphen dieser Funktionen und bestimme – soweit existent – folgende Grenzwerte:

$$\lim_{x \to 0} f_1(x); \quad \lim_{x \to 0} f_2(x); \quad \lim_{x \to 0} f(x); \quad \lim_{x \to 0+0} f(x); \quad \lim_{x \to 0-0} f(x)$$

4. Zeichne den Graphen der Funktion $f\colon x \mapsto (\operatorname{sgn} x)^2;\ x \in \mathbb{R}$!
Bestimme $\lim\limits_{x \to 0} f(x)$ und vergleiche mit dem Funktionswert $f(0)$!

5. Berechne die folgenden Grenzwerte:

a) $\lim\limits_{x \to 2{,}5} \dfrac{5-2x}{2x^2-3x-5}$ b) $\lim\limits_{x \to -2} \dfrac{x^2-2x-8}{x^2+3x+2}$

c) $\lim\limits_{x \to a} \dfrac{x^2-a^2}{x-a}$ d) $\lim\limits_{x \to 3} \dfrac{2x^2-6x}{x^2+x-12}$

6. Berechne die rechts- und linksseitigen Grenzwerte $x \to x_0+0$ bzw. $x \to x_0-0$ für folgende Terme (vgl. 2.1.6., 4. Beispiel):

a) $f(x) = (x^2+1)\operatorname{sgn} x;\ x_0 = 0$

b) $f(x) = H(x);\ x_0 = 0$

c) $f(x) = H(x) \cdot (x+2) + H(-x) \cdot (1-x);\ x_0 = 0$

d) $f(x) = \dfrac{x^2-1}{x-1};\ x_0 = 1$

e) $f(x) = \dfrac{x-4}{\sqrt{x}-2};\ x_0 = 4$

7. Konstruiere zwei Funktionen f_1 und f_2 mit dem Term $f(x) = \cos\dfrac{1}{x}$, für die gilt:

$$\lim_{x \to 0} f_1(x) = \tfrac{1}{2} \quad \text{und} \quad \lim_{x \to 0} f_2(x) = -\tfrac{1}{2}\sqrt{3}\,!$$

3.3.2. Folgerungen und Anwendungen

A. Die Grenzwertsätze

Im letzten Abschnitt haben wir die Definition des Grenzwerts vom Fall $x \to \infty$ auf den „endlichen" Fall $x \to x_0$ übertragen. Ganz entsprechend lassen sich daraus auch alle Folgerungen aus 3.1. und 3.2. übertragen, z. B. die Sätze 1, 2 und 3 aus 3.1.4. Formuliere diese Sätze für $x \to x_0$!
Insbesondere gelten auch die Grenzwertsätze aus 3.2.2. für den Fall $x \to x_0$. Ihrer Bedeutung wegen wollen wir diese Sätze hier eigens formulieren:

Sind $f_1\colon x \mapsto f_1(x);\ x \in D_1$ und
$f_2\colon x \mapsto f_2(x);\ x \in D_2$

zwei Funktionen mit $\lim\limits_{x \to x_0} f_1(x) = a_1$ und $\lim\limits_{x \to x_0} f_2(x) = a_2$ und hat $D = D_1 \cap D_2$ für jedes $\sigma > 0$ mit $U_\sigma^*(x_0)$ einen nichtleeren Durchschnitt, so gilt:

a) $\lim\limits_{x \to x_0} (f_1 + f_2)(x) = a_1 + a_2$

b) $\lim\limits_{x \to x_0} (f_1 - f_2)(x) = a_1 - a_2$

c) $\lim\limits_{x \to x_0} (f_1 f_2)(x) = a_1 a_2$

d) ist außerdem $a_2 \neq 0$, so gilt auch $\lim\limits_{x \to x_0} \dfrac{f_1}{f_2}(x) = \dfrac{a_1}{a_2}$

Die Beweise ergeben sich ganz entsprechend wie in 3.2.2. Wir wollen hier nur den Beweis zu Fall a) kurz skizzieren:

Beweis von a)

Zu beliebigem $\varepsilon > 0$ muß es nach Voraussetzung positive Zahlen δ_1 und δ_2 geben so daß

$$|f_1(x) - a_1| < \frac{\varepsilon}{2} \text{ für alle } x \in D_1 \cap U^*_{\delta_1}(x_0) \quad \text{und}$$

$$|f_2(x) - a_2| < \frac{\varepsilon}{2} \text{ für alle } x \in D_2 \cap U^*_{\delta_2}(x_0).$$

Setzen wir $\delta = \min(\delta_1; \delta_2)$, so gibt es nach Voraussetzung in $U^*_\delta(x_0)$ noch immer unendlich viele Elemente von D und für diese gilt:

$$|f_1(x) + f_2(x) - (a_1 + a_2)| \leqq |f_1(x) - a_1| + |f_2(x) - a_2| < \frac{\varepsilon}{2} + \frac{\varepsilon}{2} = \varepsilon$$

Die Grenzwertsätze gestatten es, zahlreiche Grenzwerte auf sehr einfache Art zu bestimmen: Wir gehen aus von den in $\mathbb{R}$ definierten Funktionen

f_0: $x \mapsto a$ (konstante Funktion) mit festem $a \in \mathbb{R}$ und
f_1: $x \mapsto x$ (identische Funktion).

Für sie gilt unmittelbar nach Definition für beliebiges $x_0 \in \mathbb{R}$:
$\lim\limits_{x \to x_0} f(x) = a$ und $\lim\limits_{x \to x_0} f_1(x) = x_0$. Daraus kann man nach c) folgern:

$$\lim_{x \to x_0} ax = ax_0; \quad \lim_{x \to x_0} x^2 = x_0^2; \quad \lim_{x \to x_0} x^3 = x_0^3; \quad \lim_{x \to x_0} ax^2 = ax_0^2 \quad \text{usw.}$$

Damit ergeben sich aus den Grenzwertsätzen die folgenden

Beispiele:

a) $\lim\limits_{x \to 2} (x^2 + 3x - 7) = 2 \cdot 2 + 3 \cdot 2 - 7 = 3$

b) $\lim\limits_{x \to -1} \dfrac{x^2 - 7x + 4}{x^2 + 2x + 3} = \dfrac{1 + 7 + 4}{1 - 2 + 3} = 6$

c) Der Term $f(x) = \dfrac{x^3 - 1}{x - 1}$ ist in $\mathbb{R}\setminus\{1\}$ äquivalent mit $f(x) = x^2 + x + 1$.

Daher gilt $\lim\limits_{x \to 1} \dfrac{x^3 - 1}{x - 1} = \lim\limits_{x \to 1} (x^2 + x + 1) = 3$

B. Divergenz für $x \to x_0$

Wie wir bereits gesehen haben (3. Beispiel in 3.3.1.), muß eine Funktion, in deren Definitionsmenge man sich einer Stelle x_0 beliebig annähern kann, dabei nicht gegen einen Grenzwert konvergieren. Wie in 3.1.6. sprechen wir hier von *Divergenz* für $x \to x_0$. Steigen für $x \to x_0$ die Funktionswerte über alle Grenzen oder fallen sie unter alle Grenzen, so sprechen wir von *bestimmter Divergenz*.

1. Beispiel: Für f: $x \mapsto \dfrac{1}{x}$; $D = \mathbb{R}\setminus\{0\}$ (Fig. 3.19) läßt sich bei Annäherung an $x_0 = 0$ von rechts zu jeder positiven Zahl $G > 0$ eine Umgebung $U^*_\delta(0)$ angeben, so daß $f(x) > G$ für alle $x \in U^*_\delta(0)$ mit $x > 0$.

Man braucht dazu nur $\delta = \dfrac{1}{G}$ zu setzen. Wir schreiben: $f(x) \to +\infty$ für $x \to 0+0$.

Für $x < 0$ gilt dagegen $f(x) \to -\infty$ für $x \to 0-0$.

2. Beispiel: Wir untersuchen das Verhalten der Funktion

$$f\colon x \mapsto \frac{x^2-3x+2}{x^2+x-6};\ D = \mathbb{R}\setminus\{2; -3\}$$

(vgl. 6. Beispiel in 3.3.1. mit Fig. 3.18) in der Umgebung der Definitionslücke $x_1 = -3$. Wir setzen dazu $x = -3+h$ und erhalten

$$f(-3+h) = \frac{9-6h+h^2+9-3h+2}{9-6h+h^2-3+h-6} = \frac{20-9h+h^2}{-5h+h^2} = \frac{1}{h}\cdot\frac{20-9h+h^2}{-5+h}.$$

Der 2. Faktor dieses Produktterms nähert sich für $h \to 0$ dem Grenzwert -4, $\frac{1}{h}$ steigt für $h \to 0+0$ über alle Grenzen, für $h \to 0-0$ fällt es unter alle Grenzen. Daher erhalten wir

$f(x) \to -\infty$ für $x \to -3+0$ und

$f(x) \to +\infty$ für $x \to -3-0$.

Der Graph der Funktion nähert sich in beiden Fällen immer mehr der Geraden $g = \{P(x; y) \mid x = -3 \wedge y \in \mathbb{R}\}$. Man nennt g eine *senkrechte Asymptote* des Graphen.

3. Beispiel: (Fig. 3.20)

Für $f\colon x \mapsto \frac{1}{x^2};\ D = \mathbb{R}\setminus\{0\}$ gilt

$f(x) \to +\infty$ für $x \to 0+0$ und

$f(x) \to +\infty$ für $x \to 0-0$

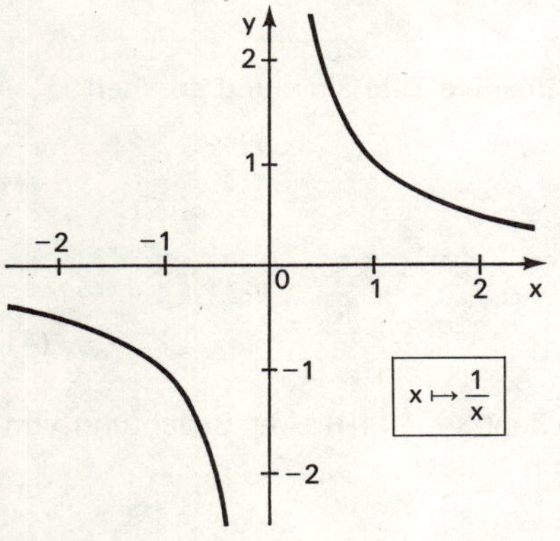

Fig. 3.19

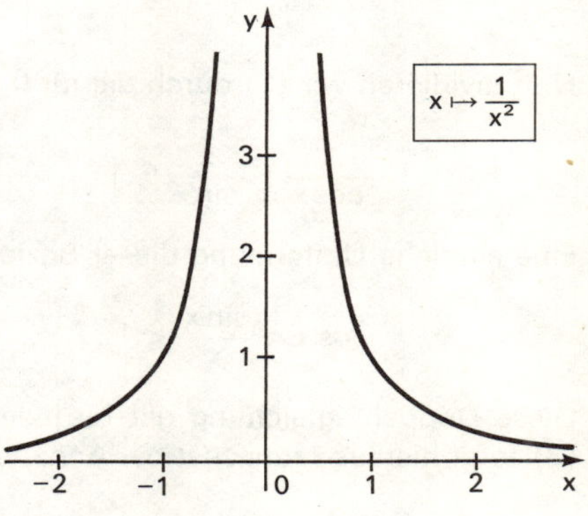

Fig. 3.20

C. Der Grenzwert $\lim\limits_{x \to 0} \frac{\sin x}{x}$

Zum Abschluß untersuchen wir noch das Verhalten des Terms $\frac{\sin x}{x}$ in einer punktierten Umgebung $U_\delta^*(0)$ mit $0 < \delta < \frac{\pi}{2}$.

Dabei wollen wir hier und auch später das Argument einer trigonometrischen Funktion stets im Bogenmaß angeben[1].

[1] K. Wörle u. P. Mühlbauer: Mathematisches Tafelwerk, S. 9–23

Da sich für $\sin x$ in $U_\delta^*(0)$ kein algebraischer Term finden läßt, versagen unsere bisherigen Methoden zur Grenzwertbestimmung. Wir müssen deshalb einen neuen Weg beschreiten. Er ergibt sich aufgrund eines einfachen Flächenvergleichs in Fig. 3.21:

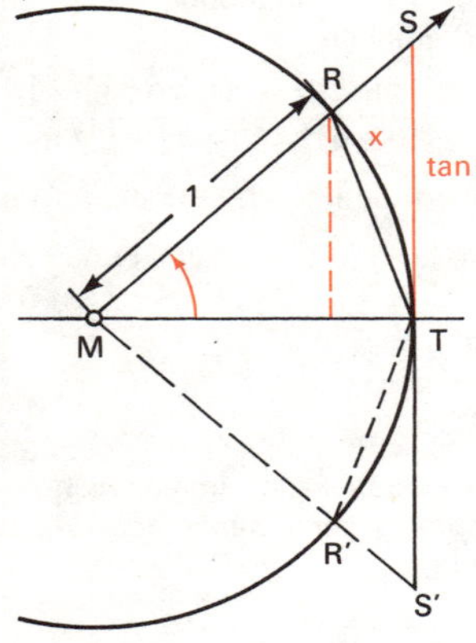

Fig. 3.21

Wie man unmittelbar sieht, gilt für $0 < x < \frac{\pi}{2}$:

$$A_{MSS'} > A_{\text{Sektor } MRR'} > A_{MRTR'}$$

und damit

$$\tan x > x > \sin x \tag{1}$$

Bevor wir diese Doppelungleichung weiter behandeln, untersuchen wir das Verhalten von $\sin x$ und $\cos x$ für den Fall, daß das Argument x gegen Null geht.

Aus der rechten Teilungleichung von (1) ergibt sich sofort:

$$\lim_{x \to 0+0} \sin x = 0 \tag{2}$$

Nun ist $(\sin x)^2 = (1 + \cos x)(1 - \cos x)$. Mit $x \to 0$ geht nach den Grenzwertsätzen auch $(\sin x)^2$ gegen Null. Da der Faktor $(1 + \cos x)$ in $U_\delta^*(0)$ größer als 1 ist, muß $(1 - \cos x)$ gegen Null gehen. Also gilt:

$$\lim_{x \to 0+0} \cos x = 1 \tag{3}$$

Nun dividieren wir (1) durch die für $0 < x < \frac{\pi}{2}$ positive Zahl $\sin x$ und erhalten

$$\frac{1}{\cos x} > \frac{x}{\sin x} > 1 .$$

Eine einfache Umformung dieser Beziehung liefert

$$\cos x < \frac{\sin x}{x} < 1 . \tag{4}$$

Diese Doppelungleichung gilt für jede positive Zahl $x \in U_\delta^*(0)$. Mit Beachtung von (3) folgt hieraus (zunächst bei Annäherung von rechts):

$$\boxed{\lim_{x \to 0} \frac{\sin x}{x} = 1} \tag{5}$$

Derselbe Grenzwert ergibt sich auch bei linksseitiger Annäherung an die Stelle $x = 0$. Denn für ein negatives $x \in U_\delta^*(0)$ gilt

$$\sin x > x > \tan x,$$

woraus nach Division durch das jetzt negative $\sin x$ ebenfalls Ungleichung (4) folgt. Zur Beachtung: Da mit $x \to 0$ auch $kx \to 0$ geht, gilt allgemein:

$$\lim_{x \to 0} \frac{\sin kx}{kx} = \lim_{z \to 0} \frac{\sin z}{z} = 1 \text{ für } z = kx \text{ und } k \neq 0$$

Aufgaben

1. Berechne mit Hilfe der Grenzwertsätze:

a) $\lim\limits_{x \to 2} (x^3 + 2x^2 - 7x)$
b) $\lim\limits_{x \to 1} \frac{x^2 - 6x + 5}{x^2 + 2x - 3}$

c) $\lim\limits_{x \to a} \frac{(x-a)^3}{x^3 - a^3}$
d) $\lim\limits_{x \to a} \frac{x^6 - a^6}{x - a}$

2. Beweise in Analogie zu Aufgabe 8 in 3.1.4.:
Ist f_1: $x \mapsto f_1(x)$; $x \in D_1$ eine Funktion mit $\lim\limits_{x \to x_0} f_1(x) = a$, so gilt $\lim\limits_{x \to x_0} f(x) = a$ für jede beliebige Fortsetzung f von f_1 genau dann, wenn D_1 für irgendein $\sigma > 0$ eine punktierte σ-Umgebung $U_\sigma^*(x_0)$ ganz enthält.

3. Die folgenden Funktionsterme sind für $x_0 = 0$ nicht definiert. Gibt es jeweils eine punktierte Umgebung $U_\sigma^*(0)$, in welcher der Term definiert ist? Berechne gegebenenfalls den maximalen σ-Wert!

a) $f(x) = \frac{1}{\sqrt{x}}$
b) $f(x) = \frac{10}{10x^3 - x}$

c) $f(x) = \frac{2}{\sqrt{4x^4 - x^2}}$
d) $f(x) = \frac{1}{\sin \frac{1}{x}}$

4. Für welche x_0 sind die folgenden Funktionsterme nicht definiert? Kennzeichne das Verhalten der Funktionswerte in einer geeigneten punktierten Umgebung von x_0! Skizze des Graphen!

a) $f(x) = \frac{1}{x}$
b) $f(x) = \left[\frac{1}{x}\right]$

c) $f(x) = \frac{2x+3}{x+1}$
d) $f(x) = \frac{x-3}{x^2 + 2x - 3}$

e) $f(x) = \tan x$
f) $f(x) = H\left(x - \frac{\pi}{2}\right) \cdot \tan x$

g) $f(x) = \frac{1}{\sin x}$
h) $f(x) = \frac{1}{\sqrt{x^2 - 1}}$

i) $f(x) = \frac{|x+1|}{x^2 - 1}$
k) $f(x) = \frac{1}{x} - \left[\frac{1}{x}\right]$

l) $f(x) = \frac{1}{x}\left(\frac{1}{x} - \left[\frac{1}{x}\right]\right)$
m) $f(x) = \frac{1}{x} \sin \frac{1}{x}$

5. Berechne den Wert des Terms $\frac{\sin x}{x}$ für x: = 0,8; 0,4; 0,2; 0,1; 0,05! Zeichne den Graphen der Funktion f: $x \mapsto \frac{\sin x}{x}$; $x \in U_1^*(0)$!

6. Berechne die Grenzwerte:

a) $\lim\limits_{x \to 0} \frac{\sin 2x}{2x}$
b) $\lim\limits_{x \to 0} \frac{3 \sin \frac{x}{2}}{\frac{x}{2}}$
c) $\lim\limits_{x \to 0} \frac{\sin 2x}{\frac{x}{2}}$

d) $\lim\limits_{x \to 0} \frac{\sin ax}{bx}$, $(a, b \neq 0)$
e) $\lim\limits_{x \to 0} \frac{\tan x}{x}$

7. a) Beweise allgemein:

$\lim\limits_{x \to \infty} f(x) = a$ gilt genau dann, wenn $\lim\limits_{x \to 0+0} f\left(\frac{1}{x}\right) = a$.

b) Was folgt daraus für $\lim\limits_{x \to \infty} x \sin \frac{1}{x}$ und $\lim\limits_{x \to 0} x \sin \frac{1}{x}$?

8. Berechne die Grenzwerte:

a) $\lim\limits_{x \to 0} \frac{\tan x}{\sin x}$ b) $\lim\limits_{x \to 0} \frac{1 - \cos 2x}{x^2}$

c) $\lim\limits_{x \to 0} \frac{2 \sin x + \cos x - 1}{4x}$ d) $\lim\limits_{x \to 0} \frac{\sin x}{x - 2 \sin x}$

3.4. Stetigkeit

3.4.1. Einführende Beispiele

Die Stetigkeit ist ein zentraler Begriff der Analysis. Zwei praktische Beispiele sollen zunächst anschaulich verdeutlichen, um was es sich handelt.

(1) Ein Brief nach Schweden bis zu 20 g kostet 0,70 DM. Wenn man 20 g nur geringfügig überschreitet, beträgt das Porto sofort 1,20 DM[1] (Fig. 3.22).
(2) Ein Auto bewegt sich mit konstanter Geschwindigkeit v_0. Für eine Strecke der Länge $\overline{AB} = 1$ km braucht es 40 s (Fig. 3.23).

Wählt man bei (2) einen Endpunkt B', der nahe bei B liegt, so erhält man auch eine nur wenig veränderte Fahrzeit. Man kann erreichen, daß die Zeit vom Wert 40 s nur geringfügig abweicht, wenn nur der Endpunkt B' der Strecke [AB'] in einer geeigneten Umgebung von B liegt.
Bei (1) ist dies anders. Ein Brief, der nur sehr wenig mehr als 20 g wiegt, kostet gleich ein viel höheres Porto. Eine kleine Portoabweichung ist nicht möglich. (1) zeigt ein Beispiel einer bei 20 g unstetigen Funktion, (2) ein Beispiel einer stetigen Funktion. Das drückt sich in den Graphen anschaulich aus:

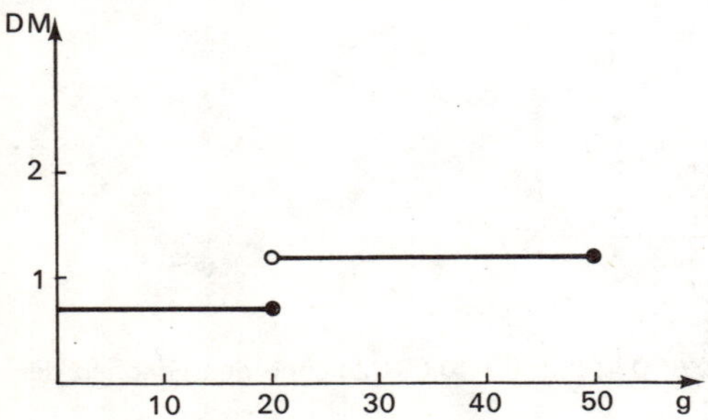

Fig. 3.22 Graph der Portofunktion

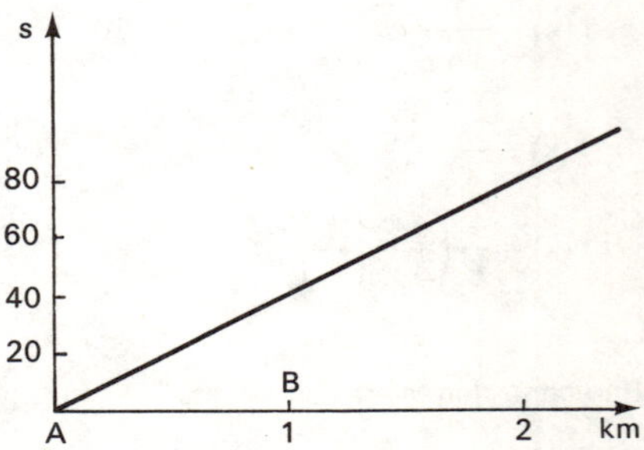

Fig. 3.23 Graph der Weg-Zeit-Funktion

Die beiden Beispiele erfassen natürlich die Begriffe Stetigkeit und Unstetigkeit noch nicht vollständig. Auch die umgangssprachlichen Bedeutungen dieser Wörter können nur Hinweise geben.

[1] Stand 1. Januar 1976

3.4.2. Definition

Von den anschaulich erläuterten Beispielen in 3.4.1. ausgehend, präzisieren wir zunächst den Begriff Stetigkeit.

Definition der Stetigkeit (1. Fassung):

Eine Funktion f: $x \mapsto f(x)$ habe die Definitionsmenge D_f. Zu einem $x_0 \in D_f$ gebe es eine Umgebung, die ganz zu D_f gehört.
Gibt es dann zu jeder Umgebung $V(y_0)$ mit $y_0 = f(x_0)$ eine Umgebung $U(x_0) \subset D_f$, so daß für jedes $x \in U(x_0)$ der zugehörige Funktionswert $f(x)$ in $V(y_0)$ liegt, so nennt man die Funktion f *stetig an der Stelle* x_0.

Wir können auch schreiben: $f(U(x_0)) \subset V(y_0)$. Es muß demnach eine Umgebung $U(x_0)$ geben (Fig. 3.24), für die die Funktionswerte $f(x)$ noch in der Umgebung $V(y_0)$ liegen, auch wenn die Umgebung $V(y_0)$ sehr klein gewählt wurde. Bei Beispiel (2) ist dies offenbar möglich, nicht aber bei Beispiel (1) an der Stelle $x_0 = 20$. In beliebiger Nähe von $x_0 = 20$ gibt es nämlich Funktionswerte, die bereits 1,20 betragen, also um 0,50 größer sind als $y_0 = 0{,}70$. Diese liegen also z. B. nicht mehr in der Umgebung $V = \{y \mid 0{,}70 - \varepsilon < y < 0{,}70 + \varepsilon\}$ mit $\varepsilon = 0{,}10$ (Fig. 3.25).

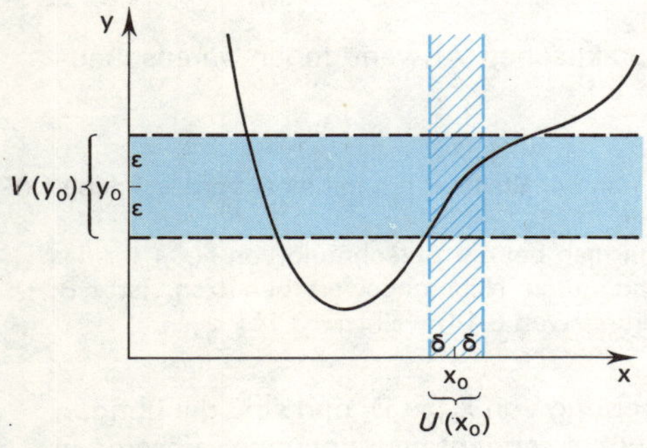

Fig. 3.24

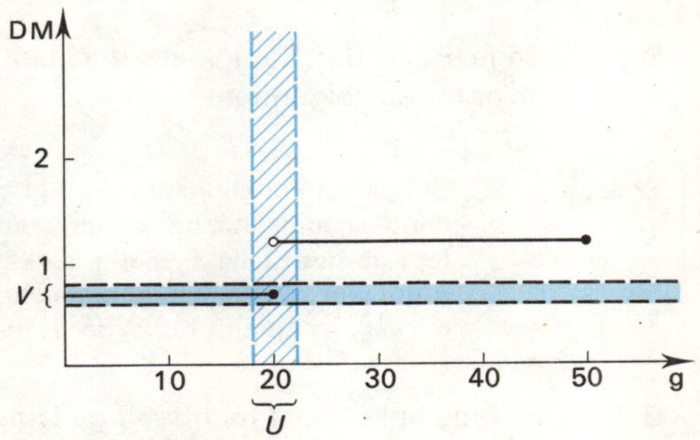

Fig. 3.25

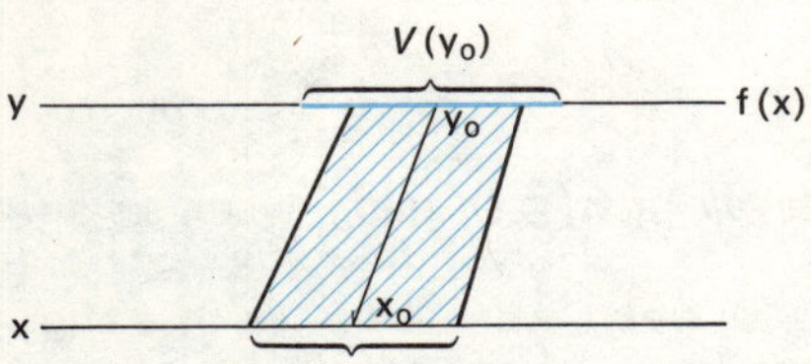

Fig. 3.26

Bemerkung: Wir können die Stetigkeit auch mit einem Pfeildiagramm veranschaulichen. Wenn man eine Umgebung $V(y_0)$ beliebig wählt, so muß es stets eine Umgebung $U(x_0)$ geben, deren Funktionswerte alle in $V(y_0)$ liegen. In Fig. 3.26 erkennt man deutlich, wie die Umgebung $U(x_0)$ in die Umgebung $V(y_0)$ abgebildet wird: $f(U(x_0)) \subset V(y_0)$, $U(x_0) \longrightarrow V(y_0)$

Die Stetigkeit ist eine *lokale* Eigenschaft einer Funktion in einer beliebig kleinen Umgebung eines Punktes. Schreiben wir

$$V = \{y \mid y_0 - \varepsilon < y < y_0 + \varepsilon\} \qquad \text{und} \qquad U = \{x \mid x_0 - \delta < x < x_0 + \delta\}$$

und setzen wir wieder voraus, daß es zu x_0 eine Umgebung gibt, die ganz zu D_f gehört, so können wir die Stetigkeitsdefinition auch so formulieren:

Definition der Stetigkeit (2. Fassung):

Eine in D_f definierte Funktion f: $x \mapsto y = f(x)$ heißt an der Stelle $x_0 \in D_f$ stetig, wenn es zu jedem (beliebig klein gewählten) $\varepsilon > 0$ ein $\delta > 0$ gibt, so daß $y_0 - \varepsilon < f(x) < y_0 + \varepsilon$ gilt für $x_0 - \delta < x < x_0 + \delta$ und $x \in D_f$.

Aus der Grenzwertdefinition bei Funktionen in 3.3. folgt daher der

Satz:

Die Funktion f: $x \mapsto f(x)$ ist an einer Stelle x_0 der Definitionsmenge D_f genau dann stetig, wenn $\lim\limits_{x \to x_0} f(x) = f(x_0)$ für $x \in D_f$.

Bemerkung

Manchmal wird die Stetigkeit auch so definiert, daß nicht eine ganze Umgebung von x_0 zu D_f gehören muß, sondern nur in jeder Umgebung von x_0 mindestens ein Punkt der Definitionsmenge D_f gefordert wird. Man vergleiche dazu 3.3.1., Bemerkung 3 und Beispiel 5.

Die wichtige Rolle der Stetigkeit auch bei praktischen Anwendungen veranschaulichen wir noch an folgendem

Beispiel: Es soll ein Funktionswert $y_0 = f(x_0)$ an der Stelle $x_0 = \pi$ mit einer vorgeschriebenen Genauigkeit ε berechnet werden.
Ist f an der Stelle x_0 stetig, so kann man bei der Berechnung von $f(x_0)$ für das Argument $x_0 = \pi$ einen hinreichend guten Näherungswert benützen. Ist z. B. $\delta = \frac{1}{100}$, so genügt für x_0 der Näherungswert 3,14, weil $|\pi - 3{,}14| < \frac{1}{100}$.

Gehört nur eine links- oder rechtsseitige Umgebung von x_0 zu D_f und sind die übrigen Voraussetzungen der Stetigkeitsdefinition erfüllt, so spricht man von einer *einseitigen* (links- bzw. rechtsseitigen) *Stetigkeit* an der Stelle x_0.
Von der lokalen Stetigkeit gelangen wir zur Stetigkeit in einem Intervall.

Definition:

Die Funktion f: $x \mapsto f(x)$ heißt *im offenen Intervall* $]a; b[\subseteq D_f$ *stetig*, wenn sie an allen Stellen $x \in]a; b[$ stetig ist.
Sie heißt *im abgeschlossenen Intervall* $[a; b] \subseteq D_f$ *stetig*, wenn sie in $]a; b[$ stetig und in den Randpunkten a und b einseitig stetig ist.

Gelegentlich nennt man die Stetigkeit in einem Intervall auch *globale* Stetigkeit.

Bemerkung: Der Graph einer in einem Intervall definierten und dort stetigen Funktion kann keine Sprungstellen haben. Man wird daher erwarten, daß er ohne Absetzen des Bleistiftes gezeichnet werden kann. Dies trifft für die normalerweise vorkommenden stetigen Funktionen auch zu. Unter den Begriff der stetigen Funktionen fallen allerdings noch Funktionen, deren Graph überhaupt nicht gezeichnet werden kann. Vgl. Beispiel 4 in 3.4.3.!

Der Beweis, daß eine Funktion an einer bestimmten Stelle stetig ist, kann in vielen Fällen schwierigere Umformungen und Abschätzungen erfordern. Wir beschränken uns hier zunächst auf einfache Beispiele.[1]

1. Beispiel: Wir wollen zeigen, daß die Funktion f: $x \mapsto 2x+3$; $D_f = \mathbb{R}$, an der Stelle $x_0 = 2$ stetig ist.

Beweis: Zu einer beliebig gewählten Umgebung V des Funktionswertes $f(2) = 7$ muß es eine Umgebung U von $x_0 = 2$ geben, so daß für alle $x \in U$ gilt: $f(x) \in V$. Für $x \in U$ muß also gelten:

(1) $7 - \varepsilon < 2x + 3 < 7 + \varepsilon \quad | -3$

(2) $4 - \varepsilon < 2x < 4 + \varepsilon \quad | :2$

(3) $2 - \frac{\varepsilon}{2} < x < 2 + \frac{\varepsilon}{2}$

Da es sich um Äquivalenzumformungen handelt, folgt aus (3) auch umgekehrt (1). Wir wählen $\delta = \frac{\varepsilon}{2}$. Dann gilt für $x \in U$ mit $U = \{x \mid 2 - \delta < x < 2 + \delta\}$ die Ungleichung $f(x_0) - \varepsilon < f(x) < f(x_0) + \varepsilon$.
$f(x)$ liegt in V. Daher ist f an der Stelle $x_0 = 2$ stetig.

2. Beispiel: Die Funktion f: $x \mapsto \frac{1}{x}$; $D_f = \mathbb{R}^+$, ist an der Stelle $x_0 = 2$ stetig.

Beweis: Wir wollen diesmal den an die 2. Fassung der Stetigkeitsdefinition sich anschließenden Satz verwenden.
Es sei $h > 0$. Dann gilt:

$$|f(x_0+h) - f(x_0)| = \left|\frac{1}{2+h} - \frac{1}{2}\right| = \left|\frac{-h}{2\cdot(2+h)}\right| = \frac{h}{4+2h} < \frac{h}{4}$$

$$|f(x_0-h) - f(x_0)| = \left|\frac{1}{2-h} - \frac{1}{2}\right| = \frac{h}{4-2h} < \frac{h}{2} \quad \text{für } h < 1$$

Also $\lim\limits_{h \to 0} f(x_0+h) = f(x_0)$ und $\lim\limits_{h \to 0} f(x_0-h) = f(x_0)$,

d.h. $\lim\limits_{x \to x_0} f(x) = f(x_0)$.

3. Beispiel: Die Funktion f: $x \mapsto x^3$; $D_f = \mathbb{R}$, ist an der Stelle x_0 stetig.

Beweis: Mit $h \in \mathbb{R}$ ist

$|f(x_0+h) - f(x_0)| = |(x_0+h)^3 - x_0^3|$

$= |x_0^3 + 3x_0^2 h + 3x_0 h^2 + h^3 - x_0^3|$

$= |h \cdot (3x_0^2 + 3x_0 h + h^2)| \to 0$ für $h \to 0$.

Also $\lim\limits_{h \to 0} f(x_0+h) = f(x_0)$.

4. Beispiel: f: $x \mapsto \sqrt{x}$, $D_f = \{x \mid x \geqq 0\}$ ist an der Stelle $x_0 = 0$ rechtsseitig stetig (Fig. 3.27).

Beweis: 1. x_0 und eine rechtsseitige Umgebung gehören der Definitionsmenge D_f an.

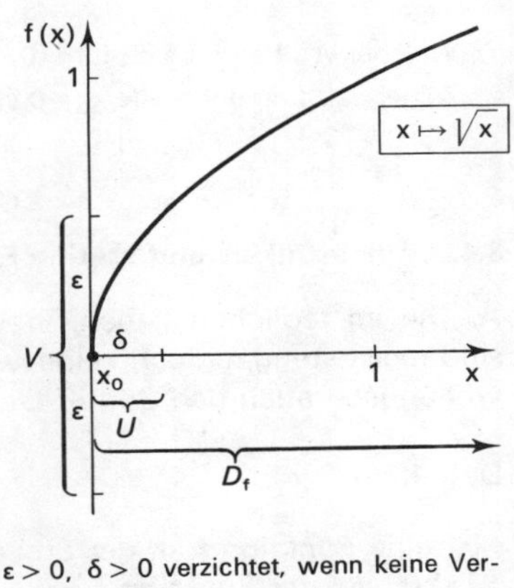

Fig. 3.27

[1] Im folgenden wird auf die explizite Angabe der Bedingungen $\varepsilon > 0$, $\delta > 0$ verzichtet, wenn keine Verwechslungen auftreten können.

2. Es gilt eine geeignete rechtsseitige Umgebung von $x_0 = 0$, $U = \{x \mid 0 \leqq x < +\delta\}$ zu finden, so daß $f(x)$ für $x \in U$ in $V = \{y \mid -\varepsilon < f(x) < +\varepsilon\}$ liegt. (Es ist ja $f(x_0) = 0$.)
In $-\varepsilon < \sqrt{x} < +\varepsilon$ ist die linke Ungleichung $-\varepsilon < \sqrt{x}$ trivialerweise erfüllt, da eine Wurzel nicht negativ ist.
Aus $\sqrt{x} < \varepsilon$ folgt $x < \varepsilon^2$ (Äquivalenzumformung für $x \in D$).
Wir wählen $\delta = \varepsilon^2$ oder $\sqrt{\delta} = \varepsilon$. Für $x \in U = \{x \mid 0 \leqq x < \delta\}$ gilt $\sqrt{x} < \sqrt{\delta}$, $\sqrt{x} < \varepsilon$.
$f(x)$ liegt also in V.

Bemerkung: Im 5. Beispiel von 3.3.1. wurde die Funktion f: $x \mapsto 2x^2$; $D_f = \mathbb{R}$ an der Stelle x_0 untersucht. Wie wir jetzt erkennen, wurde dort im Grunde genommen die Stetigkeit nachgewiesen.

Aufgaben

1. Gib für die Funktion f: $x \mapsto f(x)$ jeweils eine δ-Umgebung U von x_0 an, so daß für $x \in U$ gilt: $|f(x) - f(x_0)| < \frac{1}{100}$.
   a) $f(x) = x^2$; $x_0 = 0$ b) $f(x) = x^2 + 2x + 1$; $x_0 = 1$ c) $f(x) = \sqrt{x}$; $x_0 = 4$
2. Zeige durch Berechnung eines geeigneten δ der δ-Umgebung U zur ε-Umgebung V, daß die Funktion f an der Stelle x_0 stetig ist.
   a) f: $x \mapsto \frac{x}{3} + 1$, $x_0 = 3$ b) f: $x \mapsto 4x^2$, $x_0 = 0$
   c) f: $x \mapsto c$, x_0 beliebig d) f: $x \mapsto |x|$, $x_0 = 0$
3. Zeige die Stetigkeit der Funktion f an der Stelle $x_0 \in D_f$ durch den Nachweis, daß $\lim\limits_{h \to 0} f(x_0 + h) = f(x_0)$!
   a) f: $x \mapsto x^2$; $D_f = \mathbb{R}$ b) f: $x \mapsto \frac{x+1}{x-1}$; $D_f = \{x \mid 1 < x < \infty\}$
4. Eine für alle $x \in \mathbb{R}$ definierte Funktion f: $x \mapsto f(x)$ genüge der Ungleichung

$$x - x^2 \leqq f(x) \leqq x + x^2; \quad x \in \mathbb{R}$$

   a) Zeichne die Graphen der beiden Funktionen f_1: $x \mapsto x - x^2$ und f_2: $x \mapsto x + x^2$ im Intervall $[-2; +2]$! (Hochformat; 1 LE = 1,5 cm)
   b) Was läßt sich über den Graphen der Funktion f aus der Ungleichung mit Hilfe von a) aussagen?
   c) Welcher Wert ergibt sich für $f(0)$?
   d) Zeige, daß f an der Stelle $x_0 = 0$ stetig ist!

3.4.3. Unstetigkeit und stetige Fortsetzung

A. Die im täglichen Leben, in Wissenschaft und Technik auftretenden Funktionen sind meist stetig, jedoch keineswegs immer, wie das Beispiel (1) in 3.4.1. zeigte. Wir wollen jetzt auch den Begriff Unstetigkeit präzisieren.

Definition:

Ist eine Funktion f an der Stelle x_0 von D_f nicht stetig, so heißt x_0 eine *Unstetigkeitsstelle* der Funktion f.

Man beachte, daß eine Funktion nur an Stellen der Definitionsmenge D_f unstetig sein kann. So hat es beispielsweise keinen Sinn, nach der Stetigkeit oder Unstetigkeit der Funktion $f\colon x \mapsto \frac{1}{x};\ x \in \mathbb{R}\setminus\{0\}$ an der Stelle 0 zu fragen.

1. Beispiel: $f\colon x \mapsto f(x)$ mit

$$f(x) = \begin{cases} x & \text{für } 0 \leqq x < 1 \\ 2 & \text{für } x = 1 \\ 4 - x & \text{für } x > 1 \end{cases} \qquad \text{also } D_f = \mathbb{R}_0^+$$

Die Funktion f ist an der Stelle 1 unstetig und hat dort eine endliche Sprungstelle (Fig. 3.28).

2. Beispiel: $f\colon x \mapsto f(x)$ mit

$$f(x) = \begin{cases} \frac{1}{x} & \text{für } x < 0 \\ x & \text{für } x \geqq 0 \end{cases} \qquad \text{also } D_f = \mathbb{R}_0^+$$

f ist an der Stelle 0 unstetig und hat dort eine unendliche Sprungstelle (Fig. 3.29).

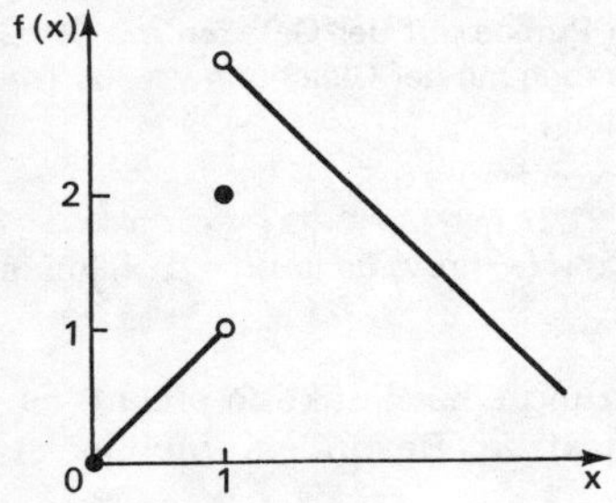

Fig. 3.28

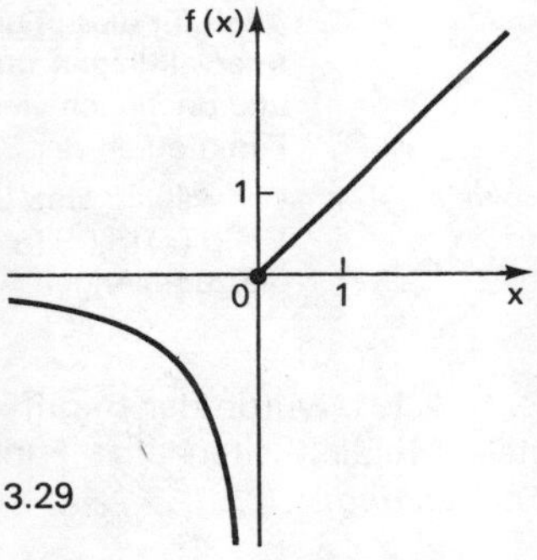

Fig. 3.29

3. Beispiel: $f\colon x \mapsto f(x)$, vgl. 3.3.1., 3. Beispiel, mit

$$f(x) = \begin{cases} \sin\frac{1}{x} & \text{für } x \in \mathbb{R}\setminus\{0\} \\ 0 & \text{für } x = 0 \end{cases} \qquad \text{also } D_f = \mathbb{R}$$

Diese Funktion ist für $x_0 = 0$ unstetig.

Beweis:
1. Die Funktion ist für $x_0 = 0$ definiert. $x_0 \in D_f$.
2. Wählt man $\varepsilon = \frac{1}{2}$, so ist es unmöglich, eine Umgebung von $x_0 = 0$ zu finden, so daß die zugehörigen Funktionswerte in $V = \{f(x) \mid -\frac{1}{2} < f(x) < \frac{1}{2}\}$ liegen, da in beliebiger Nähe des Nullpunkts $f(x) = 1$ vorkommt, nämlich immer dann, wenn $\frac{1}{x} = \frac{\pi}{2} + 2n\pi$, $(n \in \mathbb{Z})$.

4. Beispiel: $f\colon x \mapsto f(x) = \begin{cases} x \cdot \sin\frac{1}{x} & \text{für } x \in \mathbb{R}\setminus\{0\} \\ 0 & \text{für } x = 0 \end{cases}$, also $D_f = \mathbb{R}$

Diese Funktion ist an der Stelle $x_0 = 0$ stetig, vgl. 3.3.1., 4. Beispiel, Fig. 3.16.

Beweis: 1. x_0 gehört zu D_f.

2. Es ist $|f(x)| = \left|x \cdot \sin\frac{1}{x}\right| \leqq |x|$ da $\left|\sin\frac{1}{x}\right| \leqq 1$.

Wählt man daher $\delta = \varepsilon$, so folgt aus $|x| < \delta$ sofort $|f(x)| < \varepsilon$. Wenn $x \in U$ mit $U = \{x \,|\, |x - x_0| < \delta\}$, so gilt $f(x) \in V$ mit $V = \{f(x) \,|\, |f(x) - f(x_0)| < \varepsilon\}$, da $x_0 = f(x_0) = 0$.

Dieses Beispiel zeigt, daß der Graph einer Funktion an einer Stelle, an der die Funktion stetig ist, nicht immer gezeichnet werden kann. Die Linie hat in jeder noch so kleinen Umgebung des Nullpunkts noch unendlich viele „Wellenberge".

5. Beispiel: Es gibt auch Funktionen, die an jeder Stelle eines Intervalls unstetig sind, z. B.

$$f: x \mapsto f(x) = \begin{cases} 1 & \text{für rationale } x \\ -1 & \text{für irrationale } x \end{cases} \qquad x \in [-1; 1]$$

Da in jeder Umgebung einer rationalen Zahl auch irrationale Zahlen vorkommen und umgekehrt, werden jeder δ-Umgebung U Funktionswerte $+1$ und -1 zugeordnet. Für $\varepsilon < 2$ liegen sie also nicht mehr in $V_\varepsilon(+1)$ bzw. $V_\varepsilon(-1)$. f ist überall unstetig.

6. Beispiel:

$$f: x \mapsto f(x) = \begin{cases} x & \text{für rationale } x \\ -x & \text{für irrationale } x \end{cases} \qquad D_f = \mathbb{R}$$

Auch für diese Funktion läßt sich kein Graph zeichnen. In jedem beliebig kleinen Intervall liegen unendlich viele Punkte auf der Geraden mit der Gleichung $y = x$ und unendlich viele auf der Geraden mit der Gleichung $y = -x$. Trotzdem ist diese Funktion an der Stelle $x_0 = 0$ stetig.

Beweis: Wir wählen eine Umgebung V von $f(0) = 0$:
$V = \{f(x) \,|\, |f(x)| < \varepsilon\}$. Für alle $x \in U$ mit $U = \{x \,|\, |x| < \varepsilon\}$, also $\delta = \varepsilon$, liegen dann die zugehörigen Funktionswerte $|f(x)|$ in V, da ja $|x| = |f(x)|$ für alle $x \in D_f$.

B. In 2.1.3. wurde der Begriff der Fortsetzung einer Funktion erklärt. Es gibt beliebig viele Möglichkeiten eine Funktion fortzusetzen. Besonders wichtig ist eine *stetige Fortsetzung*.

Definition:

Ist die Fortsetzung g mit der Definitionsmenge D_g einer stetigen Funktion f mit $D_f \subset D_g$ eine stetige Funktion in D_g, so nennt man g eine stetige Fortsetzung von f.

7. Beispiel: $f: x \mapsto \sqrt{x}$, $D_f = \{x \,|\, 0 \leqq x < \infty\}$. Die Funktion $g: x \mapsto \sqrt{|x|}$, $D_g = \mathbb{R}$ ist eine Fortsetzung von f, denn $D_f \subset D_g$ und $\sqrt{x} = \sqrt{|x|}$ für $x \in D_f$.
Da g im ganzen Definitionsbereich D_g stetig ist, auch an der Stelle 0, ist g eine stetige Fortsetzung von f (Fig. 3.30)

8. Beispiel: $f: x \mapsto \dfrac{x^2 - 3x + 2}{x^2 + x - 6}$, $D_f = \mathbb{R} \setminus \{2, -3\}$ (Vgl. 3.3.1., 6. Beispiel)

Die Stellen 2 und -3 gehören nicht zur maximal zulässigen Definitionsmenge, da dort der Nenner des Funktionsterms 0 wird. Es ist aber

$$\lim_{x \to 2} \frac{x^2 - 3x + 2}{x^2 + x - 6} = \frac{1}{5}.$$

Die Funktion g mit

$$g(x) = \begin{cases} \dfrac{x^2-3x+2}{x^2+x-6} & \text{für } x \in D_f \\ \dfrac{1}{5} & \text{für } x = 2 \end{cases}$$

ist daher eine stetige Fortsetzung von f mit der Definitionsmenge $D_g = \mathbb{R}\setminus\{-3\}$. Bei der Stelle -3 ist etwas derartiges nicht möglich, da $f(x) \to \pm\infty$ für $x \to -3 \mp 0$

9. Beispiel: Beim 8. Beispiel ist nur diese eine stetige Fortsetzung möglich, da der Grenzwert eindeutig ist. Würde man $f(2) \neq \frac{1}{5}$ festsetzen, so wäre die Fortsetzung nicht stetig. Bei der Funktion f des 7. Beispiels dagegen sind unendlich viele verschiedene stetige Fortsetzungen möglich, etwa

$h: x \mapsto h(x)$ mit

$$h(x) = \begin{cases} 0 & \text{für } -\infty < x < 0 \\ \sqrt{x} & \text{für } 0 \leqq x < \infty \end{cases}$$

oder

$k: x \mapsto k(x)$ mit

$$k(x) = \begin{cases} -\sqrt{-x} & \text{für } -\infty < x < 0 \\ \sqrt{x} & \text{für } 0 \leqq x < \infty \end{cases}$$

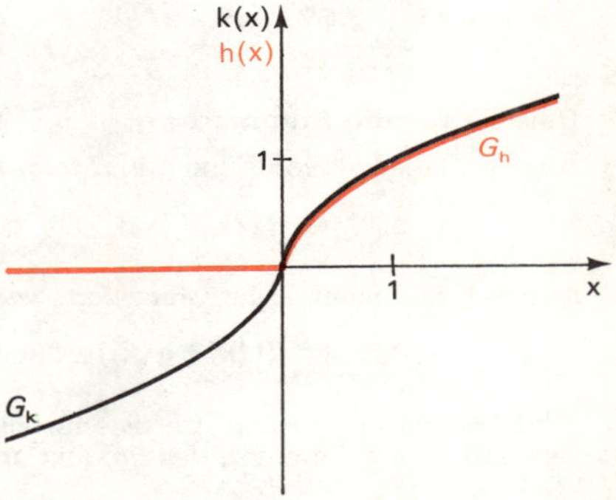

Fig. 3.30

Aufgaben

1. Skizziere den Graphen der Funktion $f: x \mapsto f(x)$ und gib an, an welchen Stellen sie unstetig ist!

a) $f(x) = \begin{cases} |x| & \text{für } -2 \leqq x < 0 \\ x & \text{für } 0 \leqq x < 2 \\ x^2 & \text{für } 2 \leqq x \leqq 4 \end{cases}$

b) $f(x) = \begin{cases} \sqrt{1+x^2} & \text{für } -2 \leqq x \leqq 0 \\ \sqrt{x-x^2} & \text{für } 0 < x < 1 \\ \sqrt{1+x^2} & \text{für } 1 \leqq x \leqq 2 \end{cases}$

2. Die folgenden Funktionen haben die Definitionsmenge $D_f = \{x \mid 0 \leqq x < 2 \vee 2 < x < \infty\}$. Bilde eine stetige Fortsetzung g mit der Definitionsmenge $D_g = \{x \mid 0 \leqq x < \infty\}$!

a) $f: x \mapsto \dfrac{2-x}{8-x^3}$ b) $f: x \mapsto \dfrac{x^2-5x+6}{x^2-4}$ c) $f: x \mapsto \dfrac{x^3-2x^2-5x+10}{x^2+x-6}$

3. Von Abschnitt 2.1.6. sollen folgende Beispiele auf Unstetigkeitsstellen untersucht werden:

a) 3. Beispiel (Vorzeichen-Funktion)
b) 4. Beispiel (Heaviside-Funktion)
c) 5. Beispiel (Gaußsche Klammerfunktion)
d) 6. Beispiel

4. Die sogenannte Rundungsfunktion $f: x \mapsto [x+0{,}5]$ wird in der Datenverarbeitung häufig gebraucht, um Dezimalzahlen auf ganze Zahlen zu runden. Zeichne den Graphen der Funktion für das Intervall $[-3; 3]$! Wo ist die Funktion unstetig?

3.5. Sätze über stetige Funktionen

Wenn man mit einer Funktion arbeitet, ist es meist wichtig, zu wissen, ob sie stetig ist. Es wäre nun recht mühsam, müßte man in jedem Einzelfall die Stetigkeit durch Anwendung der Stetigkeitsdefinition oder des Satzes in 3.4.2. beweisen. Eine große Erleichterung bietet der

Verknüpfungssatz:

Sind zwei Funktionen f und g in demselben Intervall J stetig, so gilt dies auch für ihre Summe, ihre Differenz und ihr Produkt. Ebenso ist der Quotient $\frac{f}{g}$ eine stetige Funktion in J, falls $g(x) \neq 0$ für $x \in J$.

Vergleiche 3.2.1.!

Beweis für die Summe f + g

Aus der Stetigkeit von f und g in J folgt für $x \in J \wedge x_0 \in J$:

$$\lim_{x \to x_0} f(x) = f(x_0), \quad \lim_{x \to x_0} g(x) = g(x_0)$$

Aus dem Summensatz für Grenzwerte von Funktionen ergibt sich dann:

$$\lim_{x \to x_0} (f(x) + g(x)) = f(x_0) + g(x_0)$$

d.h.: f + g ist in x_0 stetig. Da dies für alle $x_0 \in J$ gilt, ist f + g in J stetig. Analog verlaufen die Beweise für die Differenz, das Produkt und den Quotienten.

Aus dem Verknüpfungssatz können wir für viele Funktionen leicht die Stetigkeit beweisen. Wir zeigen dies an einigen Beispielen, wobei wir die Stetigkeit der konstanten Funktion und der identischen Funktion zugrundelegen.

Beispiele:

(1) const: $x \mapsto a$; $D_f = \mathbb{R}$ ist stetig. Für jede beliebige Umgebung einer Stelle x_0 liegen nämlich alle Funktionswerte in jeder Umgebung von $f(x_0) = a$, da die Funktionswerte alle gleich sind.

(2) id: $x \mapsto y = x$; $D_f = \mathbb{R}$ ist stetig. Denn zu einem gegebenen ε kann man bei dieser Funktion $\delta = \varepsilon$ setzen. Dann werden wegen $y = f(x) = x$ den x-Werten von $U_\delta(x_0) = \{x \mid |x - x_0| < \delta\}$ y-Werte von $V_\varepsilon(y_0) = \{y \mid |y - y_0| < \delta\}$ zugeordnet. Die Stetigkeitsdefinition wird erfüllt.

Folgerungen: Mit (1) und (2) sind nach dem Verknüpfungssatz beispielsweise die folgenden Funktionen in $\mathbb{R}$ stetig ($a, b, c \in \mathbb{R}$):

f_1: $x \mapsto x + a$ $\quad$ f_2: $x \mapsto a \cdot x$ $\quad$ f_3: $x \mapsto ax + b$ $\quad$ f_4: $x \mapsto x^2$

f_5: $x \mapsto ax^2$ $\quad$ f_6: $x \mapsto ax^2 + bx$ $\quad$ f_7: $x \mapsto ax^2 + bx + c$

Ebenso sind in $D_f = \mathbb{R} \setminus \{0\}$ z. B. folgende Funktionen stetig:

f_8: $x \mapsto \frac{1}{x}$ $\quad$ f_9: $x \mapsto \frac{a}{x}$ $\quad$ f_{10}: $x \mapsto \frac{1}{x^2}$

Für Funktionen, die in einem Intervall stetig sind, gelten einige wichtige Sätze, von denen später häufig Gebrauch gemacht wird. Sie sind alle anschaulich einleuchtend, die Beweise zum Teil schwierig.

Zwischenwertsatz:

Ist f eine in $J = [x_1, x_2]$ stetige Funktion mit $f(x_1) = y_1$, $f(x_2) = y_2$, so gibt es zu jedem Wert a zwischen y_1 und y_2 mindestens einen Wert $x \in J$ mit $f(x) = a$.

Für Funktionen mit einer Unstetigkeitsstelle braucht es einen derartigen x-Wert keineswegs zu geben. Für $f: x \mapsto [x]$ in $J = D_f = \{x \mid 0 \leqq x \leqq 1{,}5\}$ ist $f(x_1) = 0$ und $f(x_2) = 1$. Wählt man als Zwischenwert $y = 0{,}5$, so gibt es keine Stelle $x \in J$ mit $f(x) = 0{,}5$ (Fig. 3.31).

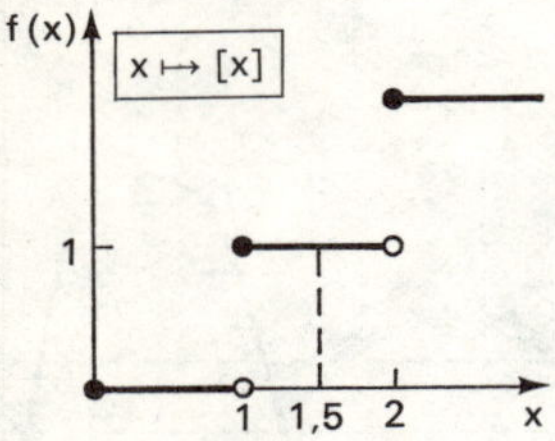

Fig. 3.31

Beweis des Zwischenwertsatzes:

Wir nehmen zunächst $y_1 < y_2$ an, also $y_1 < a < y_2$. Wir wählen eine Teilmenge T des Intervalls J:

$$T = \{x \mid x_1 \leqq x < x_2 \wedge f(x) < a\} \quad \text{(Fig. 3.32)}$$

T ist beschränkt, da für alle $x \in T$ gilt: $x < x_2$. Die Zahl x_2 ist also eine obere Schranke. Nach dem Satz vom Supremum in 1.2.3. hat T also eine kleinste obere Schranke x'. Wir müssen zeigen, daß es ein $x \in J$ gibt mit $f(x) = a$.
Aufgrund der Zeichnung liegt anschaulich die Vermutung nahe, daß gerade x' der x-Wert mit dem Funktionswert $f(x') = a$ ist. Wir beweisen dies, indem wir zeigen, daß $f(x') < a$ und $f(x') > a$ auf einen Widerspruch führen.

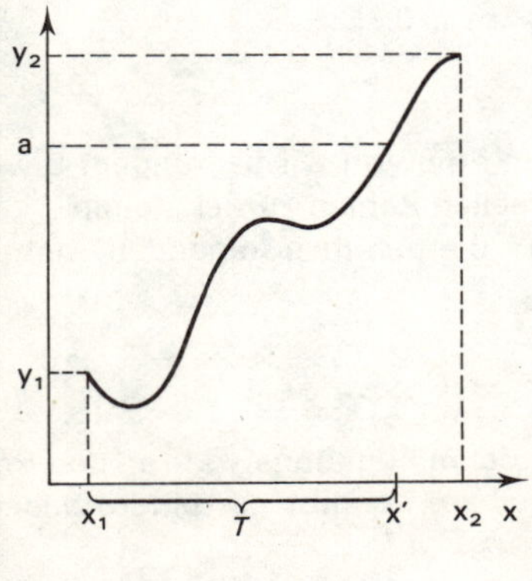

Fig. 3.32

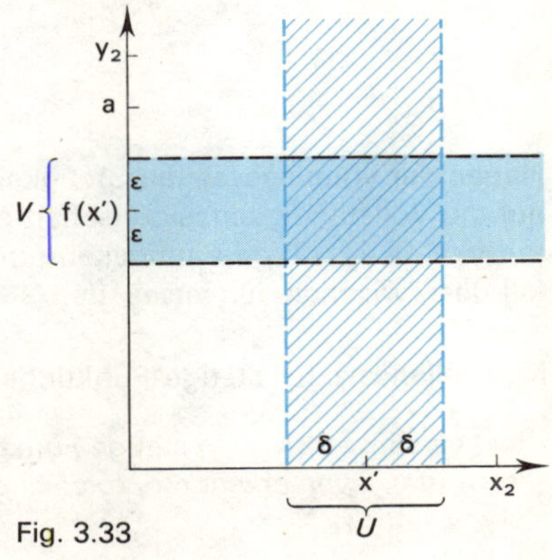

Fig. 3.33

1. Annahme: $f(x') < a$ (Fig. 3.33)

Wir wählen nun eine ε-Umgebung V von $f(x')$ mit $\varepsilon < a - f(x')$. Da f nach Voraussetzung stetig ist, gibt es eine δ-Umgebung U von x', für die $f(x)$ in V liegt: Für $x \in U$ gilt $f(x) \in V$. Dort ist also $f(x) < a$.
Es müßte also rechts von x' noch x-Werte mit $f(x) < a$ geben. Diese x-Werte würden daher zu T gehören. x' wäre also keine obere Schranke von T und damit auch nicht die kleinste obere Schranke. Die Annahme $f(x') < a$ führt also auf einen Widerspruch.

2. Annahme: $f(x') > a$ (Fig. 3.34)

Wir wählen eine ε-Umgebung *V* von $f(x')$ mit $\varepsilon < f(x') - a$. Wegen der Stetigkeit von f gibt es wieder eine δ-Umgebung *U* von x', für die f(x) in *V* liegt. Für alle $x \in U$ gilt also $f(x) > a$.
Da x' aber kleinste obere Schranke der Menge *T* ist, muß es andererseits beliebig nahe bei x', also in *U*, noch Werte geben, die zu *T* gehören, für die also $f(x) < a$ gilt. Die Annahme $f(x') > a$ führt daher auch auf einen Widerspruch. Es gilt also $f(x') = a$.

Zu jedem Zwischenwert $y_1 < a < y_2$ gibt es demnach eine Stelle x' mit $f(x') = a$.
Der Beweis für den Fall $y_1 > a > y_2$ verläuft ganz analog. Unsere beim Beweis verwendete Teilmenge *T* muß übrigens keineswegs ein Intervall sein, wie Fig. 3.35 zeigt.

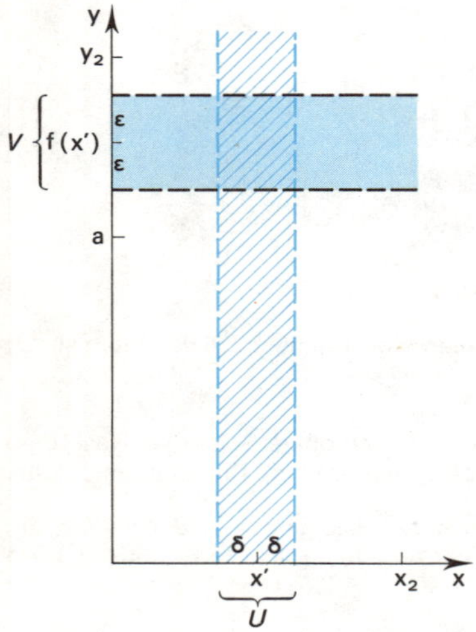

Fig. 3.34

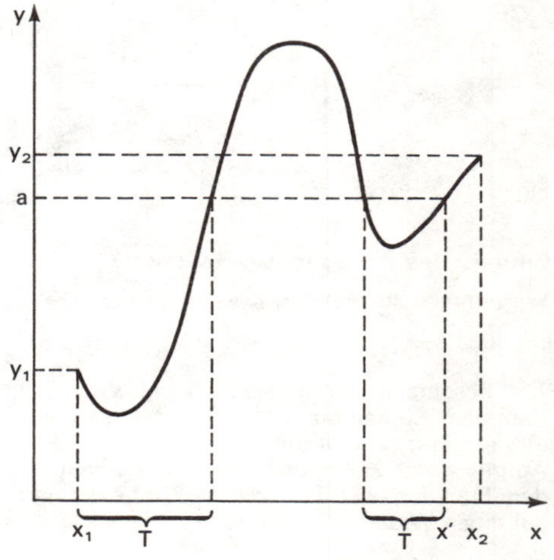

Fig. 3.35

Neben der vorausgesetzten Stetigkeit von f mußten wir bei obigem Beweis vor allem auf die Vollständigkeitseigenschaft der reellen Zahlen zurückgreifen.
Für $y_1 < 0$, $y_2 > 0$ oder umgekehrt und $a = 0$ erhält man folgenden wichtigen Sonderfall des Zwischenwertsatzes, den

Nullstellensatz für stetige Funktionen

Ist f eine in $J = [x_1; x_2]$ stetige Funktion, deren Funktionswerte an den Randpunkten x_1 und x_2 verschiedene Vorzeichen haben, so gibt es mindestens einen Wert $x' \in J$ mit $f(x') = 0$.

Ein weiterer, zur Satzgruppe über stetige Funktionen gehöriger Lehrsatz ist der wichtige

Extremwertsatz:

Eine in einem abgeschlossenen Intervall $J = [a; b]$ stetige Funktion f ist in *J* beschränkt und hat hier ein absolutes Maximum und Minimum.

Beweis:

Wir wollen zeigen, daß die Annahme, f sei in J nicht beschränkt, zu einem Widerspruch mit der vorausgesetzten Stetigkeit von f in J führt.
Ist f in J nicht beschränkt, so kann man durch Halbierung des Intervalls J zwei abgeschlossene Teilintervalle erhalten, von denen wenigstens eines die Eigenschaft hat, daß f dort nicht beschränkt ist. Durch Fortsetzung dieses Verfahrens entsteht eine Intervallschachtelung, die auf eine Stelle x_0 führt, die allen Intervallen der Schachtelung angehört (vgl. 3.2.3.). Da f in den ineinandergeschachtelten Intervallen aufgrund unserer Annahme sicher nicht beschränkt ist, ist f in jeder δ-Umgebung von x_0 nicht beschränkt.
Da $x_0 \in J$, gibt es wegen der Stetigkeit von f in J zu jedem $\varepsilon > 0$, also auch zu $\varepsilon = 1$, ein $\delta > 0$, so daß

$$|f(x) - f(x_0)| < 1 \qquad \text{für } x \in U_\delta(x_0) \cap J$$

gilt. Daraus folgt:

$$|f(x)| < |f(x_0)| + 1$$

im Widerspruch zu der Annahme, daß f in $U_\delta(x_0)$ nicht beschränkt ist. Diese Annahme trifft also nicht zu.
Ist f in J beschränkt, so daß $|f(x)| < K$ für alle $x \in J$ gilt, so hat die Wertemenge von f ein Supremum m_s und ein Infimum m_i.
Nunmehr läßt sich zeigen, daß m_s und m_i zur Wertemenge von f gehören. Wir zeigen dies für m_s.
Würde für alle $x \in J$ gelten $f(x) \neq m_s$, so wäre die Funktion

$$g\colon x \mapsto \frac{1}{m_s - f(x)}\,; \; x \in J$$

nach dem Verknüpfungssatz für stetige Funktionen ebenfalls in J stetig und damit auch beschränkt. Daraus folgt aber:

$$0 < \frac{1}{m_s - f(x)} \leqq k$$

und nach Umformung $f(x) \leqq m_s - \frac{1}{k}$. Dies aber widerspricht der Voraussetzung, daß m_s (und daher keine kleinere Zahl) Supremum von f ist. Die Gleichung $f(x) = m_s$ muß also in J erfüllbar sein.

Aufgaben

1. Beweise möglichst einfach die Stetigkeit von f in $J = [-2; 2]$!
   a) $f\colon x \mapsto x^3 - 2x + 10$ b) $f\colon x \mapsto \frac{2x}{x^2+1}$ c) $f\colon x \mapsto \frac{3x-2}{x^2 - x - 12}$
2. Hat f in $[-1; 2]$ eine Nullstelle? Begründung!
   a) $f\colon x \mapsto -x^3 + 4x + 1$; $D_f = \mathbb{R}$ b) $f\colon x \mapsto x^2 - 2$; $D_f = \mathbb{R}$
   c) $f\colon x \mapsto x^2 - 2$; $D_f = \mathbb{Q}$ d) $f\colon x \mapsto x^3 + \frac{1}{8}$; $D_f = \mathbb{Q}$
3. Gegeben ist die Funktion $f\colon x \mapsto x^3 + 2x^2 - x - 1$; $D_f = [-3; 3]$.
   Ermittle, zwischen welchen benachbarten ganzzahligen Werten von x Nullstellen liegen!
4. Zeige an einem Beispiel, daß eine stetige Funktion im offenen Intervall $]0; 1[$
   a) nicht beschränkt, b) beschränkt, aber ohne Maximum sein kann!

4. EINFÜHRUNG IN DIE DIFFERENTIALRECHNUNG

4.1. Differenzierbarkeit an einer Stelle

4.1.1. Einführende Beispiele

Unsere bisherigen Grenzwertbetrachtungen an Funktionen ermöglichen bereits eine Reihe von Aussagen über das Verhalten einer Funktion im Innern oder am Rande ihrer Definitionsmenge. Wir erhalten damit auch über den Verlauf des Funktionsgraphen gewisse Informationen. Insbesondere folgt aus der Stetigkeit einer Funktion f in einem Intervall, daß der zugehörige Graph in diesem Intervall nirgends Sprungstellen aufweist. Für viele Fragen, die sich bei der Betrachtung von Funktionen und ihrer Graphen stellen, vor allem auch im Bereich der Anwendungen in Physik und Technik, reichen jedoch diese Kenntnisse noch nicht aus, wie die folgenden Beispiele zeigen.

1. Beispiel: Graphische Darstellung einer Funktion auf Grund einer Wertetabelle

Man zeichne den Graphen G_f der Funktion f: $x \mapsto \frac{1}{2}x^3 - 2x^2 + x - 1$ in $J = [0; 4]$ mittels einer Wertetabelle.

x	0	1	2	3	4	0,5	1,5	2,5	3,5
f (x)	−1	−1,5	−3	−2,5	3	−0,94	−2,31	−3,19	−0,56

Wir erkennen zunächst, daß die Zahlenpaare mit ganzzahligen x-Werten den Verlauf des Graphen noch kaum erkennen lassen. Nach Berechnung der rot gekennzeichneten Zwischenwerte läßt sich zwar G_f schon besser zeichnen, doch sind, auch unter Berücksichtigung der Stetigkeit, noch recht verschiedenartige Möglichkeiten für den genauen Verlauf des Graphen denkbar. In Fig. 4.1 gibt eine der beiden Linien den richtigen Verlauf wieder.

Wir würden sicher mehr Gewißheit über die graphische Darstellung von f erhalten, wenn wir in jedem der errechneten Punkte angeben könnten, ob der Graph hier „steigende oder fallende Tendenz" zeigt. Außerdem wäre die Kenntnis des maximalen bzw. minimalen Funktionswerts in J für die Zeichnung von großem Nutzen. Die dazu erforderlichen geometrischen Voraussetzungen wollen wir im nächsten Beispiel erarbeiten.

Welche Eigenschaften von G_f ergeben sich auf Grund der Stetigkeit von f in J?

2. Beispiel: Geometrische Betrachtungen am Graphen: Sekanten- und Tangentensteigung

Man versuche am Beispiel des Graphen G_f von f: $x \mapsto x^2$ die Begriffe „Sekantensteigung" und „Tangentensteigung" sinnvoll zu definieren.

Wir betrachten in Fig. 4.2 zunächst die Punkte $S(0; 0)$, $A_1(1; 1)$, $A_2(2; 4)$. Es sind die Geraden SA_1, SA_2 sowie A_1A_2 Sekanten des Graphen. Als Steigung einer solchen Sekante bezeichnen wir – wie übrigens auch im Straßenbau[1] – den Tangens des „Neigungswinkels" gegen die positive x-Achse. Wir erhalten damit für die Steigung der Sekante SA_1:

$$\tan\alpha_1 = \frac{f(1) - f(0)}{1 - 0} = 1$$

Entsprechend erhalten wir für die Sekante SA_2: $\tan\alpha_2 = \frac{f(2) - f(0)}{2 - 0} = 2$ sowie für die Sekante A_1A_2: $\tan\alpha = \frac{f(2) - f(1)}{2 - 1} = 3$.

[1] Vgl. J. Kratz u. K. Wörle: Geometrie 2, § 8. Aufg. 24. sowie § 21. F. 2.

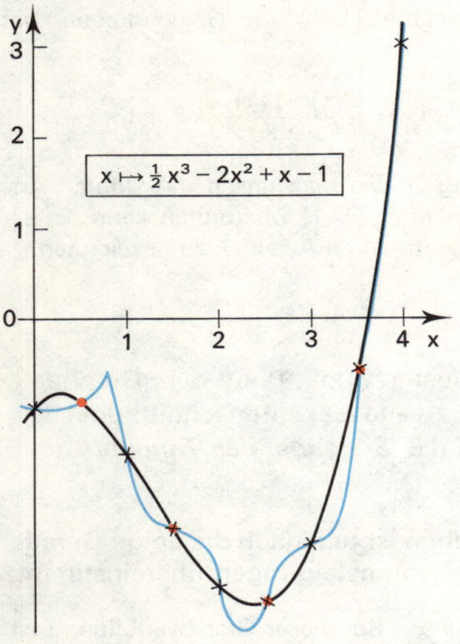

Fig. 4.1

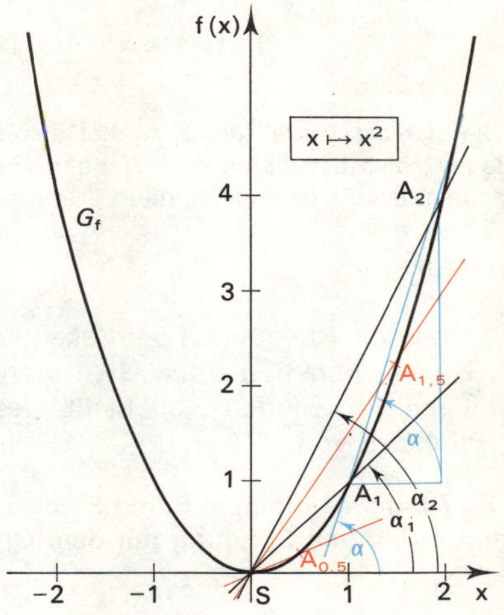

Fig. 4.2

× Definition:

Unter der *Steigung einer Geraden* AB mit $A(x_1; y_1)$ und $B(x_2; y_2)$ versteht man den Wert des Quotienten $\frac{y_2 - y_1}{x_2 - x_1}$, falls $x_2 \neq x_1$. Dieser Quotient definiert den Tangens eines Winkels α mit $0° \leqq \alpha < 180° \wedge \alpha \neq 90°$, den man den *Neigungswinkel der Geraden gegen die* x*-Achse nennt.*

Für $x_1 = x_2$, d.h. für die Parallelen zur y-Achse, ist keine Steigung definiert. Warum ist durch die vorstehende Definition der Neigungswinkel einer Geraden gegen die x-Achse *eindeutig* bestimmt?

Um von der Sekanten- zur Tangentensteigung zu gelangen, gehen wir in unserem Beispiel zunächst von der Feststellung aus, daß die Tangente im Punkt S an den Graphen von f offensichtlich die x-Achse ist, deren Steigung den Wert 0 hat.
Nun unterscheiden sich aber die Steigungen der Sekanten durch S beliebig wenig vom Wert 0, wenn nur der zweite Sekantenschnittpunkt mit G_f genügend nahe an S heranrückt, wie folgende Rechnung zeigt:

Wir setzen $x_2 = x$ mit $x \neq 0$ und erhalten:

$$\frac{f(x) - f(0)}{x - 0} = \frac{x^2}{x} = x \Rightarrow \frac{f(x) - f(0)}{x - 0} \to 0 \quad \text{mit } x \to 0$$

Der Grenzwert der Sekantensteigungen im Punkte S, wenn der zweite Sekantenschnittpunkt gegen S „wandert", ist demnach die Zahl 0, also gleich der Steigung der Tangente in S. Man könnte daher die Tangente in S als die[1] „Grenzsekante" durch S bezeichnen.

[1] Man beachte, daß es nur *eine* „Grenzsekante" geben kann, weil auch die Steigungen derjenigen Sekanten durch S, die den Graphen links von S ein zweites Mal schneiden, den Grenzwert 0 haben.

Wir wollen diese Überlegungen auch noch auf den Punkt $A_1\,(1;1)$ von G_f übertragen. Mit $B\,(x;x^2) \in G_f$ erhalten wir:

$$\frac{f(x)-f(1)}{x-1} = \frac{x^2-1}{x-1} = \frac{(x-1)(x+1)}{x-1} = x+1 \;\Rightarrow\; \frac{f(x)-f(1)}{x-1} \to 2 \text{ mit } x \to 1$$

Die „Grenzsekante" durch A_1 hat demnach die Steigung 2, wie man anschaulich durch Anlegen eines Lineals an den Graphen von $x \mapsto x^2$ im Punkte $A_1\,(1;1)$ überprüfen kann. Es erscheint auch hier sinnvoll, diese „Grenzsekante" als Tangente durch A_1 an G_f zu bezeichnen.

Definition:

> Haben die Steigungen der Sekanten durch einen festen Punkt P auf dem Graphen G_f einer Funktion f den Grenzwert m, wenn der zweite Sekantenschnittpunkt Q gegen P „wandert", so heißt dieser Grenzwert die *Steigung der Tangente* im Punkte P von G_f.

Die *Tangente* in einem Punkt P eines Funktionsgraphen ist demnach diejenige Gerade durch P, deren Steigung mit dem Grenzwert der Sekantensteigungen übereinstimmt.

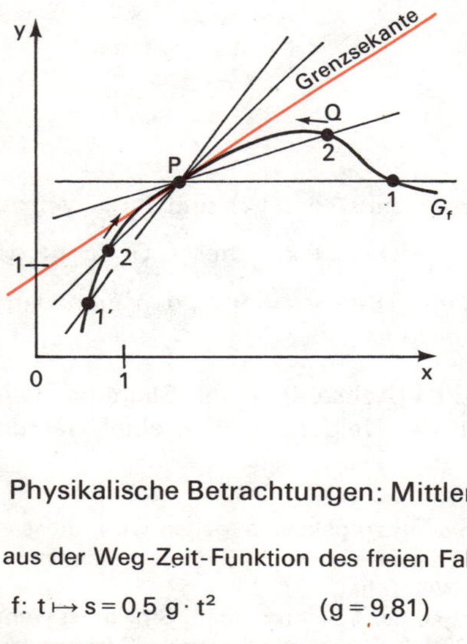

Fig. 4.3

Bei dieser Grenzwertbildung ist zu beachten, daß der zweite Sekantenschnittpunkt Q sowohl „rechts" als auch „links" von P liegen kann. Die „Wanderung" gegen P muß also von *beiden* Seiten zur gleichen „Grenzsekante" und damit zum gleichen Grenzwert führen. Vergleiche dazu Fig. 4.3.

Sonderfall: Ist der Graph eine gerade Linie, dann ist die Steigung in jedem ihrer Punkte konstant, und zwar gleich der Steigung der „Sekante" durch zwei beliebige Punkte dieser Geraden.

3. Beispiel: **Physikalische Betrachtungen: Mittlere und momentane Geschwindigkeit**

Wie kann man aus der Weg-Zeit-Funktion des freien Falls (ohne Luftwiderstand)

$$f\colon t \mapsto s = 0{,}5\,g \cdot t^2 \qquad (g = 9{,}81)$$

Aufschlüsse über die Momentangeschwindigkeit in einem bestimmten Zeitpunkt t_1 nach Beginn der Fallbewegung erhalten?

Wir berechnen zunächst die mittlere Geschwindigkeit $\overline{v}$ während der Fallzeit $\Delta t = t_2 - t_1$. Sie ergibt sich als Quotient aus dem in dieser Zeit zurückgelegten Fallweg Δs und der Fallzeit Δt zu

$$\overline{v} = \frac{\Delta s}{\Delta t} = \frac{s_2 - s_1}{t_2 - t_1} = \frac{f(t_2) - f(t_1)}{t_2 - t_1} = \frac{0{,}5\,gt_2^2 - 0{,}5\,gt_1^2}{t_2 - t_1} = 0{,}5\,g\,(t_2 + t_1)\,.$$

Machen wir die Fallzeit Δt genügend klein, so unterscheidet sich $t_2 = t_1 + \Delta t$ von t_1 so wenig, daß wir $\overline{v}$ ohne nennenswerten Fehler mit $0{,}5\,g\,(t_1 + t_1) = gt_1$ angeben können. Mit anderen Worten heißt dies:

$$\lim_{\Delta t \to 0} \frac{\Delta s}{\Delta t} = \lim_{\Delta t \to 0} \frac{0{,}5\,g\,\Delta t\,(t_1 + \Delta t + t_1)}{\Delta t} = \lim_{\Delta t \to 0} 0{,}5\,g\,(2t_1 + \Delta t) = gt_1$$

Da sich die mittlere Geschwindigkeit $\overline{v}$ in der Zeitspanne Δt von der Momentangeschwindigkeit v im Zeitpunkt t_1 beliebig wenig unterscheidet, wenn nur Δt genügend klein ist, definiert der Grenzwert gt_1 die Momentangeschwindigkeit, die ein fallender Körper mit Ablauf der Fallzeit t_1 erreicht hat. Wir erhalten also $v = gt_1$.
Inwiefern ist die mathematische Problemstellung im 2. und 3. Beispiel die gleiche? Welcher Zusammenhang besteht mit dem 1. Beispiel?

Aufgaben

1. Bestimme für den Graphen der Funktion f: $x \mapsto x^2$ die Sekantensteigung zwischen zwei Punkten P und Q des Graphen mit den folgenden Intervallen $[x_P; x_Q]$ $(a \in \mathbb{R}^+)$:

Intervall $[x_P; x_Q]$	$[-2; 1]$	$[-2; -1{,}9]$	$[-2{,}1; -2]$	$[-2-a; -2+a]$
Steigung der Sekante PQ				

Welche Steigung hat die Tangente im Punkte P(−2; ?) an den Graphen von f?

2. Bei den folgenden Funktionen f mit der Gleichung $y = f(x)$ und mit $D_f = \mathbb{R}$ soll im Punkte $P(2; ?) \in G_f$ die Tangentensteigung berechnet werden:
a) $y = (x+2)^2$ b) $y = 2x^2 - 3$ c) $y = 0{,}5x^2 - 3x + 1$

3. Es sei t die Tangente an den Graphen G_f einer Funktion f im Punkt $P \in G_f$. Dann wird das Lot zu t durch den Punkt P die *Normale* von G_f durch P genannt.
a) Welchen Neigungswinkel gegen die x-Achse hat die Normale, wenn der Neigungswinkel der zugehörigen Tangente mit α bezeichnet wird? Unterscheide die Fälle $\alpha < 90°$ und $\alpha > 90°$!
b) Welche Normalensteigung ergibt sich in $P(1; ?) \in G_f$ für f: $x \mapsto 2x^2 - 4$?

Anleitung: Man hat zunächst die Tangentensteigung $\tan\alpha$ im Punkte P zu berechnen. Für die Ermittlung der Normalensteigung muß $\tan(\alpha + 90°)$ bzw. $\tan(\alpha - 90°)$ auf $\tan\alpha$ zurückgeführt werden. Dies geschieht durch die Formel

$$\tan\varphi = \frac{\sin\varphi}{\cos\varphi}$$

unter Verwendung der Additionstheoreme des Sinus und Kosinus.

c) Beweise allgemein:
Bezeichnet $m_t \neq 0$ die Tangentensteigung und m_n die Normalensteigung in einem Punkt P des Graphen einer Funktion, so gilt die Gleichung:

$$\boxed{m_t \cdot m_n = -1}$$

Hieraus läßt sich m_n berechnen, wenn m_t bekannt ist.

4. Die Bewegung eines Fahrzeugs erfolgt im Zeitintervall [0; 60], d.h. für $0 \leqq t \leqq 60$, nach der Weg-Zeit-Funktion

$$f: t \mapsto s = \tfrac{5}{18} t^2$$

Die Maßzahlen t und s beziehen sich auf die Einheiten 1 s bzw. 1 m, womit sich für die Größe des Zahlenfaktors die Einheit $1\ \mathrm{m} \cdot \mathrm{s}^{-2}$ ergibt.
a) Welche Momentangeschwindigkeit ergibt sich 30 s nach Beginn dieser Bewegung?
b) Welche Momentangeschwindigkeit hat der Wagen zum Zeitpunkt $t = 60$?
c) In wieviel Sekunden wird das Fahrzeug auf die Geschwindigkeit $20\ \mathrm{m} \cdot \mathrm{s}^{-1}$ gebracht?

5. Fig. 4.4 zeigt, wie man mit Hilfe eines Spiegellineals[1] in einem Punkt P des Graphen G_f der Funktion f: $x \mapsto f(x)$ die Normale (vgl. Aufg. 3) gezeichnet werden kann.
   a) Begründe dieses Verfahren!
   b) Wie erhält man nach diesem Verfahren die Tangente durch P an G_f?

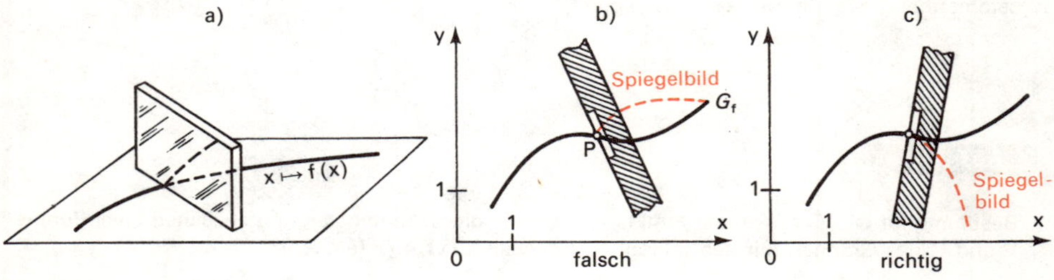

Fig. 4.4

4.1.2. Die Differenzierbarkeit einer Funktion

Die vorausgegangenen Beispiele haben uns in anschaulicher Weise an einen neuen Grenzwertprozeß für Funktionen herangeführt, den wir jetzt verallgemeinern wollen. Gegeben sei eine Funktion f: $x \mapsto f(x)$ mit der Definitionsmenge D_f. Außerdem sei $x_0 \in D_f$. Dann heißt der Term $f_{(x_0)}(x)$ mit

$$f_{(x_0)}(x) := \frac{f(x) - f(x_0)}{x - x_0}, \quad (x \in D_f \setminus \{x_0\})$$

der *Differenzenquotient von* f(x) *bezüglich* x_0. Er definiert in $D_f \setminus \{x_0\}$ eine Funktion $f_{(x_0)}$, die wir die *Differenzenquotientenfunktion zu* f *bezüglich* x_0 nennen wollen.

Beispiel: Für f: $x \mapsto x^2 - x$, $(D_f = \mathbb{R})$ ergibt sich für die Differenzenquotientenfunktion zu f bezüglich $x_0 = 2$:

$$f_{(2)}: x \mapsto \frac{f(x) - f(2)}{x - 2} = \frac{x^2 - x - 2}{x - 2} \qquad (D_{f_{(2)}} = \mathbb{R} \setminus \{2\}).$$

Definition der Differenzierbarkeit einer Funktion (1. Fassung):

Eine Funktion f: $x \mapsto f(x)$ heißt *an der Stelle* $x_0 \in D_f$ *differenzierbar*, wenn der Differenzenquotient von f(x) bzgl. x_0 für $x \to x_0$ mit $x \in D_f$ einen Grenzwert hat.

Wir bringen in diesem Zusammenhang nochmals in Erinnerung, daß eine Grenzwertbetrachtung für den Funktionsterm $f_{(x_0)}(x)$ an der Stelle x_0 voraussetzt, daß *jede* punktierte δ-Umgebung von x_0 wenigstens ein Element von D_f enthält[2]. Wir schreiben dafür auch kurz:

$$D_f \cap U_\delta^*(x_0) \neq \emptyset \qquad \text{für } \textit{jedes } \delta > 0$$

Der Grenzwert des Differenzenquotienten von f(x) bezüglich x_0 heißt der *Differentialquotient*[3] oder die *Ableitung der Funktion* f *an der Stelle* x_0. Man bezeichnet diesen

[1] Es genügt ein Lineal, dessen Kante mit einem Stanniolstreifen beklebt ist.

[2] Bei vielen für die Schule in Betracht kommenden Untersuchungen kann man von der einschränkenden Voraussetzung ausgehen, daß es ein $\delta > 0$ mit $U_\delta(x_0) \subset D_f$ gibt.

[3] Die Bezeichnung stammt aus den Anfängen der Differentialrechnung. Sie soll lediglich daran erinnern, daß es sich um den Grenzwert eines Quotienten handelt.

Grenzwert – sofern er existiert – mit $f'(x_0)$. Es gilt:

$$f'(x_0) = \lim_{x \to x_0} \frac{f(x) - f(x_0)}{x - x_0} = \lim_{x \to x_0} f_{(x_0)}(x) \quad \text{mit } x \in D_f$$

Für den Nachweis, daß eine Funktion f an der Stelle x_0 differenzierbar ist und für die Berechnung der Ableitung $f'(x_0)$ ist es oft zweckmäßig, vor allem wenn es ein $\delta > 0$ mit $U_\delta(x_0) \subset D_f$ gibt, die Variable x durch $x_0 + h$ zu ersetzen. Es gilt dann:

$$f'(x_0) = \lim_{h \to 0} \frac{f(x_0 + h) - f(x_0)}{h} \quad \text{mit } 0 < |h| < \delta.$$

Man beachte, daß h im allgemeinen positive *und* negative reelle Zahlen vertritt.

Beispiel: Für $f(x) = x^2 - x$ in $D_f = \mathbb{R}$ gilt für $x_0 = 2$: $f'(2) = 3$, weil

$$\lim_{h \to 0} \frac{(2+h)^2 - (2+h) - 2}{h} = \lim_{h \to 0} \frac{h^2 + 3h}{h} = \lim_{h \to 0} (h + 3) = 3.$$

Hier brauchen übrigens die beiden Fälle $h > 0$ und $h < 0$ nicht gesondert untersucht zu werden. Beachte, daß wegen $h \neq 0$ durch h dividiert werden darf!

Aufgrund der geometrischen Betrachtungen im 2. Beispiel zu Ziffer 4.1.1. läßt sich die Ableitung von f, also der Zahlenwert $f'(x_0)$, geometrisch als die Steigung der Tangente im Punkte $P(x_0; f(x_0))$ des Graphen G_f von f deuten.

In unserem Beispiel (vgl. auch Fig. 4.5) folgt aus $f'(2) = 3$, daß die Tangente in P(2; 2) die Steigung 3 hat. Der Neigungswinkel α dieser Tangente gegen die x-Achse ergibt sich demnach aus der Gleichung $\tan \alpha = 3$ zu $\alpha \approx 71{,}6°$.

Fig. 4.5 zeigt auch, wie man mit Hilfe eines rechtwinkligen Dreiecks, das man als ein *Neigungsdreieck* der Tangente bezeichnet, die Tangente in P zeichnen kann. Die Maßzahl der „vertikalen" Kathete beträgt $f'(2) = 3$, die der „horizontalen" Kathete ist 1.

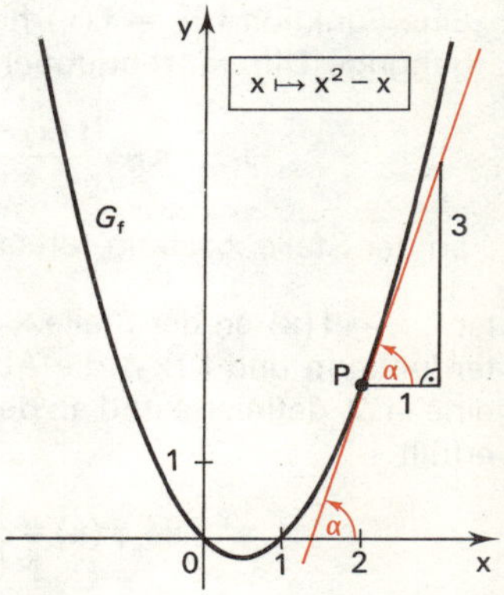

Fig. 4.5

Allgemein gilt die folgende Definition:

Hat eine Funktion f mit der Definitionsmenge D_f an der Stelle $x_0 \in D_f$ die Ableitung $f'(x_0)$, so definiert die Gleichung $f'(x_0) = \tan \alpha$ den Neigungswinkel α der Tangente gegen die x-Achse im Punkt $P(x_0; f(x_0))$ von G_f.

Bemerkungen

(1) Die Definition der Differenzierbarkeit einer Funktion f an der Stelle $x_0 \in D_f$ sagt nichts darüber aus, ob x_0 eine Stelle im Innern oder am Rande von D_f bezeichnet. Liegt x_0 innerhalb von D_f, so muß die Grenzwertbildung bei links- *und* rechtsseitiger Annäherung an x_0 zum *gleichen* Grenzwert führen. Andernfalls ist f an einer inneren Stelle x_0 von D_f nicht differenzierbar. Man vergleiche auch 4.1.3. Setzt man $x := x_0 + h$, so ist demnach bei der Grenzwertbildung zwischen $h > 0$ und $h < 0$ zu unterscheiden. An einer Randstelle von D_f kommt dagegen nur eine einseitige Annäherung innerhalb von D_f, also entweder nur $h > 0$ oder $h < 0$, in Betracht.

(2) An einer isolierten Stelle x_0 ist f offensichtlich nicht differenzierbar.

(3) Der Begriff der Differenzierbarkeit verliert für eine Funktion f an denjenigen Stellen $x_0 \in D_f$, in deren Umgebung der Differenzenquotient über alle Grenzen wächst, seinen Sinn. Im allgemeinen hat der Graph G_f in einem solchen Falle an derartigen Stellen eine zur x-Achse senkrechte „Grenzsekante", die man als *vertikale Tangente* bezeichnet. Für eine vertikale Tangente ist nach dem früher Gesagten keine Steigung definiert.

(4) Wie das 3. Beispiel in Ziffer 4.1.1. zeigt, wird zuweilen, vor allem bei Anwendungsaufgaben, für $f(x) - f(x_0)$ bzw. für $f(x_0 + h) - f(x_0)$ als Differenz zweier y-Werte abgekürzt Δy geschrieben. Entsprechend ist $\Delta x := x - x_0 = h$ definiert. Man schreibt dann vereinfacht:

$$f'(x_0) = \lim_{\Delta x \to 0} \frac{\Delta y}{\Delta x}$$

Der Nachteil dieser Schreibweise ist, daß hier x_0 nicht mehr im Differenzenquotienten auftritt.

Wir können die Differenzierbarkeit einer Funktion f an der Stelle $x_0 \in D_f$ auch als die *stetige Fortsetzbarkeit*[1] der Funktion $f_{(x_0)}$ in x_0 deuten. Wir erhalten dann eine gleichwertige zweite Fassung der Differenzierbarkeitsdefinition.

Definition der Differenzierbarkeit einer Funktion (2. Fassung):

Eine Funktion $f: x \mapsto f(x)$ heißt an der Stelle $x_0 \in D_f$ differenzierbar, wenn die zugehörige Differenzenquotientenfunktion

$$f_{(x_0)}: x \mapsto \frac{f(x) - f(x_0)}{x - x_0} \quad \text{mit } D = D_f \setminus \{x_0\}$$

an der Stelle x_0 stetig fortsetzbar ist.

Ist $f: x \mapsto f(x)$ an der Stelle x_0 differenzierbar, $f_{(x_0)}$ die zugehörige Differenzenquotientenfunktion und $f'(x_0)$ die Ableitung von f an der Stelle x_0, so gibt es offensichtlich eine in D_f definierte und an der Stelle x_0 *stetige* Funktion φ, die folgende Bedingungen erfüllt:

$$\varphi: x \mapsto \varphi(x) = \begin{cases} f_{(x_0)}(x) & \text{für } x \in D_f \setminus \{x_0\} \\ f'(x_0) & \text{für } x = x_0 \end{cases}$$

Die Funktion φ stimmt also für alle von x_0 verschiedenen x-Werte aus der Definitionsmenge von f mit der Differenzenquotientenfunktion von f bezüglich x_0 überein. Sie ist an der Stelle x_0 stetig, weil $\varphi(x_0)$ mit $\lim\limits_{x \to x_0} \varphi(x) = f'(x_0)$ übereinstimmt.

Damit ist für f(x) der folgende Ansatz möglich:

$$f(x) = f(x_0) + (x - x_0)\,\varphi(x) \qquad (x \in D_f)$$

Bemerkung: Für $x \in D_f \wedge x \neq x_0$ folgt die Gleichung aus

$$\varphi(x) = \frac{f(x) - f(x_0)}{x - x_0}$$

durch eine einfache Umformung. Für $x = x_0$ ist dagegen die Gültigkeit der Gleichung durch Einsetzen unmittelbar ablesbar.

[1] Man beachte die Definition in 3.4.3.

Gilt umgekehrt für eine Funktion f mit der Definitionsmenge D_f und $x_0 \in D_f$ der Ansatz $f(x) = f(x_0) + (x - x_0)\varphi(x)$, wobei die Funktion φ in D_f definiert und bei x_0 stetig ist und für jedes $\delta > 0$ die Bedingung $D_f \cap U^*_\delta(x_0) \neq \emptyset$ erfüllt ist, so folgt daraus:

$$\lim_{x \to x_0} \varphi(x) = \lim_{x \to x_0} \frac{f(x) - f(x_0)}{x - x_0} = \varphi(x_0) \text{ mit } x \in D_f \setminus \{x_0\}$$

Dies aber ist nach den beiden Fassungen der Differenzierbarkeitsdefinition gleichbedeutend mit der Feststellung, daß f bei x_0 differenzierbar ist und die Ableitung $f'(x_0) = \varphi(x_0)$ hat. Daraus folgt der wichtige

Satz:

Eine Funktion f ist an der Stelle $x_0 \in D_f$ dann und nur dann differenzierbar, wenn $D_f \cap U^*_\delta(x_0) \neq \emptyset$ für jedes $\delta > 0$ gilt und wenn es eine in D_f definierte und an der Stelle x_0 stetige Funktion φ gibt, so daß für alle $x \in D_f$ die Gleichung

$$f(x) = f(x_0) + (x - x_0)\varphi(x)$$

erfüllt ist.

Wir nennen diese Gleichung den *Differenzierbarkeitsansatz* von f an der Stelle x_0. Er erweist sich beim Beweis vieler Sätze der Differentialrechnung als nützlich. Für die Berechnung der Ableitung ist er allerdings ungeeignet.

Wir erläutern den Sachverhalt an weiteren Beispielen.

1. Beispiel: Für $f: x \mapsto x^2$ mit $D_f = \mathbb{R}$ erhält man allgemein für x_0:

$$f_{(x_0)}: x \mapsto \frac{x^2 - x_0^2}{x - x_0} \text{ mit } x \in U^*_\delta(x_0)$$

Wegen der Umformung $(x^2 - x_0^2) : (x - x_0) = x + x_0$ gilt für die gesuchte Funktion φ: $\varphi(x) = x + x_0$ mit $D_f = \mathbb{R}$, die offensichtlich in x_0 stetig ist. Es ergibt sich dann:

$$f'(x_0) = \lim_{x \to x_0} f_{(x_0)}(x) = \lim_{x \to x_0} \varphi(x) = \lim_{x \to x_0} (x + x_0) = 2x_0 = \varphi(x_0)$$

Der Differenzierbarkeitsansatz für f an der Stelle x_0 lautet:

$$f(x) = x_0^2 + (x - x_0)(x + x_0),$$

woraus sich durch Umformung wieder die Ausgangsgleichung $f(x) = x^2$ ergibt.

In unserem Beispiel hängt der Term $\varphi(x)$ von der Wahl der Stelle x_0 ab; das heißt, zu zwei verschiedenen Werten x_0 gehören verschiedene Funktionen φ. Man müßte also eigentlich die zu x_0 gehörende Funktion φ durch einen Index, etwa durch $\varphi_{(x_0)}$ kennzeichnen, doch wollen wir davon i. a. absehen.
Man sagt, die Menge aller zu einer Funktion f gehörenden Funktionen φ bildet eine *Funktionenschar* mit dem *Scharparameter* x_0, wenn die Werte von x_0 alle zulässigen[1]

[1] Das heißt: Es kommen nur Werte von x_0 in Betracht, für die $f'(x_0)$ existiert.

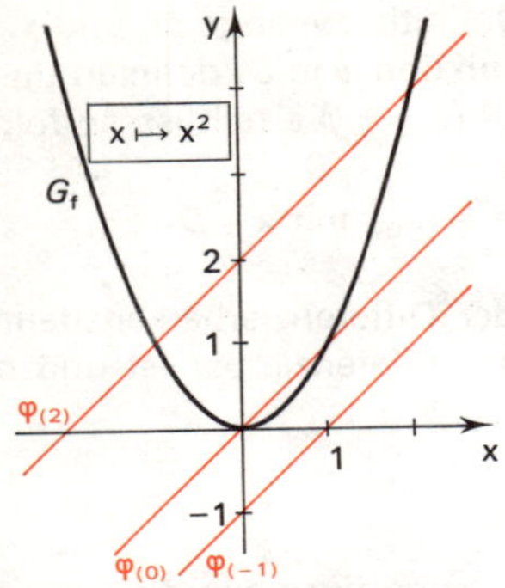

Fig. 4.6

Werte von D_f durchlaufen. In Fig. 4.6 ist zu f: $x \mapsto x^2$ für $x_0 = -1$, $x_0 = 0$ und $x_0 = 2$ der Graph der jeweiligen Funktion φ eingetragen.

Bemerkung: Bei Anwendung der Substitution $x := x_0 + h$ muß die stetige Fortsetzbarkeit der Funktion

$$\bar{f}_{(x_0)}: h \mapsto \frac{2hx_0 + h^2}{h}$$

an der Stelle $h = 0$ untersucht werden. Die zugehörige stetige Fortsetzung $\bar{\varphi}$ wird durch

$$\bar{\varphi}: h \mapsto 2x_0 + h$$

beschrieben. Es gilt ebenfalls $\bar{\varphi}(0) = 2x_0$.

2. Beispiel: Die Funktion f: $x \mapsto \sin x$ mit $D_f = \mathbb{R}$ soll an der Stelle 0 auf Differenzierbarkeit untersucht werden. Was ergibt gegebenenfalls $f'(0)$?

Lösung: Die Differenzenquotientenfunktion $f_{(0)}: x \mapsto \frac{\sin x}{x}$ ist wegen Ziffer 3.3.2. an der Stelle 0 stetig fortsetzbar. Es gilt:

$$\varphi(x) = \begin{cases} \frac{\sin x}{x} & \text{für } x \neq 0 \\ 1 & \text{für } x = 0. \end{cases}$$

Daraus folgt: $f'(0) = 1$.

4.1.3. Der Zusammenhang zwischen Stetigkeit und Differenzierbarkeit

Wir haben in 4.1.2. als Beispiele nur solche Funktionen f betrachtet, die an der jeweils angegebenen Stelle x_0 ihrer Definitionsmenge differenzierbar sind. Wir wollen nun ein erstes Gegenbeispiel kennenlernen: Dazu untersuchen wir die Heavisidefunktion H: $x \mapsto H(x)$; $D_H = \mathbb{R}$ an der Stelle x_0 auf Differenzierbarkeit. Wegen

$$H(x) = \begin{cases} 1 & \text{für } x > 0 \\ 0 & \text{für } x \leqq 0 \end{cases}$$

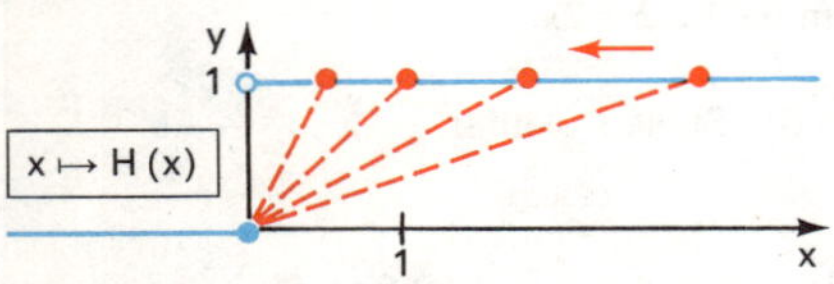

Fig. 4.7

ergibt sich für den Differenzenquotienten von H in $U_\delta^*(0)$:

$$H_{(0)}(h) = \frac{H(h) - H(0)}{h} = \begin{cases} \frac{0-0}{h} = 0 & \text{für } h < 0 \\ \frac{1-0}{h} = \frac{1}{h} & \text{für } h > 0 \end{cases}$$

Man sieht sofort, daß der Differenzenquotient von H in $U_\delta^*(0)$ für $h \to 0$ *keinen Grenzwert* hat, weil $\lim_{h \to 0-0} H_{(0)}(h) = 0$ und $H_{(0)}(h) \to \infty$ mit $h \to 0+0$ gilt. Dieses Ergebnis ist natürlich auch unmittelbar am Graphen von H auf Grund der geometrischen Deutung der Differenzierbarkeit ablesbar (Fig. 4.7).

Da die Funktion H an der untersuchten Stelle ihrer Definitionsmenge auch nicht stetig ist, liegt die Vermutung nahe, daß die Stetigkeit einer Funktion eine notwendige Bedingung für ihre Differenzierbarkeit ist. Tatsächlich gilt der

Satz:

Eine an der Stelle x_0 differenzierbare Funktion ist dort stetig.

Beweis:

Nach dem Differenzierbarkeitsansatz in 4.1.2. gilt

$$f(x) = f(x_0) + (x - x_0)\,\varphi(x) \qquad \text{mit } x \in D_f.$$

Da φ in x_0 stetig und daher beschränkt ist, ergibt sich nach dem Satz über den Grenzwert von Summe und Produkt sofort $\lim\limits_{x \to x_0} f(x) = f(x_0)$, w.z.b.w.

Der Beweis läßt vermuten, daß die Stetigkeit *keine hinreichende Bedingung* für die Differenzierbarkeit ist; denn $\lim\limits_{x \to x_0} f(x) = f(x_0)$ gilt z. B. auch noch dann, wenn φ in D_f beschränkt ist, aber für $x \to x_0$ keinen Grenzwert hat. In der Tat gibt es bei x_0 stetige Funktionen f, die dort nicht differenzierbar sind, wie folgende Beispiele zeigen:

1. Beispiel: Die Funktion $f: x \mapsto |x|$ (Betragsfunktion) ist in $D_f = \mathbb{R}$ überall stetig. Dennoch gilt für $x_0 = 0$:

$$f_{(0)}(x) = \frac{|x| - 0}{x - 0} = \begin{cases} 1 & \text{für } x > 0 \\ -1 & \text{für } x < 0 \end{cases}$$

$f_{(0)}$ ist zwar für $x \neq 0$ beschränkt; es existiert jedoch für $x \to 0$ kein Grenzwert (Fig. 4.8).

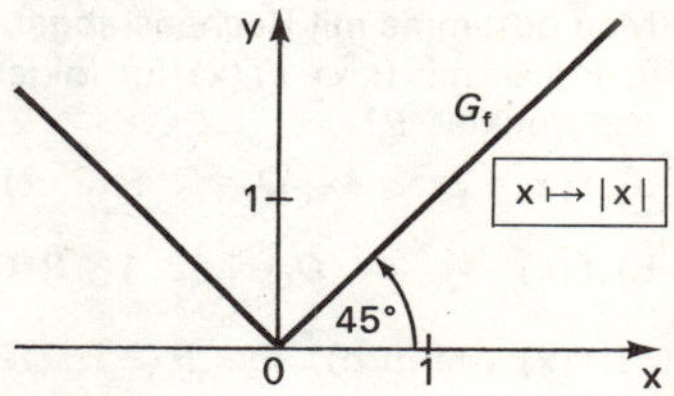

Fig. 4.8

2. Beispiel: Gegeben ist die Funktion $f: x \mapsto f(x)$; $D_f = \mathbb{R}$ mit

$$f(x) = \begin{cases} x \sin \frac{1}{x} & \text{für } x \neq 0 \\ 0 & \text{für } x = 0 \end{cases}$$

Wie wir schon in 3.3.1. (vgl. Fig. 3.16) sahen, ist f an der Stelle 0 stetig. Dagegen gilt für die Differenzenquotientenfunktion $f_{(0)}$:

$$f_{(0)}(x) = \frac{x \sin \frac{1}{x}}{x} = \sin \frac{1}{x} \qquad \text{für } x \neq 0$$

Wie wir bereits von früher her wissen (vgl. Ziffer 3.3.1. und Fig. 3.15), hat $f_{(0)}(x)$ für $x \to 0$ keinen Grenzwert. Auch hier ist aber der Term für $x \neq 0$ beschränkt. Um dieses Ergebnis geometrisch zu verstehen, ist zu bedenken, daß der Graph von f in jeder Umgebung von 0 unbeschränkt viele Richtungsänderungen erfährt, obwohl die Schwankungsbreite gegen Null konvergiert.

Zusammenfassend stellen wir fest:

Die Menge der an einer Stelle x_0 differenzierbaren Funktionen ist eine echte Teilmenge der Menge der dort stetigen Funktionen.

Bemerkungen

(1) Man kann Funktionen definieren, die in einem ganzen Intervall stetig, aber an keiner Stelle dieses Intervalls differenzierbar sind.

(2) In den beiden letzten Beispielen ist offensichtlich an der Stelle 0 kein Differenzierbarkeitsansatz von f möglich, weil man keine Funktion φ mit $\varphi(x) = f_0(x)$ in $D_f \setminus \{0\}$ angeben kann, die an der Stelle 0 stetig ist, welchen Zahlenwert man auch für $\varphi(0)$ wählt.

Aufgaben

1. Bilde für die folgenden Funktionen f: $x \mapsto f(x)$; $D_f = \mathbb{R}$ in einer punktierten Umgebung von x_0 den Differenzenquotienten und bringe ihn auf eine möglichst einfache Form:

   a) $f(x) = mx + n$, $x_0 = 0$ b) $f(x) = (2x - 3)^2$, $x_0 = 1$

   c) $f(x) = x^3$, $x_0 = a$ d) $f(x) = 2\sin x$, $x_0 = \frac{\pi}{2}$

   e) $f(x) = \sin 2x$, $x_0 = \frac{\pi}{2}$ f) $f(x) = \cos x$, $x_0 = 0$

2. Welche Ableitung haben die Funktionen in Aufgabe 1 an der jeweils angegebenen Stelle x_0? Deute das Ergebnis anhand des zugehörigen Graphen!

3. Man bestimme mit Rechenstabgenauigkeit den Neigungswinkel der Tangente gegen die x-Achse in $P \in G_f$ mit f: $x \mapsto f(x)$ für folgende Fälle. Skizziere jeweils G_f in einer geeigneten Umgebung des Punktes P!

   a) $f(x) = 2x^2 - 4x$; $D_f = \mathbb{R}$, P (2; ?)

   b) $f(x) = \frac{x}{1-x}$; $D_f = [-2; 1[$, P (0; ?)

   c) f (x) wie in b), aber P (−1; ?)

   d) $f(x) = \frac{1}{1+x^2}$; $D_f = \mathbb{R}$, P (2; ?)

4. Man untersuche die folgenden Funktionen auf Differenzierbarkeit an der jeweils angegebenen Stelle x_0:

   a) $f: x \mapsto \begin{cases} x & \text{für } -1 \leqq x \leqq 1 \\ x^2 - x & \text{für } x > 1 \end{cases}$ $\quad x_0 = 1$

   b) $f: x \mapsto \begin{cases} x & \text{für } -\infty < x < 0 \\ 1 - x & \text{für } x \geqq 0 \end{cases}$ $\quad x_0 = 0$

   c) $f: x \mapsto \begin{cases} 1 + x^2 & \text{für } x \leqq -1 \\ 1 - x & \text{für } x > -1 \end{cases}$ $\quad x_0 = -1$

   Wie läßt sich das Ergebnis der jeweiligen Differenzierbarkeitsuntersuchung am Graphen der Funktion veranschaulichen?

5. Prüfe durch rechtsseitige Annäherung $x \to 0$, ob zu den beiden Funktionen f: $x \mapsto x\sqrt{x}$ und g: $x \mapsto \sqrt{x}$ mit der gemeinsamen Definitionsmenge $D = \{x \mid x \geqq 0\}$ bei $x_0 = 0$ die Ableitung existiert!

6. Es sei die Funktion φ: $x \mapsto \varphi(x)$ in einer Umgebung von 0 definiert und an der Stelle 0 stetig. Man beweise, daß die Funktion f: $x \mapsto x \cdot \varphi(x)$ an der Stelle 0 differenzierbar ist. Muß in jedem Fall die Stetigkeit von φ an der Stelle 0 vorausgesetzt werden?

7. Warum ist die Funktion f: $x \mapsto f(x)$ mit

$$f(x) = \begin{cases} 2x^2 \sin \frac{1}{x} & \text{für } x \neq 0 \\ 0 & \text{für } x = 0 \end{cases}$$

an der Stelle $x_0 = 0$ differenzierbar? Berechne den Wert der Ableitung!

Vermischte Aufgaben

8. Gegeben sind die Funktionen f: $x \mapsto x^2 + 2x + 1$ und g: $x \mapsto ax^2 - \frac{1}{2}x + 1$ in $D = \mathbb{R}$. Man zeige, daß sich G_f und G_g in S (0; ?) für jedes $a \in \mathbb{R}$ orthogonal schneiden (d.h.: die beiden Tangenten in S stehen aufeinander senkrecht). Wie ist der Fall $a = 0$ zu deuten?

9. Gegeben ist eine Funktion f: $x \mapsto f(x)$; $D_f = \mathbb{R}$, für die gilt:

$$x - x^2 \leqq f(x) \leqq x + x^2 \qquad \text{für alle } x \in \mathbb{R}$$

Warum hat jede Funktion f, deren Term f (x) der oben genannten Ungleichung genügt, an der Stelle $x_0 = 0$ eine Ableitung? Welcher Wert ergibt sich für $f'(0)$? Man vergleiche Aufgabe 4 in 3.4.2.

10. Beispiel einer Funktion mit einer isolierten Differenzierbarkeitsstelle

Es ist zu zeigen, daß die folgende in $\mathbb{R}$ definierte Funktion

$$f: x \mapsto \begin{cases} x^2 & \text{für } x \in \mathbb{Q} \\ 0 & \text{für } x \in \mathbb{R} \setminus \mathbb{Q} \end{cases}$$

nur an der Stelle $x_0 = 0$ differenzierbar ist.

Beachte: Dieses Ergebnis ist besonders bemerkenswert, weil f nur an der Stelle $x_0 = 0$ stetig ist.

11. Gegeben ist die Funktion f: $x \mapsto \sqrt{|1 - x^2|}$ mit der maximal zulässigen Definitionsmenge D_f.

a) Man bestimme D_f und schreibe f als abschnittsweise definierte Funktion ohne Verwendung von Absolutstrichen.

b) Wie lautet die Ableitung von f an der Stelle $x_0 = 0$?

c) Man überprüfe f an den Stellen $x_1 = 1$ und $x_2 = -1$ auf Differenzierbarkeit. Wie ist das Ergebnis geometrisch zu deuten?

d) Man skizziere G_f in [− 3; 3] mit Hilfe einer Wertetabelle und der in b) und c) gewonnenen Ergebnisse.

4.2. Differenzierbarkeit in einer Menge

4.2.1. Definitionen

Im 1. Beispiel zu Ziffer 4.1.2. ergab sich als Ableitung der Funktion f: $x \mapsto x^2$ an der Stelle x_0 der Term $f'(x_0) = 2x_0$. Dies gilt für jedes $x_0 \in D_f = \mathbb{R}$, da keine zusätzlichen Bedingungen an x_0 geknüpft worden sind. Die Funktion f: $x \mapsto x^2$ ist demnach an jeder Stelle der Definitionsmenge D_f differenzierbar. Man sagt dafür auch: f ist in D_f differenzierbar. Allgemein gilt die

Definition:

Eine Funktion, die an jeder Stelle eines offenen oder abgeschlossenen Intervalls differenzierbar ist, heißt *in diesem Intervall differenzierbar*.

Zum Nachweis der Differenzierbarkeit einer Funktion f im Intervall J genügt es, die Differenzierbarkeit für beliebiges $x_0 \in J$ aufzuzeigen.

× Definition:

Die Menge aller x-Werte aus der Definitionsmenge einer Funktion f, in denen f differenzierbar ist, heißt die *Differenzierbarkeitsmenge* oder der *Differenzierbarkeitsbereich* D'_f von f.

D'_f ist immer eine Teilmenge von D_f. Wie die Aufgaben 10 und 11 zu 4.1.3. zeigen, braucht D'_f im allgemeinen kein Intervall zu sein.

Da jedem x-Wert aus dem Differenzierbarkeitsbereich einer Funktion f eindeutig die Ableitung von f an dieser Stelle zugeordnet ist, können wir f' (x) als den Term einer neuen Funktion $f': x \mapsto f'(x)$ deuten. Es gilt $D_{f'} = D'_f$.

× Definition:

Die zu einer Funktion f im Differenzierbarkeitsbereich D'_f definierte Funktion $f': x \mapsto f'(x)$ heißt die *Ableitungsfunktion* von f.

Soweit Mißverständnisse ausgeschlossen sind, werden wir gelegentlich statt Ableitungsfunktion auch kurz Ableitung sagen, obwohl zwischen der Ableitung an der Stelle x_0 als einer reellen Zahl und der Ableitung als einer neuen Funktion begrifflich zu unterscheiden ist.

Beispiel: Für $f: x \mapsto x^2$ mit $D_f = \mathbb{R}$ und $D'_f = \mathbb{R}$ ist $f': x \mapsto 2x$ die Ableitungsfunktion.

Bemerkung: Ist die Funktion $f: x \mapsto f(x)$ durch die Gleichung $y = f(x)$ in D_f gegeben, so wird die Ableitungsfunktion f' in D_f durch die Gleichung

$$y' = f'(x)$$

beschrieben. In diesem Zusammenhang handelt es sich jedoch nur um eine vereinfachte Schreibweise für die Bestimmung der Ableitungsfunktion, die vor allem im außermathematischen Anwendungsbereich häufig verwendet wird.
Ist z. B. f durch die Gleichung $y = x^2$ in D_f beschrieben, so erhalten wir den Term von f' durch die Gleichung $y' = 2x$.
Daneben haben sich, vor allem bei Anwendungsaufgaben, die folgenden Schreibweisen für f' (x) eingebürgert:

$$y' = \frac{dy}{dx} = \frac{df(x)}{dx} = \frac{d}{dx} f(x)$$

Da es sich hier nicht um einen Quotienten handelt – im Gegensatz zu $\frac{\Delta y}{\Delta x}$ – liest man „dy *nach* dx" bzw. „d f (x) *nach* dx".
Diese symbolische Schreibweise ist vor allem dann vorteilhaft, wenn im Funktionsterm verschiedene Variablen vorkommen und ersichtlich sein soll, „nach" welcher Variablen differenziert wird.

4.2.2. Die Ableitungsfunktionen einiger spezieller Funktionen

Wir wollen im folgenden zu einigen häufig vorkommenden differenzierbaren Funktionen ihre Ableitungsfunktion bestimmen. Man bezeichnet ein solches Verfahren als *Differentiation* oder auch als *Differenzieren*.

Bemerkung: Da bei den folgenden Funktionen jeweils die maximal zulässige Definitionsmenge des Terms, nämlich $\mathbb{R}$, zugrunde gelegt wird, erübrigt sich die Angabe von $D_f = \mathbb{R}$.

A. Die Differentiation der Funktion f: $x \mapsto c$ mit $c \in \mathbb{R}$

Wegen $f_{(x_0)}(x) = \frac{c-c}{x-x_0} = 0$ für alle $x_0 \in D_f$ und $\lim\limits_{x \to x_0} f_{(x_0)}(x) = 0$ ergibt sich als Ableitungsfunktion $f'\colon x \mapsto 0$ mit $D_{f'} = \mathbb{R}$.

Kurze Merkregel: $f(x) = c \Rightarrow f'(x) = 0$

B. Die Differentiation der Funktion f: $x \mapsto x$

Wegen $f_{(x_0)}(x) = \frac{x-x_0}{x-x_0} = 1$ für alle $x_0 \in D_f$ ist jede solche Funktion $f_{(x_0)}$ stetig fortsetzbar. Wir erhalten als Ableitungsfunktion $f'\colon x \mapsto 1$ mit $D_{f'} = \mathbb{R}$.

Kurze Merkregel: $f(x) = x \Rightarrow f'(x) = 1$

C. Die Differentiation der Funktion f: $x \mapsto x^2$

Hier kennen wir bereits die Ableitungsfunktion (vgl. das Beispiel unter 4.2.1.).

Kurze Merkregel: $f(x) = x^2 \Rightarrow f'(x) = 2x$

D. Die Differentiation der Funktion f: $x \mapsto x^3$

Aus $\frac{f(x_0+h) - f(x_0)}{h} = \frac{(x_0+h)^3 - x_0^3}{h} = \frac{3hx_0^2 + 3h^2x_0 + h^3}{h} = 3x_0^2 + 3hx_0 + h^2$ folgt für jedes $x_0 \in D_f$ die stetige Fortsetzbarkeit der zugehörigen Differenzenquotientenfunktion. Wir erhalten $f'\colon x \mapsto 3x^2$ mit $D_{f'} = \mathbb{R}$.

Kurze Merkregel: $f(x) = x^3 \Rightarrow f'(x) = 3x^2$

E. Die Differentiation der Funktion f: $x \mapsto \sqrt{x}$ für $x > 0$

Aus $f_{(x_0)}(x) = \frac{\sqrt{x} - \sqrt{x_0}}{x - x_0} = \frac{(\sqrt{x} - \sqrt{x_0})(\sqrt{x} + \sqrt{x_0})}{(x-x_0)(\sqrt{x} + \sqrt{x_0})} = \frac{1}{\sqrt{x} + \sqrt{x_0}}$ für $x \neq x_0$ und $x_0 > 0$

folgt $\lim\limits_{x \to x_0} f_{(x_0)}(x) = \frac{1}{2\sqrt{x_0}} = f'(x_0)$.

Kurze Merkregel: $f(x) = \sqrt{x}$ mit $x > 0 \Rightarrow f'(x) = \frac{1}{2\sqrt{x}}$

× **F. Differentiation zweier trigonometrischer Funktionen**

Für viele Anwendungen benötigen wir die Ableitungen der Funktionen f: $x \mapsto \sin kx$ und g: $x \mapsto \cos kx$ mit $k \in \mathbb{R}$. Wir betrachten zunächst die Funktion f. Es ist

$$\bar{f}_{(x_0)}(h) = \frac{\sin k(x_0+h) - \sin kx_0}{h} = \frac{\sin(kx_0+kh) - \sin kx_0}{h}.$$

Auf den Minuenden der Zählerdifferenz wenden wir das Additionstheorem für den Sinus an:

$$\bar{f}_{(x_0)}(h) = \frac{\sin kx_0 \cdot \cos kh + \cos kx_0 \cdot \sin kh - \sin kx_0}{h}$$

$$= \frac{-\sin kx_0 (1-\cos kh) + \cos kx_0 \cdot \sin kh}{h}$$

Nun ist $1-\cos\varphi = 2\left(\sin\frac{\varphi}{2}\right)^2$.[1] Setzen wir $\varphi = kh$, ergibt sich

$$\bar{f}_{(x_0)}(h) = \frac{-\sin kx_0 \cdot 2\,(\sin\frac{kh}{2})^2}{h} + \frac{\cos kx_0 \cdot \sin kh}{h}.$$

Wir erweitern beide Brüche mit k und nehmen den Faktor 2 im Zähler des ersten Bruches als $\frac{1}{2}$ in den Nenner.

$$\bar{f}_{(x_0)}(h) = (-k\sin kx_0) \cdot \frac{\sin\frac{kh}{2}}{\frac{kh}{2}} \cdot \sin\frac{kh}{2} + k\cos kx_0 \cdot \frac{\sin kh}{kh}$$

Wir setzen $\frac{kh}{2} = v$ und $kh = w$:

$$\bar{f}_{(x_0)}(h) = (-k\sin kx_0) \cdot \frac{\sin v}{v} \cdot \sin v + k\cos kx_0 \cdot \frac{\sin w}{w}$$

Mit $h \to 0$ geht auch $v \to 0$ und $w \to 0$. Die Anwendung der Grenzwertsätze liefert:

$$f'(x_0) = \lim_{h\to 0} \bar{f}_{(x_0)}(h) = (-k\sin kx_0) \cdot \lim_{v\to 0}\frac{\sin v}{v} \cdot \lim_{v\to 0}\sin v + k\cos kx_0 \cdot \lim_{w\to 0}\frac{\sin w}{w}$$

Nach Gleichung (5) in 3.3.2. C. ist $\lim_{z\to 0}\frac{\sin z}{z} = 1$. Nach Gleichung (2) ebendort ist $\lim_{v\to 0}\sin v = 0$. Somit ergibt sich schließlich:

$$f'(x_0) = k\cos kx_0$$

Wir erhalten demnach als Ableitungsfunktion f': $x \mapsto k\cos kx$ mit $D_{f'} = \mathbb{R}$.

Kurze Merkregel: $f(x) = \sin kx \Rightarrow f'(x) = k\cos kx$

[1] Vgl. J. Kratz u. K. Wörle: Geometrie 2, § 24. E. 2.

Bemerkung: Bei den vorausgegangenen Überlegungen wurde an keiner Stelle von der Stetigkeit der trigonometrischen Funktionen Gebrauch gemacht. Da die Herleitung für alle $x_0 \in D_f$ gilt und daher $f: x \mapsto \sin kx$ offensichtlich in D_f differenzierbar ist, können wir nachträglich wegen des Satzes in 4.1.3. folgern:
Die Funktion $f: x \mapsto \sin kx$ *ist überall in* $D_f = \mathbb{R}$ *stetig.*

Eine entsprechende Rechnung führt bei $g: x \mapsto \cos kx$ auf $g': x \mapsto -k \sin kx$ (s. Aufgabe 5).

Kurze Merkregel: $\boxed{g(x) = \cos kx \;\Rightarrow\; g'(x) = -k \sin kx}$

Für $k = 1$ ergeben sich zwei häufig gebrauchte Formeln:

$$\boxed{f(x) = \sin x \;\Rightarrow\; f'(x) = \cos x \qquad g(x) = \cos x \;\Rightarrow\; g'(x) = -\sin x}$$

Aufgaben

1. Man zeige, daß die folgenden Funktionen f in jedem Intervall $[a; b]$ mit $a, b \in \mathbb{R}$ differenzierbar sind.

   a) $f: x \mapsto 2x - 3$ b) $f: x \mapsto (x-1)^2$ c) $f: x \mapsto \begin{cases} 2x-3 & \text{für } x \leqq 2 \\ (x-1)^2 & \text{für } x > 2 \end{cases}$

2. Man bestimme zur zweiparametrigen Funktionenschar $f_{a,b}: x \mapsto ax + b$ mit $a \neq 0$ und $a, b \in \mathbb{R}$ die Schar der Ableitungsfunktionen. Wie läßt sich geometrisch erklären, daß die Ableitungsfunktionen nicht von b abhängen?

3. Beweise folgende Regel für $x \neq 0$:

$$\boxed{f(x) = \frac{1}{x} \;\Rightarrow\; f'(x) = -\frac{1}{x^2}}$$

4. Bestimme unter Anwendung der Formel $\sin\alpha - \sin\beta = 2\cos\frac{\alpha+\beta}{2}\sin\frac{\alpha-\beta}{2}$ die Ableitungsfunktion zu $f: x \mapsto \sin x$, wobei die Stetigkeit der Funktion $g: x \mapsto \cos x$ überall in $\mathbb{R}$ als bewiesen angenommen werden darf.

5. Man beweise die Regel: $g(x) = \cos kx \;\Rightarrow\; g'(x) = -k \sin kx$

6. Man zeichne den Graphen G_f der Funktion $f: x \mapsto x^2$ in $[-3; 3]$ und bestimme rechnerisch denjenigen Punkt des Graphen G_f, dessen Tangente zur Sekante PQ mit $P(0; 0)$ und $Q(3; 9)$ parallel ist. Man beweise alsdann für beliebige $a, b \in \mathbb{R}$:
   Die Sekante durch die Punkte $P(a; ?)$ und $Q(b; ?)$ von G_f ist zur Tangente durch $T\left(\frac{a+b}{2}; ?\right)$ parallel.
   Wie kann man mit Hilfe dieses Ergebnisses in einem beliebigen Punkt der Parabel mit der Gleichung $y = x^2$ die Tangente konstruieren?

7. Zeichne in $[0; 2\pi]$ die Graphen von $f: x \mapsto \sin x$ und $g: x \mapsto \cos x$! Gibt es im angegebenen Intervall x-Werte, in denen beide Funktionen die gleiche Ableitung haben? Was bedeutet dies geometrisch?

8. Warum können von keinem Punkt der Koordinatenebene zwei zueinander senkrechte Tangenten an den Graphen von $f: x \mapsto \sin\frac{x}{2}$ gelegt werden?

4.3. Allgemeine Differentiationsregeln

4.3.1. Die Ableitung von Summe und Differenz zweier Funktionen

Haben die Funktionen u: $x \mapsto u(x)$ und v: $x \mapsto v(x)$ einen gemeinsamen Differenzierbarkeitsbereich *D'*, so ist auch die Funktion

$$f = u \pm v\colon x \mapsto u(x) \pm v(x)$$

in *D'* differenzierbar, wie die folgende Überlegung zeigt.

Für ein beliebiges $x_0 \in D'$ gilt wegen der vorausgesetzten Differenzierbarkeit von u und v definitionsgemäß (vgl. 4.1.2.)

$$u(x) = u(x_0) + (x - x_0)\,\varphi(x) \qquad \text{mit } \lim_{x \to x_0} \varphi(x) = u'(x_0)^{1}$$

$$v(x) = v(x_0) + (x - x_0)\,\psi(x) \qquad \text{mit } \lim_{x \to x_0} \psi(x) = v'(x_0).$$

Daraus folgt für $f = u \pm v$:

$$f(x) = u(x_0) \pm v(x_0) + (x - x_0)(\varphi(x) \pm \psi(x))$$

Nach dem Verknüpfungssatz für stetige Funktionen ist auch $\varphi \pm \psi$ an der Stelle x_0 stetig und damit f an der Stelle x_0 differenzierbar. Wir erhalten

$$\lim_{x \to x_0} (\varphi(x) \pm \psi(x)) = u'(x_0) \pm v'(x_0) = f'(x_0)$$

und damit folgende

Merkregel: $f(x) = u(x) \pm v(x) \;\Rightarrow\; f'(x) = u'(x) \pm v'(x)$

Bemerkung: Man möchte zunächst vermuten, daß sich in entsprechend einfacher Weise die Ableitung eines Produkts von zwei Funktionstermen als Produkt der Ableitungen der beiden Faktoren errechnet; denn der Grenzwert eines Produkts ist gleich dem Produkt der Grenzwerte der Faktoren. Indessen zeigt bereits die folgende Ableitungsregel, daß eine solche Vermutung sicher falsch ist (warum?). Wir werden jedoch die Produktregel erst in 5.1.2. kennenlernen.

4.3.2. Die Ableitung einer Funktion mit konstantem Faktor

Ist die Funktion u: $x \mapsto u(x)$ in x_0 differenzierbar, so gilt dies auch für die Funktion f: $x \mapsto c \cdot u(x)$ mit $c \in \mathbb{R}$. Denn mit $u_{(x_0)}$ ist auch $f_{(x_0)}$ bei x_0 stetig fortsetzbar, weil $\lim_{x \to x_0} f_{(x_0)}(x) = \lim_{x \to x_0} c \cdot u_{(x_0)}(x) = c \cdot \lim_{x \to x_0} u_{(x_0)}(x) = c \cdot u'(x_0)$.

Merkregel: $f(x) = c \cdot u(x) \;\Rightarrow\; f'(x) = c \cdot u'(x)$

Mit Hilfe dieser beiden allgemeinen Differentiationsregeln erweitert sich die Menge der differenzierbaren Funktionen, für die die Ableitungsfunktion aufgrund schon bekannter Formeln bestimmt werden kann, beträchtlich.

Beispiel: Für die Funktion f: $x \mapsto 2x^3 - 5x^2 + \sin\left(\frac{\pi}{2}x\right)$ mit $D_f = \mathbb{R}$ ergibt sich die Differenzierbarkeit in D_f wie auch die Ableitungsfunktion f' nach diesen Regeln sowie nach den Formeln C, D und F in Ziffer 4.2.2.

Wir erhalten: $f'(x) = 6x^2 - 10x + \frac{\pi}{2}\cos\left(\frac{\pi}{2}x\right)$

---

[1] Die Funktionen φ und Ψ hängen selbstverständlich von der Wahl der Stelle x_0 ab. Dennoch wollen wir wegen der einfacheren Schreibweise auf eine Indizierung verzichten.

4.4. Geometrische Betrachtungen

4.4.1. Zusammenhänge zwischen dem Graphen einer Funktion und deren Ableitung

Unsere vorbereitenden Überlegungen zur Differentiation gingen von der graphischen Darstellung einer Funktion in Ziffer 4.1.1. aus. Sie führten in 4.1.2. zu der Erkenntnis, daß die Ableitung einer Funktion f an der Stelle $x_0 \in D_f$ als die Steigung der Tangente im Punkte $P(x_0; f(x_0))$ des Graphen G_f interpretiert werden kann. Wir dürfen daher annehmen, daß gewisse Tangenteneigenschaften von G_f am Graphen $G_{f'}$ der Ableitungsfunktion f′ von f ablesbar sind.

Zur Verdeutlichung solcher Zusammenhänge zwischen G_f und $G_{f'}$ ist es zweckmäßig, beide Graphen in ein gemeinsames Koordinatenkreuz einzuzeichnen. Wir wählen dazu als Beispiel die Funktion $f: x \mapsto \sin x$, deren Ableitungsfunktion f′ durch $x \mapsto \cos x$ gegeben ist (Fig. 4.9). Dabei erkennen wir:

a) Den Schnittstellen von $G_{f'}$ mit der x-Achse entsprechen jeweils Punkte von G_f mit einer waagrechten Tangente.

b) Den Punkten von $G_{f'}$, die relativ zur Umgebung maximalen Abstand von der x-Achse haben, entsprechen jeweils Punkte von G_f, deren Tangenten gegenüber denen benachbarter Punkte besonders steil sind.

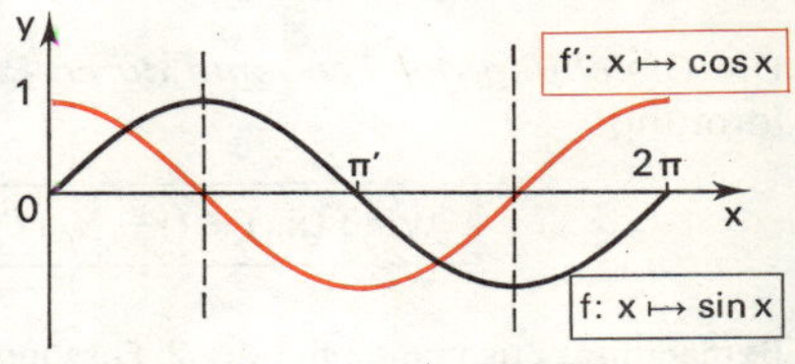

Fig. 4.9

c) Den Punkten von $G_{f'}$ oberhalb (unterhalb) der x-Achse entsprechen Punkte von G_f mit einem spitzen (stumpfen) Tangentenneigungswinkel gegen die x-Achse.

Die Begründung dieser Feststellungen ergibt sich aus der geometrischen Deutung der Ableitung als Tangentensteigung. Eine Präzisierung kann allerdings erst in Ziffer 5.3.2. erfolgen.

Bemerkung: Aus Fig. 4.9 darf man dagegen nicht den falschen Schluß ziehen, daß umgekehrt auch den Schnittstellen von G_f mit der x-Achse Punkte von $G_{f'}$ mit einer waagrechten Tangente entsprechen müssen. Ein Gegenbeispiel bildet bereits die Funktion $f: x \mapsto x^2$.

Anwendungsaufgabe:

Man konstruiere in einem beliebigen Punkt $P \in G_f$ die Tangente t, wenn die Graphen von f und f′ gegeben sind.

Lösung:

In Fig. 4.10 sei $P(x_0; f(x_0)) \in G_f$ und $P'(x_0; f'(x_0)) \in G_{f'}$.
Schneidet die Parallele zur x-Achse durch P′ die y-Achse in P*, so ist die Gerade MP* mit M(−1; 0) zur gesuchten Tangente parallel. Denn es gilt:

$$\tan \alpha = f'(x_0) : 1 = f'(x_0)$$

Gilt die Konstruktion auch für $f'(x_0) < 0$? Beachte dann die blauen Linien in Fig. 4.10!

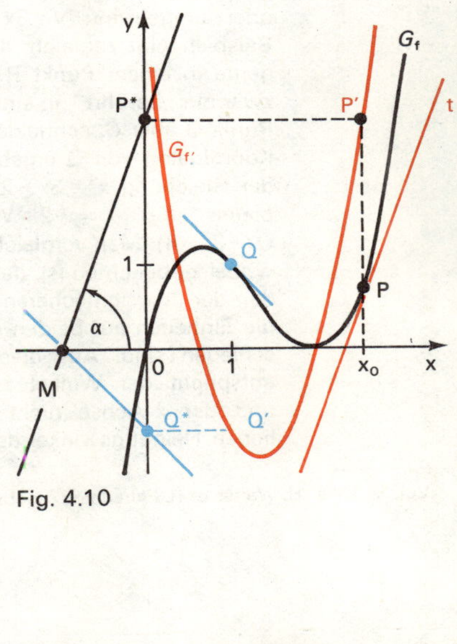

Fig. 4.10

4.4.2. Die Gleichung der Tangente in einem Punkt des Graphen einer differenzierbaren Funktion

Es sei $P(x_0; f(x_0))$ ein Punkt des Graphen G_f einer an der Stelle x_0 differenzierbaren Funktion $f: x \mapsto f(x)$. Nach 4.1.1. und 4.1.2. versteht man unter der Tangente im Punkte P von G_f diejenige Gerade durch P, deren Steigung $f'(x_0)$ beträgt.

Aus dem Algebraunterricht der Mittelstufe[1] wissen wir, daß die Gerade der Graph einer linearen Funktion $l: x \mapsto mx + n$ mit $D_l = \mathbb{R}$ ist. Diese Funktion ist überall in $\mathbb{R}$ differenzierbar. Wir erhalten nach den vorausgegangenen Differentiationsregeln aus $y = mx + n$ unmittelbar $y' = m$ für alle $x \in \mathbb{R}$. Entsprechend ist die Tangente durch $P(x_0, f(x_0))$ an G_f Graph einer linearen Funktion t, die wir als *Tangentenfunktion* bezeichnen wollen.

Aus $t(x) = mx + n$ folgt dann $t'(x) = m = f'(x_0)$. Demnach gilt:

$$t(x) = xf'(x_0) + n \quad \text{mit} \quad n = f(x_0) - x_0 f'(x_0) \quad \text{wegen} \quad t(x_0) = f(x_0)$$

Die *Gleichung der Tangente durch* $P(x_0, f(x_0))$ *an* G_f lautet daher nach kleiner Umformung:

$$\boxed{y = f(x_0) + (x - x_0) f'(x_0)}$$

Bemerkung: Zusammen mit der 2. Fassung der Differenzierbarkeitsdefinition gelten also folgende Gleichungen:

(1) $y = f(x_0) + (x - x_0) f'(x_0)$

(2) $f(x) = f(x_0) + (x - x_0)\varphi(x) \quad \text{mit} \quad \varphi(x_0) = f'(x_0)$

Daraus folgt als einfache Regel:

Man erhält die Tangentengleichung zu einer bei x_0 differenzierbaren Funktion f, indem man im Differenzierbarkeitsansatz von f an der Stelle x_0 den Term $\varphi(x)$ durch $f'(x_0)$ ersetzt und y statt $f(x)$ schreibt.

Beispiel: Für die Funktion $f: x \mapsto x^3$ und $x_0 := 1$ erhalten wir wegen $f'(1) = 3$ als Tangentengleichung $y = 1 + (x-1) \cdot 3$ oder umgeformt: $y = 3x - 2$. Dieses Beispiel zeigt zugleich, daß die Tangente in einem Punkt $P \in G_f$ hier G_f zwar nur „berührt", in einem weiteren Punkt Q aber G_f schneiden kann. Die Koordinaten von Q ergeben sich aus der Gleichung $x^3 = 3x - 2$ durch Probieren für $x := -2$. Wir erhalten $Q(-2; -8)$. Man vergleiche Fig. 4.11, wobei zu beachten ist, daß aus Gründen der übersichtlicheren Darstellung die Einheiten auf beiden Achsen verschieden sind. Aus diesem Grunde entspricht der Winkel zwischen G_t und der x-Achse nicht dem wirklichen Neigungswinkel der Tangente.

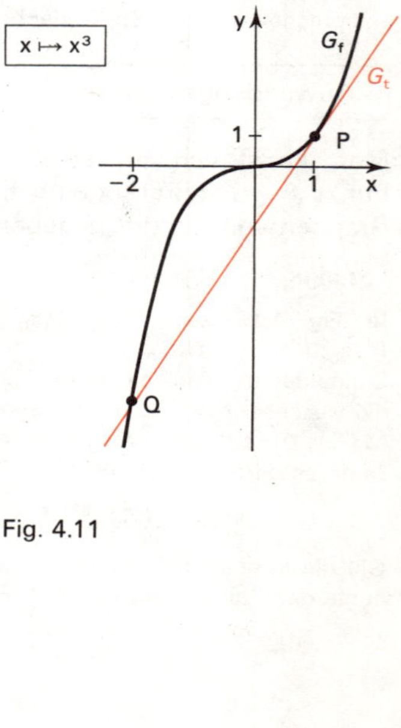

Fig. 4.11

[1] Vgl. H. Titze, H. Walter u. R. Feuerlein: Algebra 1, § 41 C.

Aufgaben

1. Warum sind die folgenden Funktionen f mit $D_f = \mathbb{R}$ überall in D_f differenzierbar? Wie lautet die Ableitung an der Stelle x?
 a) f: $x \mapsto -3x + 8$ b) f: $x \mapsto \frac{1}{2}x^2 - 10x - 25$
 c) f: $x \mapsto -2\sin x + 3\cos x$ d) f: $x \mapsto x^2 + n^2$ mit $n \in \mathbb{R}$
 e) f: $x \mapsto (ax + b)^2$ mit $a, b \in \mathbb{R}$ f) f: $x \mapsto (2x - 5)(2x + 5)$

2. Für die folgenden Funktionen f: $x \mapsto y = f(x)$ soll die Ableitung $y' = f'(x)$ auf möglichst einfache Weise bestimmt werden: ($D_f = \mathbb{R}$)
 a) $y = (\sin x)^2 + (\cos x)^2$ b) $y = x^2(\cos 2x + 2(\sin x)^2)$

3. Warum haben die beiden Funktionen

$$f\colon x \mapsto \tfrac{1}{3}x^3 + x^2 - 2x - 3 \quad \text{und} \quad g\colon x \mapsto mx^2 - 2x \quad \text{mit} \quad D_f = D_g = \mathbb{R}$$

für jeden reellen Zahlenwert des Parameters m mindestens eine Stelle im gemeinsamen Definitionsbereich, an der sie in der Ableitung übereinstimmen? An welchen Stellen ist dies für m = 2 der Fall? Man zeichne die Graphen G_f und G_g für m = 2 in [− 3; 2] (1 LE = 1 cm; Hochformat). Wie lassen sich die Stellen mit gemeinsamer Ableitung geometrisch deuten?

4. Zeichne den Graphen der Funktion f: $x \mapsto \frac{1}{2}x + \cos x$ in $[0; 2\pi]$! In welchen Kurvenpunkten ergeben sich waagrechte Tangenten? In welchen Punkten ist der Graph relativ zur Umgebung am steilsten? Die Antworten sind mit Hilfe der Ableitungsfunktion f', deren Graph ebenfalls gezeichnet werden soll, zu begründen.

5. In welchen Punkten des Graphen von f: $x \mapsto y = \frac{1}{3}x^3 - x^2 + x + \frac{2}{3}$; $D_f = \mathbb{R}$ schließt die Tangente mit der x-Achse einen Winkel von 45° ein?
 Wie kann man ohne Zeichnung erkennen, daß es keine Tangenten gibt, die mit der x-Achse einen stumpfen Winkel einschließen?

6. Konstruiere für die Funktion in Aufgabe 5 im Punkte P (2; ?) $\in G_f$ die Tangente an G_f mit Hilfe von $G_{f'}$!

7. Der Term f(x) einer Funktion f mit $D_f = \mathbb{R}$ ist ein Polynom 3. Grades von der Form $f(x) = ax^3 + bx^2 + cx$. Man bestimme die Koeffizienten a, b, c so, daß P (1; 0) $\in G_f$ gilt und G_f in P eine waagrechte Tangente hat. Außerdem soll die Tangente in Q (0; ?) $\in G_f$ die x-Achse unter 135° schneiden.

8. Man bestimme die Gleichung der Tangente an den Graphen der Funktion f: $x \mapsto y = x^3 - 2x + 1$ durch den Kurvenpunkt P (1; ?). Hat die Tangente mit G_f noch einen Schnittpunkt gemeinsam? Entscheide die Frage durch probierendes Einsetzen! Zeichne sodann Graph und Tangente in einem geeigneten Intervall, das den Ursprung enthält!

9. Die Gleichung der Normalen
 a) Zeige: Die Gleichung der Normalen in P (x_0; f (x_0)) $\in G_f$ lautet:

$$\boxed{y = f(x_0) + \frac{x_0 - x}{f'(x_0)}} \qquad (f'(x_0) \neq 0;\ \text{Beachte 4.1.1., Aufgabe 3})$$

 b) Gegeben ist die Funktion f: $x \mapsto x^2$; $x \in \mathbb{R}$. Welchen Flächeninhalt hat das Dreieck, das die Normale im Punkt P (1; ?) $\in G_f$ mit den beiden Koordinatenachsen bildet?

10. Durch die Gleichung $y = ax^2 - 2x + 1$ ist eine Schar von Funktionen f_a: $x \mapsto y = ax^2 - 2x + 1$ mit der Definitionsmenge $\mathbb{R}$ bestimmt, wenn der Scharparameter a eine beliebige reelle Zahl vertritt.
 a) Für welche Belegung von a geht die Tangente in P (1; ?) $\in G_{f_a}$ durch den Ursprung des Koordinatensystems?

b) Wie lautet die Gleichung der Normalen durch P für beliebige Werte von a?

c) Für welche a-Werte bilden Tangente und Normale durch P mit der y-Achse ein rechtwinkliges Dreieck mit der Hypotenusenlänge 2,5 LE? (4 Lösungen).

11. Der Schnittwinkel zweier Kurven
Unter dem Schnittwinkel zweier zu differenzierbaren Funktionen gehörenden Graphen wird der nicht stumpfe Winkel verstanden, den die Kurventangenten im Schnittpunkt miteinander einschließen.

a) Wo und unter welchem Winkel schneiden sich die Kurven mit den Gleichungen $y = 2x - 3$ und $y = x^2 + 2x - 7$? Wie lauten die Tangentengleichungen in den Schnittpunkten?

b) Welchen Punkt haben die Graphen von $f: x \mapsto \cos x + \sin x$ und $g: x \mapsto \sin x - 2\cos x$ in $[0; \pi]$ gemeinsam? Man berechne den Schnittwinkel in diesem Punkt!

Vermischte Aufgaben

12. Eine bemerkenswerte Folgerung aus den allgemeinen Differentiationsregeln

In der Geometrie haben wir den Vektor als die Menge aller parallelgleichen Pfeile eingeführt und eine Verknüpfung namens „Addition" definiert, die alle Gruppenaxiome erfüllt. Außerdem konnten wir zeigen, daß die Multiplikation eines Vektors mit einer reellen Zahl den Gesetzen der sogenannten S-Multiplikation genügt[1].

Man zeige, daß auch die Menge der in einem bestimmten Intervall differenzierbaren Funktionen bezüglich der Verknüpfung durch Addition eine Gruppe bildet und bezüglich der Multiplikation mit einer reellen Zahl die Gesetze der S-Multiplikation erfüllt.

Bemerkung: Man sagt: Eine Menge *M* von Objekten, in der eine Verknüpfung – wir nennen sie „Addition" – und eine weitere Verknüpfung mit Elementen von $\mathbb{R}$ – wir nennen sie „Multiplikation" – so definiert werden kann, daß alle Gesetze der Vektoraddition und der S-Multiplikation erfüllt sind, bildet einen *Vektorraum über* $\mathbb{R}$. Aufgrund der vorausgegangenen Überlegungen können wir demnach auch die Menge der in einem Intervall differenzierbaren Funktionen als einen Vektorraum über $\mathbb{R}$ bezeichnen. Damit wird der ursprünglich nur geometrisch erklärte Begriff des Vektors erheblich verallgemeinert. Der Vorteil dieses Vorgehens besteht vor allem darin, daß die Gesetze des Vektorraums in sehr verschiedenartigen Bereichen der Mathematik angewandt werden können und zu den selben Schlußfolgerungen führen.

13. Man zeige, daß die in einem bestimmten Intervall stetigen Funktionen ebenfalls einen Vektorraum über $\mathbb{R}$ bezüglich der entsprechenden Verknüpfungen bilden.

14. Welcher Bedingung müssen die Koeffizienten (Parameter) des Terms

$$f(x) = ax^3 + bx^2 + cx + d$$

genügen, damit der Graph von $f: x \mapsto f(x)$ keine waagrechten Tangenten hat ($D_f = \mathbb{R}$)?

15. Ist die Funktion $f: x \mapsto x|x|$ mit $D_f = \mathbb{R}$ überall differenzierbar? Welche Fälle sind zu unterscheiden?

Physikalische Anwendungen

16. Der lotrechte Wurf nach oben

Wird aus der Höhe h über dem Erdboden ein Stein unter Vernachlässigung des Luftwiderstandes mit der Abwurfgeschwindigkeit v_0 lotrecht nach oben geworfen, so wird diese Bewegung durch die Weg-Zeit-Funktion

$$f: t \mapsto s \quad \text{mit} \quad s = f(t) = h + v_0 t - \tfrac{1}{2} g t^2$$

beschrieben. Die Konstante g bedeutet die Erdbeschleunigung, ihre Maßzahl ist mit 9,81 in Ansatz zu bringen.

a) Man bestimme die physikalisch sinnvolle Definitionsmenge D_f.

[1] Vgl. J. Kratz: Geometrie 1, § 15. B. 2. sowie J. Kratz u. K. Wörle, Geometrie 2, § 4. A. 2.

b) Welche Momentangeschwindigkeit hat der Stein im Zeitpunkt t_0 mit $0 < t_0 < \frac{2v_0}{g}$, wenn $h := 0$ gesetzt wird? Wie ergibt sich v_0 als Ableitung von f?

c) Wie läßt sich die Wurfhöhe über der Abwurfstelle bzw. über dem Erdboden berechnen?

17. Gedanken zum Boyle-Mariotteschen Gesetz

Der Druck p einer bestimmten abgeschlossenen Gasmenge ist bei konstant gehaltener Temperatur T eine Funktion $f: V \mapsto p$ des Gasvolumens V. Wir drücken dies durch die Gleichung $p = f(V)$ aus. Aufgrund des Boyle-Mariotteschen Gesetzes ergibt sich

$$f(V) = \frac{C}{V},$$

wobei C eine durch die Gasmenge bestimmte konstante Größe ist. Wir betrachten hier jedoch nur die Maßzahl von C und können daher $C \in \mathbb{R}$ schreiben. Da das Gesetz nur für sogenannte ideale Gase gilt, müssen wir genügend große Werte für V voraussetzen, wobei V_0 das bei einem bestimmten Anfangsdruck p_0 sich ergebende Gasvolumen bezeichnet (gemeint sind auch hier jeweils nur die Maßzahlen).

a) Man setze $y := p$ und $x := V$ und bestimme die Gleichung der Ableitungsfunktion $y' = f'(x)$.

b) Wie läßt sich die Ableitung von f mit den physikalischen Bezeichnungen p und V als Grenzwert schreiben und physikalisch deuten? Was bedeutet insbesondere das Minuszeichen im Ableitungsterm?

4.5. Höhere Ableitungen einer Funktion

Häufig ist die Ableitungsfunktion f' zu einer in D'_f differenzierbaren Funktion f in einer Menge $D'_{f'}$ ebenfalls differenzierbar. In diesem Fall gibt es auch zu f' eine Ableitungsfunktion. Wir bezeichnen sie mit f''. Die Funktion f'' heißt dann die Ableitungsfunktion 2. Ordnung oder kurz die 2. Ableitung von f. Aus diesem Grunde wird die ursprünglich gegebenen Ableitungsfunktion f' auch als Ableitungsfunktion 1. Ordnung oder als 1. Ableitung von f bezeichnet.

Beispiel: Für $f: x \mapsto \sin x$ gilt $f': x \mapsto \cos x$ und damit $f'': x \mapsto -\sin x$ mit $D_f = D_{f'} = D_{f''} = \mathbb{R}$.
Entsprechend der Bemerkung zu 4.2.1. können wir auch schreiben:
$y = \sin x \Rightarrow y' = \cos x \Rightarrow y'' = -\sin x$.

Existiert auch noch zur Funktion f'' in einer Menge $D'_{f''}$ die Ableitungsfunktion, so sprechen wir von der Ableitungsfunktion 3. Ordnung oder kurz von der 3. Ableitung von f und bezeichnen sie mit f'''. Dieses Verfahren läßt sich, soweit die Voraussetzungen dafür jeweils erfüllt sind, beliebig fortsetzen. Es führt dann zur Bildung der 4., 5. bzw. allgemein der n-*ten Ableitung* von f, für die man $f^{(4)}$, $f^{(5)}$ bzw. $f^{(n)}$ schreibt.

Definition:

Eine Funktion f, deren n-te Ableitung $f^{(n)}$ in einer gewissen Menge existiert, heißt dort n-*mal differenzierbar*.

Beispiel: Die Funktion $f: x \mapsto \sin x$ ist in $\mathbb{R}$ beliebig oft differenzierbar. Denn aus $f''(x) = -\sin x$ folgt $f'''(x) = -\cos x$ und damit $f^{(4)}(x) = \sin x$. Es gilt daher allgemein für unsere Funktion f:

$$f^{(n)}(x) = f^{(n+4)}(x)$$

Nachdem wir bereits für die 1. Ableitung einer Funktion eine anschauliche geometrische Deutung kennengelernt haben, liegt es nahe, auch für die 2. Ableitung (und vielleicht auch noch für höhere Ableitungen) eine geometrische Bedeutung zu vermuten.
Daß zwischen der 2. Ableitung einer Funktion f und den geometrischen Eigenschaften des Graphen G_f ein innerer Zusammenhang bestehen muß, zeigt bereits folgende Überlegung: Da die 1. Ableitung f' (x) für jedes $x \in D_{f'}$ die Steigung der zugehörigen Tangente an G_f angibt, läßt sich f'' (x) für jedes $x \in D_{f''}$ als Tangentensteigung am Graphen $G_{f'}$ von f' deuten. Durch die einzelnen Tangentensteigungen wird zugleich der geometrische Verlauf des Graphen einer Funktion hinsichtlich „Steilheit" wie auch im Hinblick auf „Steigen" und „Fallen" charakterisiert. Wir können daher sagen: f' (x) beschreibt den Verlauf von G_f in $D_{f'}$, f'' (x) den Verlauf von $G_{f'}$ in $D_{f''}$ mit $D_{f''} \subseteq D_{f'} \subseteq D_f$. Da aber der Verlauf von $G_{f'}$ durch den Verlauf von G_f bestimmt ist, muß f'' (x) auch eine geometrische Bedeutung für G_f selbst haben. Wir können darauf aber erst in 5.3. eingehen.

Physikalische Deutung

Für eine physikalische Deutung der 1. und 2. Ableitung bietet sich zunächst wiederum die Untersuchung der Weg-Zeit-Funktion des freien Falles (vgl. 3. Beispiel zu 4.1.1.) an. Es sei f: $t \mapsto s = f(t)$ mit $f(t) = 0{,}5\,gt^2$.
Wir setzen zunächst $x := t$, $y := s$. Dann gilt:

$$y = 0{,}5\,g \cdot x^2 \;\Rightarrow\; y' = g \cdot x \;\Rightarrow\; y'' = g$$

Das heißt aber, daß die 2. Ableitung der Weg-Zeit-Funktion des freien Falles den konstanten Zahlenwert der Fallbeschleunigung darstellt.

Wir wollen nun unsere Überlegungen verallgemeinern und auf eine beliebige, in einem bestimmten Zeitintervall $0 \leqq t \leqq t_0$ als wenigstens zweimal differenzierbar vorausgesetzte Weg-Zeit-Funktion f: $t \mapsto f(t)$ übertragen. Um die physikalische Bedeutung der 1. und 2. Ableitung in einem bestimmten „Zeitpunkt" $t_1 \in [0; t_0]$ zu untersuchen, bilden wir zunächst den Differenzenquotienten in einer Umgebung von t_1 mit $s = f(t)$:

$$\frac{\Delta s}{\Delta t} = \frac{f(t_1 + \Delta t) - f(t_1)}{\Delta t}$$

Dieser Ausdruck hat die Dimension einer Geschwindigkeit. Er gibt die mittlere Geschwindigkeit an, die der bewegte Körper während der Zeitspanne Δt hat. Der Grenzwert, dem die mittlere Geschwindigkeit für $\Delta t \to 0$ zustrebt, ist die Momentangeschwindigkeit im Zeitpunkt t_1. Es gilt daher ganz allgemein:

Die 1. Ableitung der Weg-Zeit-Funktion f: $t \mapsto s = f(t)$ *an der Stelle* t_1 *ergibt die Momentangeschwindigkeit* zur *Zeit* t_1.

Nunmehr betrachten wir die Geschwindigkeit-Zeit-Funktion f': $t \mapsto v = f'(t)$ und bilden von ihr den Differenzenquotienten in einer Umgebung von t_1 mit $v = f'(t)$:

$$\frac{\Delta v}{\Delta t} = \frac{f'(t_1 + \Delta t) - f'(t_1)}{\Delta t}$$

Wie wir aus der Physik wissen, ist der Quotient aus der Geschwindigkeitsänderung Δv und der Zeitspanne Δt, in der diese Änderung erfolgt, ein Maß für die mittlere Beschleunigung des bewegten Körpers im Zeitintervall $[t_1; t_1 + \Delta t]$. Infolgedessen mißt der Grenzwert des Differenzenquotienten für $\Delta t \to 0$ die Momentanbeschleunigung zur Zeit t_1. Das heißt aber:

Die 2. Ableitung der Weg-Zeit-Funktion $f: t \mapsto s = f(t)$ *an der Stelle* t_1 *ergibt die Momentanbeschleunigung zur Zeit* t_1.

Bemerkung: Die Ableitungen der Weg-Zeit-Funktion $f: t \mapsto s = f(t)$ schreibt man häufig in der Form: $\dot{s} = f'(t)$; $\ddot{s} = f''(t)$ (lies: „s-Punkt bzw. s-zwei-Punkt").

Aufgaben

1. Berechne die 2. Ableitung der folgenden Funktionen $f: x \mapsto f(x)$; $D_f = \mathbb{R}$:

   a) $f(x) = -2x + 7$ b) $f(x) = ax^2 + bx + c$ c) $f(x) = x^3 - \frac{x^2}{2} + x - 1$

   d) $f(x) = 3\sin x - 4\cos x$ e) $f(x) = x^2 - 2a\cos x$

2. Gegeben ist die Funktion $f: x \mapsto f(x) = \begin{cases} \frac{1 + x^3}{1 + x} & \text{für } x \neq -1 \\ 3 & \text{für } x = -1 \end{cases}$.

   Wie lautet ihre 2. Ableitung? Berechne insbesondere $f''(-1)$!

3. Man bestimme die Koeffizienten im Term $g(x) = ax^2 + bx + c$ so, daß $g(1) = 3$, $g'(0) = 1$ und $g''(0) = 1$ gelten.

4. Man beweise für $y = \cos x$ die Gültigkeit der folgenden sogenannten Differentialgleichungen:

   a) $y'' = -y$ b) $y^{(4)} = y$ c) $y^{(n+4)} = y^{(n)}$

5. Es ist zu zeigen, daß der Term $f(x)$ eines Polynoms 3. Grades

   $$f(x) = ax^3 + bx^2 + cx + d$$

   stets in folgender Form geschrieben werden kann:

   $$f(x) = f(0) + xf'(0) + \tfrac{1}{2}x^2 f''(0) + \tfrac{1}{6}x^3 f'''(0)$$

   Welchen Fehler begeht man maximal bei der Berechnung von Funktionswerten in der Umgebung $\{x \mid |x| < 0{,}1\}$ für $a := 2$ und $b := 1$, wenn man die Funktionsgleichung durch die Gleichung der Tangente im Punkte $P(0; f(0))$ des Graphen G_f ersetzt?

   Bemerkung: Man bezeichnet daher die Tangentenfunktion t als *lineare Approximation* der Funktion f in einer gewissen Umgebung des Tangentenberührpunkts. Man beachte auch Aufgabe 6.

6. In Verallgemeinerung von Aufgabe 5 soll gezeigt werden, daß der Term $f(x)$ eines Polynoms 3. Grades auch in der Form:

   $$f(x) = f(x_0) + (x - x_0)f'(x_0) + \tfrac{1}{2}(x - x_0)^2 f''(x_0) + \tfrac{1}{6}(x - x_0)^3 f'''(x_0)$$

   geschrieben werden kann, wobei x_0 beliebig $\in \mathbb{R}$.

   Bemerkung: Diese Darstellung ist für die näherungsweise Berechnung von Funktionswerten in einer genügend kleinen δ-Umgebung von x_0 von Bedeutung. Weitere Folgerungen siehe Aufgabe 9.

7. Aus der Physik

Bei einer Schraubenfederschwingung mit der Amplitude a und der Schwingungsdauer T (Zeitdauer einer vollen Hin- und Herbewegung) ist die Entfernung s aus der Ruhelage eine Sinusfunktion der Zeit t (Fig. 4.12). Es gilt die Gleichung:

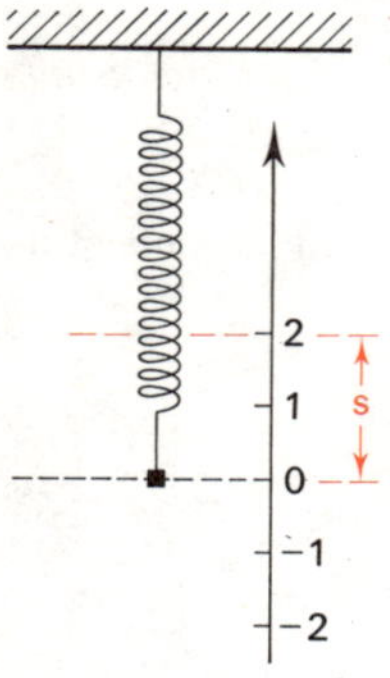

Fig. 4.12

$$s = a \sin\left(\frac{2\pi}{T} t\right)$$

a) Welche Geschwindigkeit hat ein schwingender Massenpunkt beim Durchgang durch die Ruhelage sowie zur Zeit $t = 5\frac{T}{4}$?

b) In welchen Zeitpunkten innerhalb einer vollen Hin- und Herbewegung hat die Momentanbeschleunigung einen maximalen Wert? Wann hat sie den Wert 0?

Vermischte Aufgaben

8. Gegeben ist die Funktion f: $x \mapsto \sin x - \sqrt{3}\cos x$; $x \in [0; 4\pi]$.

a) Wie lauten die ersten beiden Ableitungsfunktionen?

b) Für welche x-Werte nimmt die Funktion f gegenüber der Umgebung einen größten Wert (relatives Maximum) an? Handelt es sich dabei auch um den absolut größten Funktionswert (absolutes Maximum)?

c) In welchen Punkten des Graphen G_f ist die Steigung der Tangente dem Betrage nach am größten?

d) Man skizziere den Verlauf von G_f in $[0; 2\pi]$. Einheit auf beiden Achsen: 2 cm

9. Man versuche aufgrund des Termansatzes für ein Polynom 3. Grades in Aufgabe 6 die folgenden Fragen zu beantworten:

a) Was läßt sich über ein Polynom 3. Grades aussagen, von dem bekannt ist, daß an einer Stelle x_0 die 1., 2. und 3. Ableitung den Wert 0 hat?

b) Welche Gleichung hat ein Polynom 3. Grades f(x), von dem $f(2) = 1$, $f'(2) = 0$, $f''(2) = -2$ und $f'''(2) = 6$ bekannt ist?

c) Von einem Polynom 3. Grades f(x) sei $f(-1) = 1$, $f'(-1) = 0$ und $f''(-1) > 0$. Warum gilt in einer gewissen δ-Umgebung $U_\delta(-1)$ die Beziehung $f(x) \geqq 1$?

10. Man prüfe, ob die Funktion f: $x \mapsto f(x) = x \cdot |x|$; $D_f = \mathbb{R}$ an der Stelle 0 einmal bzw. zweimal differenzierbar ist!

5. ANWENDUNG DER DIFFERENTIALRECHNUNG AUF DIE GANZRATIONALEN FUNKTIONEN

In diesem Kapitel soll eine besonders einfache, aber auch besonders wichtige Klasse von Funktionen untersucht werden. Sehr viele der in früheren Jahren im Mathematikunterricht aufgetretenen Funktionen gehören dazu. An ihnen wollen wir einige Anwendungen der Differentialrechnung kennenlernen.

5.1. Begriff und Ableitung der ganzrationalen Funktion

5.1.1. Definition der ganzrationalen Funktion

Definition:

Eine Funktion $f\colon x \mapsto f(x);\ D_f = \mathbb{R}$ mit

$$f(x) = a_n x^n + a_{n-1} x^{n-1} + \ldots + a_2 x^2 + a_1 x + a_0, \quad n \in \mathbb{N},$$

wobei $a_n, a_{n-1}, \ldots, a_2, a_1, a_0$ reelle Zahlen vertreten, nennt man eine *ganzrationale Funktion*. Ist $a_n \neq 0$, so hat die Funktion den *Grad* n.

Speziell die konstanten Funktionen mit der Zuordnungsvorschrift $x \mapsto a_0;\ x \in \mathbb{R}$, $a_0 \neq 0$, sind ganzrationale Funktionen *nullten Grades*. Die „Nullfunktion" mit $x \mapsto 0$ erhält keinen Grad zugewiesen.
$a_n, a_{n-1}, \ldots, a_2, a_1, a_0$ heißen *Koeffizienten* der ganzrationalen Funktion. Die Funktionsterme dieser Funktionen werden *Polynome* genannt.

Beispiel: $f\colon x \mapsto 2x^5 + \frac{1}{3}x^4 + 2\sqrt{2}x^2 + x - 2{,}4;\ x \in \mathbb{R}$
Es handelt sich um eine ganzrationale Funktion 5. Grades mit $a_5 = 2,\ a_4 = \frac{1}{3}$, $a_3 = 0,\ a_2 = 2\sqrt{2},\ a_1 = 1,\ a_0 = -2{,}4$.

Multipliziert man gemäß Ziffer 3.2.1. die identische Funktion id: $x \mapsto x;\ x \in \mathbb{R}$ mit sich selbst, so erhält man die quadratische Normalfunktion $f\colon x \mapsto x^2;\ x \in \mathbb{R}$. Entsprechend liefert das k-fache Produkt der Identität die Funktion mit der Zuordnungsvorschrift $x \mapsto x^k;\ x \in \mathbb{R}$. Multipliziert man sie noch mit der konstanten Funktion: $x \mapsto a_k;\ x \in \mathbb{R}$, so erhält man die Funktion $p\colon x \mapsto a_k x^k;\ x \in \mathbb{R}$. Durch Addition derartiger Funktionen gemäß Ziffer 3.2.1. kann man jede ganzrationale Funktion erzeugen.

Erzeugungssatz:

Jede ganzrationale Funktion läßt sich durch die rationalen Operationen Addition und Multiplikation aus der identischen Funktion und den konstanten Funktionen erzeugen.

Dieser Satz ermöglicht einen sehr einfachen Beweis für die Stetigkeit der ganzrationalen Funktionen: Nach 3.5. sind die konstanten Funktionen f_a: $x \mapsto a$; $x \in \mathbb{R}$ und die Identität id: $x \mapsto x$; $x \in \mathbb{R}$ stetig. Ferner sind nach dem Lehrsatz in 3.5. Summe und Produkt stetiger Funktionen stetig. Aus dem Erzeugungssatz folgt daher der

Stetigkeitssatz:

Jede ganzrationale Funktion ist überall in $\mathbb{R}$ stetig.

Außerdem bestätigt man auf sehr einfache Weise den

Satz:

Summe, Differenz und Produkt von ganzrationalen Funktionen sind wieder ganzrationale Funktionen.

Der Quotient ganzrationaler Funktionen ergibt im allgemeinen nicht wieder eine ganzrationale Funktion, wovon man sich leicht an Beispielen überzeugt.

Bemerkung: Mit den Operationen Addition und Multiplikation bildet die Menge der ganzrationalen Funktionen einen kommutativen Ring. Das Nullelement der Addition ist die Nullfunktion: $x \mapsto 0$; $x \in \mathbb{R}$. Es liegt sogar ein Ring mit Einselement vor, da die Multiplikation die Funktion: $x \mapsto 1$; $x \in \mathbb{R}$ als Einselement hat.

Aufgaben

1. Beschreibe die Graphen folgender ganzrationaler Funktionen (ohne Zeichnung):
   a) f: $x \mapsto x - 1$ b) f: $x \mapsto 5x + 3$ c) f: $x \mapsto -5x + 3$ d) f: $x \mapsto \frac{1}{20}x$
2. Welche geometrische Bedeutung haben die Koeffizienten a_1 und a_0 der linearen Funktion f: $x \mapsto a_1 x + a_0$? Was ergibt sich für $a_1 = 0$?
3. Vergleiche die Graphen folgender quadratischer Funktionen mit dem Graphen der quadratischen Normalfunktion f: $x \mapsto x^2$; $x \in \mathbb{R}$! Bestimme Zahl und Lage der Nullstellen dieser Funktionen und skizziere ihre Graphen!
   a) f_1: $x \mapsto x^2 - 4$ b) f_2: $x \mapsto x^2 + 4$ c) f_3: $x \mapsto 2x^2$
   d) f_4: $x \mapsto \frac{1}{2}x^2$ e) f_5: $x \mapsto -2x^2 + 1$
4. Gegeben sind f: $x \mapsto f(x) = 0{,}5x^2 - 3$ und g: $x \mapsto g(x) = 2x^3 - x + 4$. Bestimme Grad und Koeffizienten der Funktion $f \cdot g$: $x \mapsto f(x) \cdot g(x)$!
5. f sei eine ganzrationale Funktion vom Grad n, g eine solche vom Grad m. Was läßt sich dann über den Grad folgender Funktionen aussagen:
   a) $f \cdot g$ b) $f - g$ c) $f + g$?

5.1.2. Ableitung eines Produktes

Für den Nachweis der Differenzierbarkeit und für die Ausführung der Differentiation der ganzrationalen Funktionen können wir uns auf die Merkregeln von 4.2.2. und 4.3. stützen. Allerdings fehlt uns noch ein Gesetz für die Ableitung eines Produkts zweier Funktionen, um bequem zur Ableitung der Potenzfunktionen mit $x \mapsto x^k$ zu kommen.

Nach 4.3.1. ist $(u+v)' = u' + v'$. Die Ableitung eines Produkts ist aber nicht analog das Produkt der Ableitungen der Faktoren, wie $f(x) = x^2 = x \cdot x \Rightarrow f'(x) = 2x$ zeigt.
Es sei $f(x) = u(x) \cdot v(x)$. Wenn $u: x \mapsto u(x)$ und $v: x \mapsto v(x)$ beide differenzierbar sind bei x_0, so gilt nach dem Differenzierbarkeitsansatz von 4.1.2. mit bei x_0 stetigen Funktionen φ_1 und φ_2:

$u(x) = u(x_0) + (x - x_0)\,\varphi_1(x)$; $\quad v(x) = v(x_0) + (x - x_0)\,\varphi_2(x)$; $\quad$ also

$$\begin{aligned} f(x) &= u(x)\,v(x) = u(x_0)\,v(x_0) + (x-x_0)\,\varphi_1(x)\,v(x_0) + (x-x_0)\,\varphi_2(x)\,u(x_0) + (x-x_0)^2\,\varphi_1(x)\,\varphi_2(x) \\ &= u(x_0)\,v(x_0) + (x-x_0)\,[\varphi_1(x)\,v(x_0) + \varphi_2(x)\,u(x_0) + (x-x_0)\,\varphi_1(x)\,\varphi_2(x)] \\ &= u(x_0)\,v(x_0) + (x-x_0)\,\varphi(x). \end{aligned}$$

Dabei wurde $\varphi(x) = \varphi_1(x)\,v(x_0) + \varphi_2(x)\,u(x_0) + (x-x_0)\,\varphi_1(x)\,\varphi_2(x)$ gesetzt.

Nach dem Verknüpfungssatz stetiger Funktionen von 3.5. ist φ stetig. Daher ist nach 4.1.2. $f'(x_0) = \varphi(x_0)$. Weiter ist $\varphi_1(x_0) = u'(x_0)$, $\varphi_2(x_0) = v'(x_0)$. Da $(x-x_0)\,\varphi_1(x)\,\varphi_2(x) = 0$ für $x = x_0$, erhalten wir

$$f'(x_0) = \varphi(x_0) = u'(x_0)\,v(x_0) + v'(x_0)\,u(x_0).$$

Produktregel:

> Wenn u und v in einem gemeinsamen Differenzierbarkeitsbereich *D'* differenzierbare Funktionen sind, so ist auch $f = uv$ in *D'* differenzierbar und es gilt:
>
> $$f(x) = u(x)\,v(x) \Rightarrow f'(x) = u'(x)\,v(x) + u(x)\,v'(x)$$

1. Beispiel: $f: x \mapsto f(x) = x(x^2 - 2x - 15)$;
Wir setzen $u(x) = x$, $v(x) = x^2 - 2x - 15$. Dann ist nach 4.2.2. und 4.3. $u'(x) = 1$, $v'(x) = 2x - 2$, also
$f'(x) = 1 \cdot (x^2 - 2x - 15) + x(2x - 2) = 3x^2 - 4x - 15$.

2. Beispiel: $f: x \mapsto f(x) = x^3 = x \cdot x^2$;
Wir setzen $u(x) = x$, $v(x) = x^2$; damit ist $f'(x) = 1 \cdot x^2 + x \cdot 2x = x^2 + 2x^2 = 3x^2$ in Übereinstimmung mit dem in 4.2.2. auf anderem Wege gewonnenen Ergebnis.

3. Beispiel: $f: x \mapsto f(x) = x^4$;
Mit $f(x) = x \cdot x^3$, $u(x) = x$ und $v(x) = x^3$ erhält man $f'(x) = 1 \cdot x^3 + x \cdot 3x^2 = 4x^3$.

Aufgaben

1. Differenziere nach der Produktregel:
   a) $f(x) = x(x^2 - 2x)$ b) $f(x) = (4x^2 + x - 1)(x^2 + 3x + 5)$
   c) $f(x) = x^2(\frac{1}{6}x^2 - 2)$ d) $f(x) = (x^2 + 1)(x^2 - 1) + 1$
   Probe durch Ausmultiplizieren und Benutzung der Ergebnisse des 2. und 3. Beispiels!
2. Differenziere $f: x \mapsto x^7$ mit Hilfe der Ergebnisse des 2. und 3. Beispiels!
3. Differenziere:
   a) $f: x \mapsto x \cdot \sin x$ b) $f: x \mapsto x^2 \cdot \cos x$ c) $f: x \mapsto (\sin x)^2$ d) $f: x \mapsto 2 \sin x \cos x$
4. Bestätige die Differentiationsregel von 4.3.2.:
   $$f(x) = c \cdot u(x) \Rightarrow f'(x) = c \cdot u'(x)$$
   mit Hilfe der Produktregel!

5. Zeige mit Hilfe der Differenzenquotientenfunktion:

$$f(x) = \frac{1}{x^2} \Rightarrow f'(x) = -\frac{2}{x^3}$$

Unter Verwendung des Ergebnisses ist mit der Produktregel

(1) die Funktion g: $x \mapsto \frac{1}{x^4}$; $x \in \mathbb{R}\setminus\{0\}$ zu differenzieren,

(2) die Ableitung der Funktion h: $x \mapsto \frac{1}{x^3}$; $x \in \mathbb{R}\setminus\{0\}$ zu bilden, wobei das Ergebnis von Aufgabe 3 in 4.2.2. zu beachten ist.

5.1.3. Ableitung der Potenzfunktion

Um die allgemeine ganzrationale Funktion differenzieren zu können, benötigen wir die Ableitung von f: $x \mapsto x^n$ mit $n \in \mathbb{N}$. Bis zu $n = 4$ kennen wir sie schon:

$$f(x) = x^2 \Rightarrow f'(x) = 2x$$
$$f(x) = x^3 \Rightarrow f'(x) = 3x^2$$
$$f(x) = x^4 \Rightarrow f'(x) = 4x^3$$

Es liegt daher das Gesetz nahe:

$$f(x) = x^n \Rightarrow f'(x) = nx^{n-1} \qquad \text{für alle } n \in \mathbb{N}$$

Beweis

Wir führen ihn mit vollständiger Induktion. Die Aussage A (n) lautet hier:

$A(n)$: $f(x) = x^n \Rightarrow f'(x) = nx^{n-1}$

(1) $A(1)$: $f(x) = x^1 \Rightarrow f'(x) = 1 = 1 \cdot x^0$ (nach 4.2.2. B.)

A(1) ist wahr.

Aus A (n) folgt für $f(x) = x^{n+1} = x^n \cdot x$ nach der Produktregel

$$f'(x) = nx^{n-1} \cdot x + x^n \cdot 1 = nx^n + x^n = (n+1)\,x^n$$

Das heißt aber:

(2) $A(n) \Rightarrow A(n+1)$

Aus (1) und (2) folgt die Allgemeingültigkeit der Aussage A (n) in $\mathbb{N}$.

5.1.4. Ableitung der ganzrationalen Funktion

Aus 5.1.1. wissen wir, daß sich jede ganzrationale Funktion durch Addition und Multiplikation aus der identischen Funktion und den konstanten Funktionen erzeugen läßt. Nach 4.3. und 5.1.2. sind Summe und Produkt differenzierbarer Funktionen im gemeinsamen Differentiationsbereich selbst differenzierbare Funktionen. Daraus folgt der

Satz:

Jede ganzrationale Funktion ist überall in $\mathbb{R}$ differenzierbar.

Mit Hilfe der Ableitungsregeln 4.2.2. A., 5.1.3., 4.3.2. und 4.3.1. erhalten wir die Ableitungsfunktion f′ der ganzrationalen Funktion f. Es gilt:

$$f(x) = a_n x^n + a_{n-1} x^{n-1} + \ldots + a_2 x^2 + a_1 x + a_0 \Rightarrow$$
$$f'(x) = n a_n x^{n-1} + (n-1) a_{n-1} x^{n-2} + \ldots + 2a_2 x + a_1 .$$

Die Ableitungsfunktion f′ einer ganzrationalen Funktion f mit $n > 0$ ist also wieder ganzrational. Der Grad von f′ ist um 1 kleiner als der Grad von f.
Man kann die erhaltene Funktion nochmals differenzieren und findet als 2. Ableitung eine ganzrationale Funktion vom Grad $n-2$. Fährt man so fort, so erhält man nach insgesamt n Differentiationen eine konstante Funktion. Die weiteren Ableitungen sind dann alle mit der Nullfunktion identisch.

Aufgaben

1. Berechne sämtliche Ableitungen von $f\colon x \mapsto \frac{1}{5}x^5 + \frac{1}{6}x^3 - 2x + 4$!
2. Gegeben ist die Funktion $f\colon x \mapsto \frac{1}{6}x^3 - x^2 + 2x - 1$.
   (1) Zeichne den Graphen der Funktion und ihrer Ableitungsfunktion! 1 LE = 0,5 cm.
   (2) Unter welchem Winkel ist die Tangente in den Kurvenpunkten P (1; ?) und Q (−1; ?) gegen die x-Achse geneigt (auf Min. genau)?
   (3) In welchen Kurvenpunkten ist die Tangente parallel zur Winkelhalbierenden des 1. Quadranten?
3. Unter welchen Winkeln schneiden sich die Kurven mit den Gleichungen
   a) $y = x^3$ und $y = \frac{1}{2}x$? b) $y = x^3 + x^2$ und $y = 2x$?
4. Die Funktion $f\colon x \mapsto |x-2|;\ x \in \mathbb{R}$ stellt in $]-\infty; 2[$ und $]2; \infty[$ jeweils eine Einschränkung (vgl. 2.1.4.) einer ganzrationalen Funktion dar.
   Bilde in beiden Bereichen die Ableitungsfunktion! Zeichne die Graphen von f und f′ für das Intervall [−3; 3]!
5. Haben die Funktionen $f\colon x \mapsto f(x)$ Stellen, an denen sie unstetig oder nicht differenzierbar sind?
   a) $f(x) = \begin{cases} \dfrac{x}{2} + 2 & \text{für } x \leqq 2 \\ (x-3)^2 + 2 & \text{für } x > 2 \end{cases}$ b) $f(x) = \begin{cases} x^2 & \text{für } x \leqq 1 \\ -x^2 + 4x - 2 & \text{für } 1 < x \leqq 2 \\ 2 & \text{für } x > 2 \end{cases}$
   c) $f(x) = x^2 - 4|x|;\ x \in \mathbb{R}$ d) $f(x) = \frac{1}{4}|(x-2)(x+2)|;\ x \in \mathbb{R}$
   Zeichne die Graphen von f, f′ und f″ im Bereich [−2; 4]!
6. Tafel I, Bild c zeigt den Stromverlauf $f\colon t \mapsto J$ und seine Ableitung f′ bei einem Wagnerschen Hammer auf dem Schirm eines Kathodenstrahloszillographen. Der Graph der Ableitung wurde mit einem Transformator aufgrund der Induktionsgleichung $U = c\,\dfrac{dJ}{dt}$ gewonnen. Wo ist die Funktion f unstetig, wo nicht differenzierbar? Wie wirkt sich dies im Graphen von f′ aus?

Ergänzungen und Ausblicke

Das Hornersche Schema

Die Werte einer ganzrationalen Funktion und ihrer Ableitung für viele Argumente zu berechnen, ist eine Aufgabe, die in den Anwendungsgebieten der Mathematik häufig auftritt. Dabei erfordert jedoch das Einsetzen der x-Werte in die Funktionsgleichung und die Berechnung der Potenzen bei nicht sehr einfachen Zahlen erhebliche Mühe. Schon seit dem Anfang des vorigen Jahrhunderts ist ein besseres Verfahren für eine beliebige ganzrationale Funktion bekannt, das *Hornersche Schema*. Wir zeigen es am Beispiel der Funktion 4. Grades mit dem Funktionsterm:

$$f(x) = a_4 x^4 + a_3 x^3 + a_2 x^2 + a_1 x + a_0 = \{[(a_4 x + a_3) \cdot x + a_2)] \cdot x + a_1\} \cdot x + a_0$$

Man überzeugt sich leicht von der Richtigkeit dieser Umformung. Der Rechenvorgang wird meist noch in einem übersichtlichen Schema zusammengefaßt:

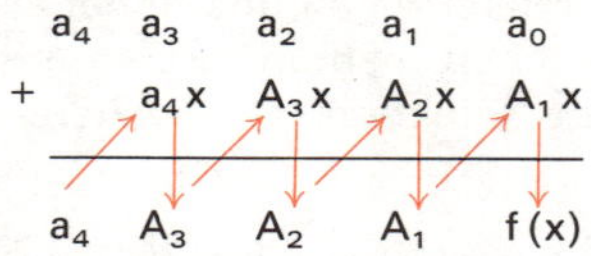

Man schreibt in der 1. Zeile die Koeffizienten auf und rechnet dann in Richtung der Pfeile, wobei abwechselnd mit x multipliziert und das Ergebnis zum nächsten Koeffizienten addiert wird. Die Zwischenergebnisse sind:

$$A_3 = (a_4 x + a_3),\quad A_2 = [(a_4 x + a_3) \cdot x + a_2],\quad A_1 = \{[(a_4 x + a_3) \cdot x + a_2] \cdot x + a_1\}.$$

Soll noch die erste Ableitung an dieser Stelle x berechnet werden, formt man folgendermaßen um:

$$\begin{aligned} f'(x) &= 4a_4 x^3 + 3a_3 x^2 + 2a_2 x + a_1 \\ &= a_4 x^3 + (a_4 x + a_3) x^2 + [(a_4 x + a_3) x + a_2] x + \{[(a_4 x + a_3) x + a_2] x + a_1\} \\ &= a_4 x^3 + A_3 x^2 + A_2 x + A_1 \end{aligned}$$

Wir haben die Ableitung damit auf die Form einer ganzrationalen Funktion 3. Grades gebracht, deren Koeffizienten a_4, A_3, A_2, A_1 schon berechnet sind. Für die Berechnung von f (x) und f' (x) an einer bestimmten Stelle erhält man so das *erweiterte Hornersche Schema*:

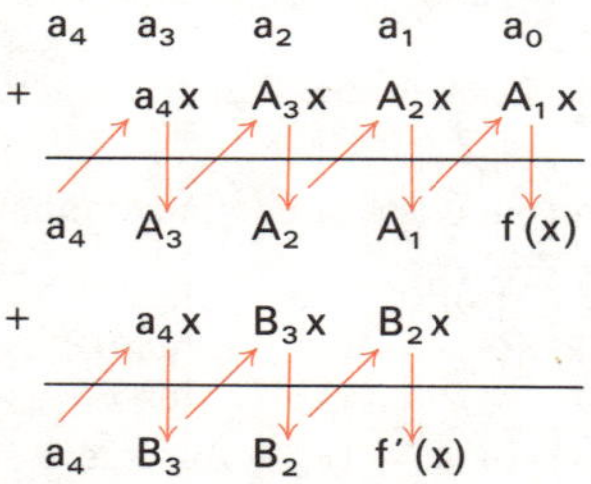

Man sieht, daß sich jede ganzrationale Funktion auf diese Weise behandeln läßt.

Beispiel: Berechne Funktionswert und erste Ableitung der Funktion f: $x \mapsto 0{,}1x^5 - 0{,}3x^4 + 2x^2 - 3{,}5x + 2{,}85$ an der Stelle $x = 1{,}2$!

Lösung:

0,1	− 0,3	0	2	− 3,5	2,85
x = 1,2	0,12	− 0,216	− 0,259	2,09	− 1,69
0,1	− 0,18	− 0,216	1,741	− 1,41	1,16 = f (1,2)
x = 1,2	0,12	− 0,072	− 0,346	1,67	
0,1	− 0,06	− 0,288	1,395	0,26 = f' (1,2)	

Auch wenn die Berechnung für einen Computer programmiert werden soll, eignet sich das Hornersche Schema gut. Man vergleiche auch Flensberg-Zeising: Praktische Informatik, Abschnitt 3.6.

Tafel I

a) Versuchsaufbau zur Differentiation einer Funktion f: $t \mapsto J(t)$ in einem Wechselstromkreis mit Glimmlampe.

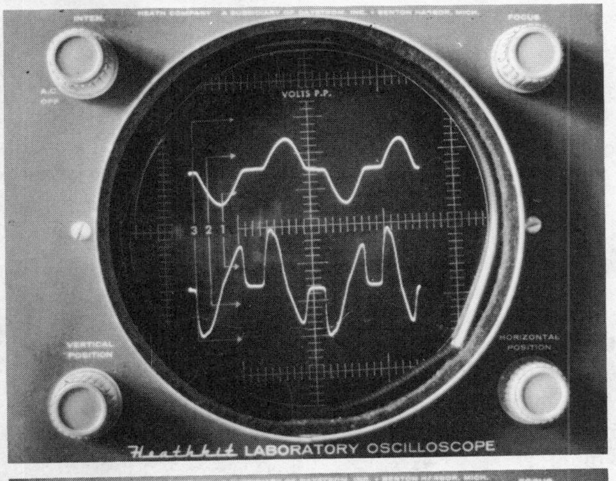

b) Die Graphen einer Funktion und ihrer Ableitung auf dem Schirm des Oszillographen. Die x-Achsen sind in Höhe der Einsatzpunkte der Kurven zu denken.

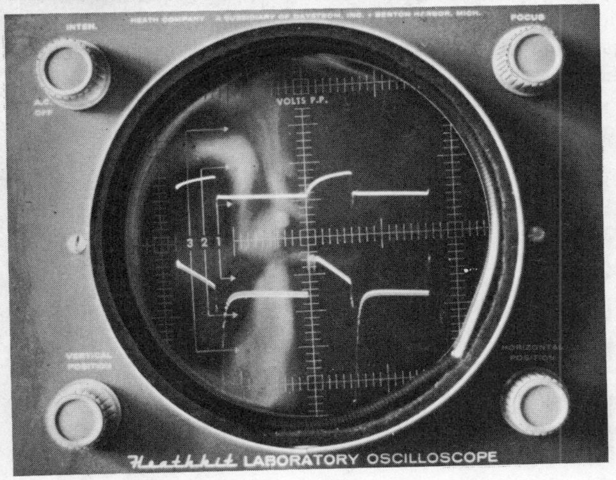

c) Die Stromstärke beim Wagnerschen Hammer als Funktion der Zeit und die Ableitungsfunktion; x-Achse in Höhe der horizontalen Strecken.

Aufgaben

Berechne mit dem Hornerschen Schema Funktionswert und Ableitung der Funktion f: $x \mapsto f(x)$ an der Stelle x_0 für:

a) $f(x) = 2x^3 - 12x^2 + 8x + 7, \quad x_0 = 5$
b) $f(x) = x^3 - 2x^2 - 3x + 1, \quad x_0 = -2{,}5$
c) $f(x) = 0{,}1x^4 + x^3 + 2x^2 - 4, \quad x_0 = 3{,}4$
d) $f(x) = x^3 - 5x^2 - 4x - 12, \quad x_0 = 6{,}1$

5.2. Sätze über ganzrationale Funktionen

5.2.1. Verhalten für $x \to \pm\infty$

Satz:

Wenn bei einer ganzrationalen Funktion f vom Grad $n \geqq 1$ das Argument x gegen $\pm\infty$ geht, strebt der Betrag des Funktionswertes f(x) gegen ∞.

Beweis:

$f(x) = a_n x^n + a_{n-1} x^{n-1} + \ldots a_1 x + a_0$ läßt sich, wenn $x \neq 0$, umformen in

$$f(x) = \left(a_n + \frac{a_{n-1}}{x} + \ldots + \frac{a_1}{x^{n-1}} + \frac{a_0}{x^n}\right) \cdot x^n.$$

Der Term in der Klammer konvergiert für $x \to \pm\infty$ gegen a_n, da alle anderen Glieder der Klammer gegen Null gehen. Der Faktor x^n dagegen strebt gegen $\pm\infty$. Daher geht auch f(x) gegen $\pm\infty$, d.h.: $|f(x)| \to \infty$, w.z.b.w.

5.2.2. Symmetrieeigenschaften des Graphen

Hat eine Funktion die Gleichung $y = a_0 + a_2 x^2 + a_4 x^4 + \ldots + a_{2m} x^{2m}$; $x \in \mathbb{R}$, $m \in \mathbb{N}$, treten also nur die geradzahligen Exponenten von x (einschließlich Null) auf, dann hat das Vorzeichen von x keinen Einfluß auf den Funktionswert. Mit (x; y) gehört daher stets auch (− x; y) zur Erfüllungsmenge der Gleichung. Der Graph ist symmetrisch zur y-Achse.
Hat eine Funktion die Gleichung $y = a_1 x + a_3 x^3 + \ldots + a_{2m+1} x^{2m+1}$; $x \in \mathbb{R}$, $m \in \mathbb{N}$, treten also nur ungeradzahlige Exponenten von x auf, dann gehört mit (x; y) stets auch (− x; − y) zur Erfüllungsmenge der Gleichung. Der Graph ist punktsymmetrisch zum Ursprung. Allgemein vereinbaren wir:

Definition:

Eine Funktion f: $x \mapsto f(x)$; $x \in D_f$ heißt

gerade / *ungerade* } wenn mit $x \in D_f$ auch $-x \in D_f$ gilt und { $f(x) = f(-x)$ / $f(x) = -f(-x)$

Im ersten Fall liegt Symmetrie des Graphen zur y-Achse vor, im zweiten Fall ist der Ursprung Symmetriezentrum des Graphen.

1. Beispiel: $y = \frac{1}{4}x^4 - \frac{5}{4}x^2 + 1$; $x \in \mathbb{R}$
Es handelt sich um die Gleichung einer geraden Funktion.
Die y-Achse ist Symmetrieachse des Graphen (Fig. 5.1).

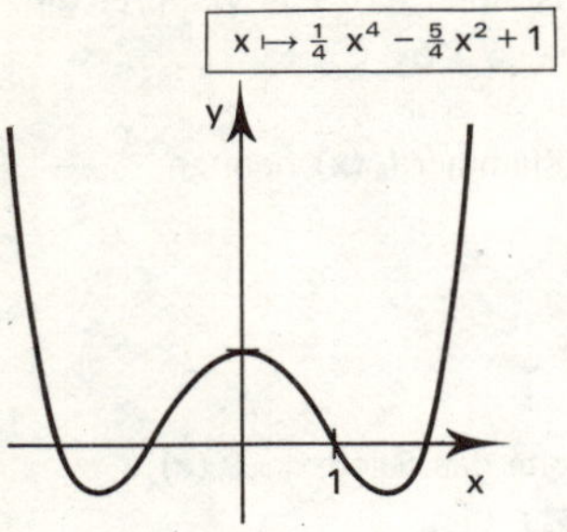

Fig. 5.1

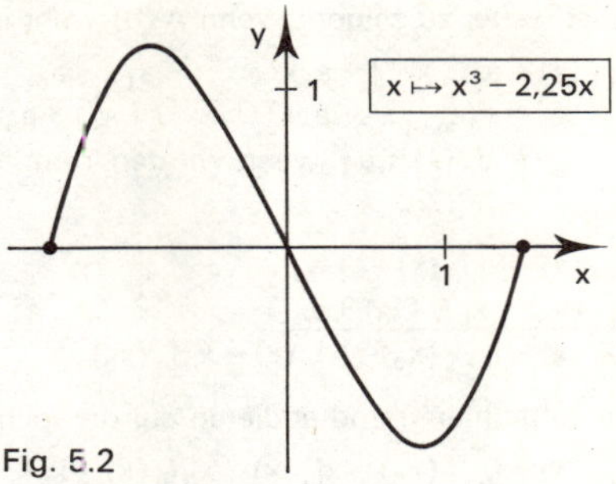

Fig. 5.2

2. Beispiel: $y = x^3 - 2{,}25x$; $x \in [-1{,}5; 1{,}5]$
Es handelt sich um die Gleichung einer ungeraden Funktion.
Der Ursprung ist Symmetriezentrum des Graphen (Fig. 5.2).

3. Beispiel:

a) Die Funktion cos: $x \mapsto \cos x$; $D_{\cos} = \mathbb{R}$ ist eine gerade Funktion, weil mit jedem $x \in \mathbb{R}$ stets auch $-x \in \mathbb{R}$ und für alle $x \in \mathbb{R}$ $\cos(-x) = \cos x$ gilt.

b) f: $x \mapsto \sin x$; $D_f = [-2\pi; 2\pi]$ ist eine ungerade Funktion, weil mit jedem $x \in D_f$ stets auch $-x \in D_f$ und für alle $x \in D_f$ $\sin(-x) = -\sin x$ gilt.

c) φ: $x \mapsto \sin x$; $D_\varphi = [-2\pi; 2\pi[$ ist keine ungerade Funktion. Warum?

5.2.3. Algebraische Eigenschaften

Für das Arbeiten mit den ganzrationalen Funktionen brauchen wir noch einige Sätze über Nullstellen, über Zerlegungsmöglichkeiten des Funktionsterms und über die Eindeutigkeit der Darstellung.

Satz:

Für jede ganzrationale Funktion f vom Grad $n \in \mathbb{N}$ und jede beliebige Zahl $x_0 \in \mathbb{R}$ ist folgende Umformung des Funktionsterms möglich:

$$\begin{aligned} f(x) &= a_n x^n + a_{n-1} x^{n-1} + \ldots + a_1 x + a_0 \\ &= (x - x_0)(b_{n-1} x^{n-1} + \ldots + b_1 x + b_0) + f(x_0); \quad b_{n-1} \neq 0 \end{aligned}$$

Beweis:
Wir beweisen den Satz mit vollständiger Induktion.
A(n): Für jede ganzrationale Funktion f_n vom Grad n und jede Stelle x_0 gilt für alle x

$$f_n(x) - f_n(x_0) = (x - x_0) f_{n-1}(x),$$

wobei f_{n-1} eine ganzrationale Funktion vom Grad $n-1$ ist.

$$\begin{aligned} f_1(x) &= a_1 x + a_0 \\ f_1(x_0) &= a_1 x_0 + a_0 \end{aligned}$$

subtrahiert: $f_1(x) - f_1(x_0) = (x - x_0) a_1$, $f_0(x) = a_1$ ist ein Funktionsterm vom Grad 0.

(1) A(1): $f_1(x) - f_1(x_0) = (x - x_0) f_0(x)$ ist also wahr.

Es ist weiter zu zeigen: Wenn A (n) wahr ist, so ist auch A (n + 1) wahr. Es gilt:

$$f_{n+1}(x) = a_{n+1}x^{n+1} + a_n x^n + \ldots + a_1 x + a_0, \qquad a_{n+1} \neq 0$$
$$= x(a_{n+1}x^n + a_n x^{n-1} + \ldots + a_1) + a_0$$
$$= x f_n(x) + a_0,$$ wenn wir den Term in der Klammer $f_n(x)$ nennen.

Also

$$f_{n+1}(x) = x f_n(x) + a_0$$
$$\underline{f_{n+1}(x_0) = x_0 f_n(x_0) + a_0}$$
$$f_{n+1}(x) - f_{n+1}(x_0) = x f_n(x) - x_0 f_n(x_0)$$

Wir subtrahieren und addieren auf der rechten Seite das Glied $x_0 \cdot f_n(x)$:

$$f_{n+1}(x) - f_{n+1}(x_0) = x f_n(x) - x_0 f_n(x) + x_0 f_n(x) - x_0 f_n(x_0)$$
$$= (x - x_0) f_n(x) + x_0 (f_n(x) - f_n(x_0))$$

Wenn A (n) gilt, so können wir umformen:

$$f_{n+1}(x) - f_{n+1}(x_0) = (x - x_0) f_n(x) + x_0 (x - x_0) f_{n-1}(x)$$
$$= (x - x_0)(f_n(x) + x_0 f_{n-1}(x))$$

$f_n(x) + x_0 f_{n-1}(x)$ ist aber ein ganzrationaler Funktionsterm vom Grad n. Aus A (n) konnten wir also A (n + 1) folgern:

(2) $A(n) \Rightarrow A(n+1)$

Mit (1) und (2) ist der Beweis durch vollständige Induktion erbracht.

Wählen wir für x_0 eine Nullstelle von f, so ist $f(x_0) = 0$ und es ergibt sich der

Zerlegungssatz:

Wenn x_0 eine Nullstelle der ganzrationalen Funktion f vom Grad n mit $n \in \mathbb{N}$ ist, gibt es folgende Zerlegung:

$$f(x) = a_n x^n + a_{n-1} x^{n-1} + \ldots + a_1 x + a_0$$
$$= (x - x_0)(b_{n-1} x^{n-1} + \ldots + b_1 x + b_0), \quad b_{n-1} \neq 0$$

Daraus folgt: $f(x)$ ist durch $(x - x_0)$ teilbar.

Dieser Satz ist für uns zum Beispiel wertvoll, wenn von einer Funktion 3. Grades eine Nullstelle – etwa aus der Wertetabelle – bekannt ist. Dann lassen sich die beiden anderen Nullstellen, sofern sie vorhanden sind, rechnerisch ermitteln (siehe 1. Beispiel).

Definition:

Ist eine Zerlegung $f(x) = (x - x_0)^p g(x)$ mit $p \in \mathbb{N}$ und $g(x_0) \neq 0$ eines Funktionsterms $f(x)$ einer ganzrationalen Funktion f möglich, so nennt man x_0 eine p-fache Nullstelle der Funktion f.

Aus dem Zerlegungssatz kann man eine Aussage über die Zahl der Nullstellen einer ganzrationalen Funktion f vom Grad n erhalten. Ist x_0 eine Nullstelle, so gilt

$$f(x) = (x - x_0)\, g_1(x).$$

Da $b_{n-1} \neq 0$, ist der Grad von $g_1(x)$ nur noch $(n - 1)$. Hat $g_1(x)$ eine Nullstelle x_1, so ist eine entsprechende Zerlegung $g_1(x) = (x - x_1)\, g_2(x)$ möglich. g_2 hat den Grad

$(n-2)$. Falls es jeweils eine Nullstelle des nächsten Terms $g_v(x)$ gibt, kommt man schließlich auf eine Zerlegung

$$g_{n-1}(x) = (x - x_{n-1})\, g_n(x)$$

wobei $g_{n-1}(x)$ ein linearer Term und $g_n(x)$ eine von Null verschiedene Konstante ist. $f(x)$ hat in diesem Fall n Nullstellen. Hat irgendein g_ν mit $\nu < n-1$ bereits keine Nullstelle (z.B. x^2+1), so ist die Zahl der Nullstellen von $f(x)$ kleiner als n. Es folgt der

Nullstellensatz für ganzrationale Funktionen

Eine ganzrationale Funktion vom Grad n hat höchstens n Nullstellen, wobei mehrfache Nullstellen mehrfach gezählt werden.

Aus diesem Satz wiederum können wir eine vielleicht recht selbstverständlich erscheinende, aber jedenfalls grundlegende Eigenschaft der ganzrationalen Funktionen beweisen, den

Eindeutigkeitssatz:

Wenn zwei ganzrationale Funktionen

$$f\colon x \mapsto a_n x^n + \ldots + a_0 \quad \text{und} \quad g\colon x \mapsto b_m x^m + \ldots + b_0$$

gleich sind, so stimmen sie im Grad und in allen Koeffizienten überein. Die Darstellung als Polynom ist also eindeutig.

Beweis:

Falls $n \neq m$ können wir $n > m$ annehmen. Dann ergänzen wir $g(x)$ bis zur Potenz x^n mit $b_{m+1} = b_{m+2} = \ldots = b_n = 0$.
Für den Differenzterm $d(x) = f(x) - g(x)$ ergibt sich dann

$$d(x) = (a_n - b_n)x^n + \ldots + (a_1 - b_1)x + (a_0 - b_0).$$

Dies ist der Funktionsterm einer ganzrationalen Funktion d. Wenn die Funktionen f und g gleich sind, so müssen ihre Funktionswerte für alle $x \in \mathbb{R}$ übereinstimmen. Der Differenzterm $d(x)$ ist daher für alle x gleich Null. Nach dem Nullstellensatz hat aber jede ganzrationale Funktion n-ten Grades höchstens n Nullstellen. d muß also die Nullfunktion mit $x \mapsto 0$ sein, alle Koeffizienten von $d(x)$ sind 0, d.h.

$$a_n = b_n,\ a_{n-1} = b_{n-1}, \ldots a_1 = b_1,\ a_0 = b_0.$$

Damit ist auch der Grad der beiden Funktionen gleich.

Da ein Differenzterm $d(x)$ vom Grad n höchstens n Nullstellen haben darf, ergibt sich für d bereits dann die Nullfunktion, wenn f und g für $n+1$ Werte von x den gleichen Funktionswert haben. Dann sind also f und g bereits gleich. Wir erhalten den

Bestimmungssatz:

Zwei ganzrationale Funktionen, deren Grade kleiner oder gleich n sind, sind bereits gleich, wenn ihre Funktionswerte für $n+1$ Werte von x übereinstimmen. Durch $n+1$ Wertepaare $(x_\nu; f(x_\nu))$, $\nu \in \{0, 1, \ldots, n\}$, mit paarweise verschiedenen x_ν ist eine ganzrationale Funktion, deren Grad kleiner oder gleich n ist, eindeutig festgelegt.

1. Beispiel: Gegeben ist die Funktion f: $x \mapsto x^3 - 3x^2 - 5x + 15$. Bekannt sei die Nullstelle $x_1 = 3$. Wie lauten die weiteren Nullstellen?

1. Lösungsweg: Durch *Division* ergibt sich

$$\begin{array}{l} (x^3 - 3x^2 - 5x + 15) : (x - 3) = x^2 - 5 \\ \underline{x^3 - 3x^2} \\ \quad 0 - 5x + 15 \\ \quad \underline{\;\; - 5x + 15} \\ \qquad\qquad 0 \end{array}$$

Die Funktion mit $x \mapsto (x - 3)(x^2 - 5)$ ist also identisch mit der gegebenen Funktion. Aus der 2. Klammer erhält man die weiteren Nullstellen $x_2 = \sqrt{5}$, $x_3 = -\sqrt{5}$.

2. Lösungsweg: Wir führen einen *Koeffizientenvergleich* durch. Dazu setzen wir

$$x^3 - 3x^2 - 5x + 15 = (x - 3)(Ax^2 + Bx + C) = Ax^3 + (B - 3A)x^2 + (C - 3B)x - 3C$$

Die beiden Seiten der Gleichung müssen identisch sein. Dies ist dann und nur dann der Fall wenn $1 = A \wedge -3 = B - 3A \wedge -5 = C - 3B \wedge 15 = -3C$

Man erhält $A = 1 \wedge B = 0 \wedge C = -5$, also wieder $f(x) = (x - 3)(x^2 - 5)$.

2. Beispiel: Es soll eine ganzrationale Funktion f: $x \mapsto y$ vom Grad $n \leqq 3$ bestimmt werden, die folgende Zahlenpaare enthält:
(0; 1), (1; 0), (2; 5), (−1; 2)

Lösung: Nach dem Bestimmungssatz gibt es genau eine solche ganzrationale Funktion. Sie habe die Gleichung

$$y = a_3 x^3 + a_2 x^2 + a_1 x + a_0$$

Setzt man die gegebenen Zahlenpaare ein, so erhält man folgende Gleichungen für die Koeffizienten:

(I) $1 = a_0$
(II) $\wedge\; 0 = a_3 + a_2 + a_1 + a_0$
(III) $\wedge\; 5 = 8a_3 + 4a_2 + 2a_1 + a_0$
(IV) $\wedge\; 2 = -a_3 + a_2 - a_1 + a_0$

Hieraus ergibt sich:
$a_0 = 1 \wedge a_1 = -2 \wedge a_2 = 0 \wedge a_3 = 1$.

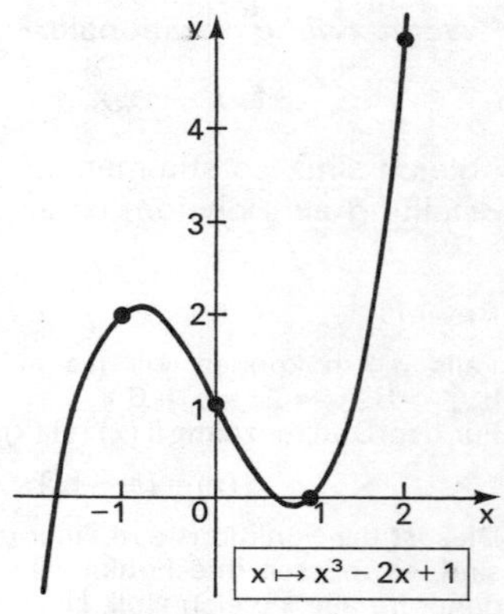

Fig. 5.3

Ergebnis: Die Funktion heißt f: $x \mapsto x^3 - 2x + 1$ (Fig. 5.3).

Aufgaben

Funktionsverhalten

1. Bestimme bei den folgenden Funktionen ihr Verhalten für $x \to -\infty$!

a) f: $x \mapsto x^3 + x$ b) f: $x \mapsto -x^4 + 2$ c) f: $x \mapsto \frac{x^6}{100} - 3x^3 + x$

d) f: $x \mapsto 4 - 3x^3$ e) f: $x \mapsto 5 + \frac{1}{x}$ f) f: $x \mapsto \frac{x^2 - x}{x}$

2. Gib die Bedingung an, wann eine Funktion f: $x \mapsto y = a_n x^n + \ldots + a_1 x + a_0$; $x \in \mathbb{R}$ das folgende Verhalten zeigt:

a) $x \to +\infty \Rightarrow y \to +\infty$ und $x \to -\infty \Rightarrow y \to +\infty$
b) $x \to +\infty \Rightarrow y \to -\infty$ und $x \to -\infty \Rightarrow y \to -\infty$

c) $x \to +\infty \Rightarrow y \to +\infty$ und $x \to -\infty \Rightarrow y \to -\infty$

d) $x \to +\infty \Rightarrow y \to -\infty$ und $x \to -\infty \Rightarrow y \to +\infty$

3. Eine Funktion $f: x \mapsto f(x);\ x \in \mathbb{R}$ ist gegeben durch

$$f(x) = \begin{cases} \frac{x}{2} + 2 & \text{für } x \leqq 0 \\ -(x-1)^2 + 3 & \text{für } 0 < x \leqq 2 \\ -x + 3 & \text{für } x > 2 \end{cases}$$

Zeichne den Graphen der Funktion im Intervall $[-3; 3]$! Ist f an den Stellen $x = 0$ und $x = 2$ stetig bzw. differenzierbar? Wo liegen die Nullstellen der Funktion?

4. Welche Symmetrieeigenschaften kann der Graph einer ganzrationalen Funktion 2., 3. bzw. 4. Grades nicht haben?

5. Zeige, daß der Graph der Funktion $f: x \mapsto y = x^2 - 6x + 5$ eine Symmetrieachse hat! Wo liegt sie?

Anleitung: Bei der Transformation $x = \bar{x} + p,\ y = \bar{y}$ soll p so gewählt werden, daß das lineare Glied wegfällt.

6. Zeige, daß die Graphen folgender Funktionen $f: x \mapsto y$ Punktsymmetrie aufweisen! Wo liegt das Symmetriezentrum?

a) $y = x^3 - 3x^2 + x + 4$ b) $y = x^3 - 6x^2 + 17x - 18$

Anleitung: Durch die Transformation $x = \bar{x} + p,\ y = \bar{y} + q$ kann man erreichen, daß das konstante und das quadratische Glied wegfallen.

7. Bestimme die Nullstellen folgender ganzrationaler Funktionen f:

a) $x \mapsto x^2 + x - 6$ b) $x \mapsto x^3 - 3x^2 + x$ c) $x \mapsto x^4 - 5x^2 + 4$

d) $x \mapsto (x+4)(x^2 + x - 2)$ e) $x \mapsto (x-3)(x^2 + x + 2)$ f) $x \mapsto x^4 + 6x^3 + 9x^2$

g) $x \mapsto x^3 + 2x^2 - 13x + 10$ h) $x \mapsto x^3 - x^2 + 2$ i) $x \mapsto x^4 - 2x^3 - 25x^2 + 50x$

Hinweis: Bei g), h) und i) ist zuerst eine Nullstelle durch Probieren zu ermitteln.

8. Bestimme die Menge der x-Werte, für die bei der Funktion $f: x \mapsto y = x^2 - 2x - 5$ jeweils folgende Bedingung erfüllt ist:

a) $y = 3$ b) $y > 10$ c) $y < -2$ d) $y < -10$

9. Zeige, daß die Funktion $f: x \mapsto ax^2 + b|x| + c$ entweder 0, 1, 2, 3 oder 4 Nullstellen haben kann! Bilde für jeden dieser Fälle ein Beispiel mit Skizze!

10. Zeige: Der Durchschnitt einer ganzrationalen Funktion n-ten Grades $(n > 1)$ und einer linearen Funktion hat höchstens n Elemente $(x; y)$. Formuliere den entsprechenden Satz für die Graphen der beiden Funktionen!

11. Gib für den Funktionsterm $f(x) = x^3 - x^2 - 2x$ eine Darstellung entsprechend dem 1. Satz von 5.2.3. an mit $x_0 = 1$! Berechne damit weitere x-Werte, denen derselbe Funktionswert f(x) zugeordnet ist wie $x_0 = 1$!

Aufstellen der Funktionsgleichung

12. Bestimme ganzrationale Funktionen f möglichst niedrigen Grades, für die gilt:

a) $(1; 2) \in f \wedge (3; 4) \in f \wedge (-1; 8) \in f$

b) $(-1; 0) \in f \wedge (0; 1) \in f \wedge (1; 2) \in f \wedge (2; 6) \in f$

c) $(-2; 10) \in f \wedge (0; 0) \in f \wedge (1; 1) \in f \wedge (3; 15) \in f$

13. Suche eine Funktion 2. Grades mit

a) zwei Nullstellen, b) einer zweifachen Nullstelle, c) ohne Nullstelle!

Was läßt sich jeweils über den Graphen sagen?

14. (1) Gib irgendeine Funktion 2. Grades an, die für $x_1 = 2$ den Funktionswert $y_1 = 0$ und für $x_2 = 1$ den Funktionswert $y_2 = 1$ hat!
(2) Zeichne die Graphen einiger derartiger Funktionen!
(3) Gib die Gleichung für die Gesamtheit aller Funktionen an, die diese Bedingung erfüllen!

15. a) Suche je eine Funktion 4. Grades mit 0, 1, 2, 3 bzw. 4 Nullstellen!
b) Sind bei Funktionen 3. Grades 0, 1, 2 und 3 Nullstellen möglich?

5.3. Kurvendiskussion

5.3.1. Einführung in die Kurvendiskussion

Eine wichtige Anwendung der Differentialrechnung ist die Untersuchung der Graphen von Funktionen, die sogenannte Kurvendiskussion. Wir werden sehen, daß die 1. und 2. Ableitung vielfältige Aussagen über die Graphen ermöglichen, die ohne diese Hilfsmittel nur sehr mühsam und meist auch ungenauer über umfangreiche Wertetabellen zu gewinnen sind. In diesem Abschnitt soll anhand einer Musteraufgabe zu den Begriffen, Problemstellungen und Vorgehensweisen hingeführt werden. Die genauen Definitionen und Beweise folgen erst bei der gründlichen Behandlung im nächsten Abschnitt.

Aufgabe: Es soll die durch die Funktionsgleichung $y = f(x) = x^3 - 3x^2$; $D_f = \mathbb{R}$ dargestellte Kurve untersucht werden.

Lösungsgang:

A. Symmetrieeigenschaften der Kurve

Eine Symmetrieeigenschaft ist nach den Kriterien von 5.2.2. nicht zu erkennen, da sowohl gerade als auch ungerade Potenzen von x auftreten.

B. Schnittpunkte der Kurve mit der x-Achse

Wir setzen $f(x) = 0$ und erhalten $0 = x^2(x - 3)$ mit der doppelten Nullstelle $x_1 = 0$ und der einfachen Nullstelle $x_2 = 3$.

C. Bestimmung der Vorzeichenfelder (Felderabstreichen)

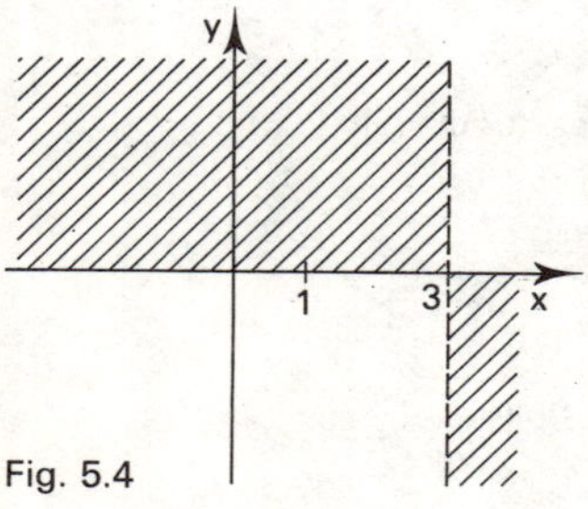

Fig. 5.4

Aus dem Nullstellensatz stetiger Funktionen folgt, daß eine stetige Funktion höchstens an einer Nullstelle das Vorzeichen wechseln kann. Für $x > 3$ verläuft der Graph überall oberhalb der x-Achse, da alle Faktoren des Produkts $f(x) = x^2(x - 3)$ positiv sind. Für $x < 3$ verläuft der Graph unter der x-Achse, da dort $x - 3 < 0$ und damit $f(x) < 0$. Bei der Nullstelle $x = 0$ tritt kein Vorzeichenwechsel auf wegen des quadratischen Faktors x^2 (zweifache Nullstelle, vgl. die Definition in 5.2.3.). Fig. 5.4

D. Nullstellen der 1. Ableitung

Es ist $f'(x) = 3x^2 - 6x = 3x(x-2)$
$f'(x) = 0$ an den Stellen $x_1 = 0$ und $x_3 = 2$. Die Kurve hat dort horizontale Tangenten.

E. Steigen und Fallen. Extremwerte

Da die 1. Ableitung eine stetige Funktion ist, hat sie zwischen den benachbarten Nullstellen x_1 und x_3 einheitliches Vorzeichen.
Man erkennt aus der Produktdarstellung $f'(x) = 3x(x-2)$, daß

$$f'(x) < 0 \quad \text{für} \quad 0 < x < 2.$$

Wenn $f'(x) < 0$, dann ist also die Steigung der Kurventangente an diesen Stellen negativ. Es ist anschaulich plausibel, daß die Funktion hier abnimmt, die Kurve nach rechts fällt. Für dieses Einführungsbeispiel soll diese Tatsache noch nicht genauer präzisiert werden.
Da das Vorzeichen von $f'(x)$ an den einfachen Nullstellen wechselt, ergibt sich weiter:

$$f'(x) > 0 \quad \text{für} \quad x > 2 \quad \text{und für} \quad x < 0, \quad \text{die Kurve steigt.}$$

Speziell für die Nullstellen der Funktion erhält man als Steigungen:

$$f'(0) = 0 \quad \text{und} \quad f'(3) = 9.$$

Die Kurve steigt bis zur Stelle $x = 0$ und fällt dann. $P(0; 0)$ ist der höchste Punkt in der Umgebung dieser Stelle; man spricht von einem *lokalen Maximum*. Zwischen $x = 0$ und $x = 2$ fällt die Kurve, für $x > 2$ steigt sie. $Q(2; -4)$ ist die tiefste Stelle der Umgebung, ein *lokales Minimum* (Fig. 5.5).

F. Krümmungsverhalten und Wendepunkt

$$f''(x) = 6x - 6 = 6(x-1)$$

Es ist $f''(1) = 0$ und $f'(1) = -3$.
Für $x > 1$ ist $f''(x) > 0$; für $x < 1$ ist $f''(x) < 0$.
Da $f''(x)$ die Ableitung von $f'(x)$ ist, folgt analog E:
Wenn an einer Stelle x gilt $f''(x) < 0$, nimmt $f'(x)$ in der Umgebung dieser Stelle ab.
Das Vorzeichen von $f''(x)$ gibt also die Änderungstendenz der Steigung an. Im Bereich $x > 1$ wächst sie, und zwar von -3 gegen $+\infty$. Geometrisch bedeutet dies, daß sich die Tangente in diesem Bereich im mathematisch positiven Sinne dreht, also gegen den Uhrzeigersinn. Die Kurve heißt in diesem Bereich *linksgekrümmt, Linkskurve*. Im Bereich $x < 1$ ist $f''(x)$ negativ, $f'(x)$ nimmt dort mit wachsendem x ab, die Tangente dreht sich im mathematisch negativen Sinn. Die Kurve heißt in diesem Bereich *rechtsgekrümmt, Rechtskurve*.
Für $x = 1$ ist $f''(x) = 0$. Links davon ist die Kurve rechtsgekrümmt, rechts davon linksgekrümmt. Bei $x = 1$ liegt ein *Wendepunkt* W. Die Tangente im Wendepunkt, die sogenannte *Wendetangente*, hat die Steigung $m = -3$.

G. Verhalten am Rande des Definitionsbereichs

Betrachtet man eine Einschränkung g von f, z. B. auf

$$D_g = \{x \mid -2 \leqq x \leqq 4\},$$

so gibt es zu den x-Werten dieses Intervalls einen größten und einen kleinsten Wert der Funktion. Diese Extremwerte liegen in unserem Beispiel am Rande von D_g:

$$g(4) = f(4) = 16, \text{ globales Maximum für } x \in D_g$$
$$g(-2) = f(-2) = -20, \text{ globales Minimum für } x \in D_g$$

Die Wertemenge der betrachteten Funktion g ist also $W_g = \{y \mid -20 \leqq y \leqq 16\}$. Für die Zeichnung der Kurve weiß man damit, wie groß das Zeichenblatt sein muß bzw. welchen Maßstab man zu wählen hat.

Die Funktion f: $x \mapsto f(x) = x^3 - 3x^2$ hat die maximale Definitionsmenge $\mathbb{R}$. Da $f(x) \to +\infty$ für $x \to +\infty$ und $f(x) \to -\infty$ für $x \to -\infty$, hat f weder ein globales Maximum noch ein globales Minimum.
Für die Zeichnung stellt man sich aus den bei der Untersuchung berechneten Werten eine Wertetabelle auf, die man, wenn erforderlich, noch durch weitere Werte ergänzt.

x	−2	−1	0	1	2	3	4
f(x)	−20	−4	0	−2	−4	0	16

H. Zusammenhang der Graphen von f, f′ und f″

Wir zeichnen unter den Graphen G_f (Fig. 5.5) die Graphen $G_{f'}$ (Fig. 5.6) und $G_{f''}$ (Fig. 5.7).
$G_{f''}$ ist eine Gerade, die für $x < 1$ unterhalb, für $x > 1$ oberhalb der x-Achse verläuft. Entsprechend ist $G_{f'}$ für $x < 1$ rechtsgekrümmt, für $x > 1$ linksgekrümmt. Dem Schnittpunkt von $G_{f''}$ mit der x-Achse entspricht der Wendepunkt von G_f.
$G_{f'}$ ist eine Parabel. Ihren Nullstellen entsprechen die Stellen mit horizontalen Tangenten an G_f. Da $G_{f'}$ bei $x = 0$ und $x = 2$ die x-Achse schneidet, hat G_f hier Extremwerte. Wo $G_{f'}$ über der x-Achse verläuft, steigt G_f und wo $G_{f'}$ darunter verläuft, fällt G_f.

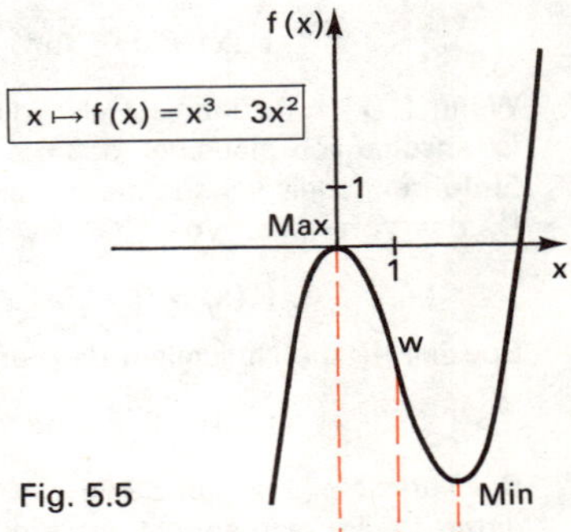

Fig. 5.5

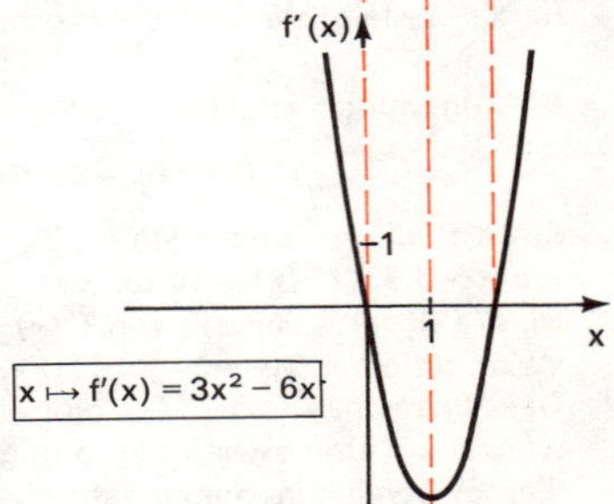

Fig. 5.6

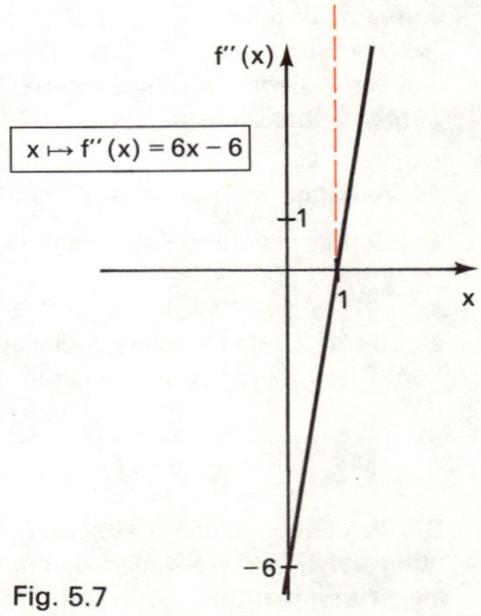

Fig. 5.7

Aufgaben

1. Streiche in der xy-Ebene Felder ab, die von der x-Achse und Parallelen zur y-Achse begrenzt werden, in denen keine Punkte des Graphen der Funktion f: $x \mapsto f(x)$ auftreten können!
   a) $f(x) = (x-4)(x-1)(x+3)$
   b) $f(x) = (x+4)(x-3)(x-1)^2$
   c) $f(x) = x^4 - 4x^2$
2. In welchen Intervallen steigt bzw. fällt der Graph von f? Wo liegen folglich lokale Maxima und Minima?
   a) f: $x \mapsto \frac{1}{2}x^4 - 9x^2 + 1$
   b) f: $x \mapsto x^4 - \frac{8}{3}x^3 + 2x^2$
   c) f: $x \mapsto (2-x)^3 + 1$
3. Gib jeweils irgendeine ganzrationale Funktion vom Grad $n \geqq 1$ an, deren Graph die folgenden Bedingungen in $\mathbb{R}$ erfüllt:
   a) die Kurve verläuft über der x-Achse,
   b) die Kurve steigt,
   c) die Kurve ist linksgekrümmt.
   d) Gibt es eine ganzrationale Funktion, deren Graph gleichzeitig zwei oder drei dieser Bedingungen in $\mathbb{R}$ erfüllt?

5.3.2. Definitionen und Kriterien zur Kurvendiskussion

Nachdem wir in 5.3.1. die wichtigsten Begriffe zur Kurvendiskussion an einem Beispiel kennengelernt haben, sollen nunmehr die einzelnen Definitionen und Kriterien präzisiert und ergänzt werden. Es geht darum, herauszufinden, was man aufgrund von geometrischen Eigenschaften eines Graphen über die Ableitungen der Funktion und vor allem umgekehrt, was man aufgrund der Ableitungen über den Graphen aussagen kann.
Die folgenden Sätze gelten nicht nur für ganzrationale Funktionen, sondern für alle Funktionen, bei denen die jeweils auftretenden Ableitungen an den betreffenden Stellen bzw. in den angesprochenen Intervallen existieren.

A. Steigen und Fallen

Es soll zunächst untersucht werden, was sich aus $f'(x_0) > 0$ an einer Stelle $x_0 \in D$ folgern läßt.
Existiert an einer Stelle $x_0 \in D$ die Ableitung $f'(x_0)$, so gilt nach dem Differenzierbarkeitsansatz von 4.1.2. für alle $x \in D$

$$f(x) = f(x_0) + (x - x_0)\,\varphi(x) \qquad \text{mit} \qquad \lim_{x \to x_0} \varphi(x) = f'(x_0)$$

Ist $f'(x_0) > 0$, so ist in einer gewissen Umgebung $U(x_0)$ auch $\varphi(x) > 0$. Rechts von x_0, also für $x > x_0$ oder $x - x_0 > 0$ ist daher $(x - x_0)\,\varphi(x) > 0$, also $f(x) > f(x_0)$. Links von x_0, also für $x - x_0 < 0$ entsprechend $f(x) < f(x_0)$. Analog läßt sich für $f'(x_0) < 0$ schließen. Wir erhalten den

Satz 1:

Ist $x_0 \in D_f$ und $f'(x_0) \neq 0$, so gibt es eine Umgebung $U(x_0)$, für die gilt:

$$\left.\begin{array}{l} f'(x_0) > 0 \;\Rightarrow\; f(x_1) < f(x_0) < f(x_2) \\ f'(x_0) < 0 \;\Rightarrow\; f(x_1) > f(x_0) > f(x_2) \end{array}\right\} \text{ für } x_1 < x_0 < x_2 \text{ und } x_1, x_2 \in U(x_0)$$

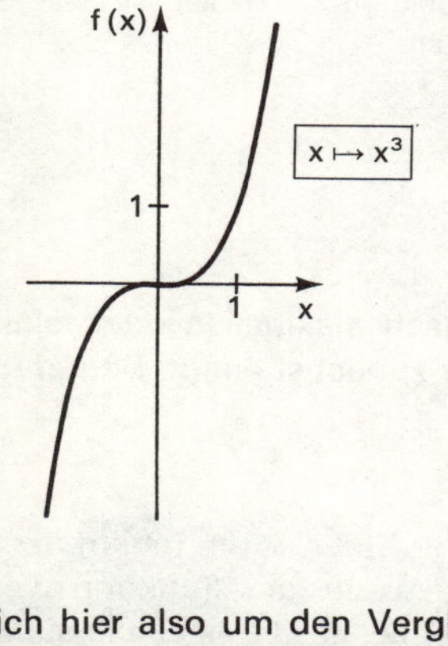

Fig. 5.8

Bemerkung: Die umgekehrte Pfeilrichtung in Satz 1 wäre falsch, wie das Beispiel $x \mapsto f(x) = x^3$ an der Stelle $x_0 = 0$ zeigt. Zwar ist $x^3 > 0$ für $x > 0$ und $x^3 < 0$ für $x < 0$, aber $f'(0) = 0$ (Fig. 5.8).

Es handelt sich hier also um den Vergleich der Funktionswerte $f(x)$ mit dem Funktionswert an der Stelle x_0. Damit werden wir auf die Monotonie von Funktionen geführt, wie wir sie schon in 2.1.4. betrachtet haben.

In Verbindung mit der Ableitung ergibt sich jetzt ein wichtiger Satz für ein offenes Intervall $J \subseteqq D$, der bei Kurvendiskussionen wertvolle Aufschlüsse gibt und darüber hinaus bei vielen Beweisen benötigt wird:

Satz 2a:

$f'(x) > 0$ für alle $x \in J \Rightarrow$ f ist in J streng monoton zunehmend
$f'(x) < 0$ für alle $x \in J \Rightarrow$ f ist in J streng monoton abnehmend

Es ist zwar anschaulich plausibel, daß aus der Tatsache der positiven Ableitung für alle x eines Intervalls auf die Monotonie, ja sogar auf die strenge Monotonie in diesem Intervall geschlossen werden kann. Zum Beweis dieser globalen Aussage in einem Intervall benötigen wir jedoch ein weitreichenderes Hilfsmittel, den Mittelwertsatz der Differentialrechnung. Der Beweis wird daher erst in 6.3.1. nachgeholt.

Bemerkung: Auch bei Satz 2a wäre die umgekehrte Pfeilrichtung falsch, wie wieder die Funktion $f: x \mapsto x^3$ in einem Intervall, das den Nullpunkt enthält, zeigt.

Für eine in einem Intervall streng monoton zunehmende Funktion, deren Graph also steigt, gilt unter der Voraussetzung der Differenzierbarkeit für jeden x-Wert des Intervalls: $f'(x) \geqq 0$. Die Annahme $f'(x) < 0$ würde nämlich wegen Satz 2a sofort zu einem Widerspruch führen. Für streng monoton abnehmende Funktionen gilt entsprechend: $f'(x) \leqq 0$.
Der enge Zusammenhang zwischen strenger Monotonie und Umkehrbarkeit einer Funktion, wie wir ihn in 2.2.2. kennenlernten, liefert nun ein häufig gebrauchtes Kriterium für die Umkehrbarkeit einer in J differenzierbaren Funktion, den

Satz 2b:

$\left.\begin{array}{l}\text{Ist } f'(x) > 0 \text{ für alle } x \in J\\ \text{oder } f'(x) < 0 \text{ für alle } x \in J\end{array}\right\}$ so ist die Funktion f in J umkehrbar.

Beispiel:

$f: x \mapsto x^3 + x;\ x \in \mathbb{R}$
$f(x) = x^3 + x \Rightarrow f'(x) = 3x^2 + 1 > 0$ für alle $x \in \mathbb{R} \Rightarrow$
f ist in $\mathbb{R}$ umkehrbar. Die Umkehrfunktion f^{-1} geben wir, wie im 3. Beispiel in 2.2.3., als Paarmenge beschreibend an:
$f^{-1} = \{(x;\ y) \mid x \in \mathbb{R} \wedge x - y - y^3 = 0\}$

B. Extremwerte

Bei praktischen Anwendungen wird häufig nach maximalen oder minimalen Funktionswerten (Extremwerte) gefragt. Wir klären zunächst einige Begriffe:

Definition:

Der Graph der Funktion $f: x \mapsto f(x)$ hat an der Stelle x_0 im Innern der Definitionsmenge ein *lokales Maximum* (*Minimum*), wenn die Funktionswerte in einer gewissen Umgebung von x_0 kleiner (größer) als an dieser Stelle sind. Der größte (kleinste) Funktionswert heißt das *globale Maximum* (*Minimum*). Maxima und Minima werden auch Extremwerte genannt.

Die Überlegungen an dem Einführungsbeispiel in 5.3.1. E. legen folgende notwendige Bedingung für Extremwerte im Innern der Definitionsmenge einer Funktion nahe:

Satz 3:

$f'(x_0) = 0 \Leftarrow \begin{cases} \text{Die differenzierbare Funktion } f: x \mapsto f(x) \text{ hat an der Stelle } x_0 \text{ im} \\ \text{Innern des Definitionsbereichs ein Extremum.} \end{cases}$

Beweis:

Wäre $f'(x_0) \neq 0$, müßten nach Satz 1 die Funktionswerte auf der einen Seite von x_0 größer, auf der anderen Seite kleiner als in x_0 sein. Es könnte also kein Extremwert bei x_0 vorliegen entgegen der Voraussetzung. An einer Extremwertstelle x_0 muß daher $f'(x_0) = 0$ sein.

Eine hinreichende Bedingung für Extremwerte liefert

Satz 4:

$f'(x_0) = 0 \wedge f''(x_0) < 0 \Rightarrow$ f hat an der Stelle x_0 ein (lokales) Maximum.
$f'(x_0) = 0 \wedge f''(x_0) > 0 \Rightarrow$ f hat an der Stelle x_0 ein (lokales) Minimum.

Beweis:

f'' ist die Ableitung von f'. Aus $f''(x) > 0$ und $f'(x_0) = 0$ folgt daher nach Satz 1, daß in einer Umgebung $U(x_0)$ $f'(x) < 0$ für $x < x_0$ und $f'(x) > 0$ für $x > x_0$. Nach Satz 2a ist daher in $U(x_0)$ die Funktion f streng monoton abnehmend für $x < x_0$ und streng monoton zunehmend für $x > x_0$. $f(x_0)$ ist also der kleinste Funktionswert in $U(x_0)$. Entsprechend verläuft der Beweis für $f''(x_0) < 0$. Man führe ihn selbst durch.

Bemerkungen:

(1) Nicht selten ist es bequemer, statt $f''(x_0)$ die erste Ableitung (Vorzeichenwechsel bei x_0) oder sogar f(x) selbst in der Umgebung von x_0 zu untersuchen. Für $f: x \mapsto f(x) = x^4$ versagt z. B. Satz 4, da $f''(0) = 0$; man erkennt aber sofort, daß am Nullpunkt ein Minimum vorliegt, da $f(0) = 0$ und $f(x) = x^4 > 0$ für $x \neq 0$.

(2) Die umgekehrte Pfeilrichtung bei Satz 3 wäre falsch, wie man wieder am Beispiel $f: x \mapsto x^3$ an der Stelle 0 erkennt: Obwohl $f'(0) = 0$ ist, liegt am Nullpunkt kein Extremwert vor.

(3) Die umgekehrte Pfeilrichtung bei Satz 4 wäre falsch, wie $f: x \mapsto f(x) = x^4$ für $x = 0$ zeigt. Es liegt ein lokales Minimum vor, trotzdem gilt $f''(0) = 0$ und nicht $f''(0) > 0$.

(4) Für Funktionen, die an einzelnen Stellen nicht differenzierbar sind, können die Sätze 3 und 4 natürlich nur in Bereichen verwendet werden, wo die entsprechenden Ableitungen existieren. Dazu folgendes

Beispiel: $f: x \mapsto f(x) = 1 - |x|$;
Das Maximum liegt bei $x = 0$. Da jedoch an dieser Stelle die Funktion nicht differenzierbar ist, kann die Bedingung $f'(0) = 0$ nicht erfüllt sein (Fig. 5.9).

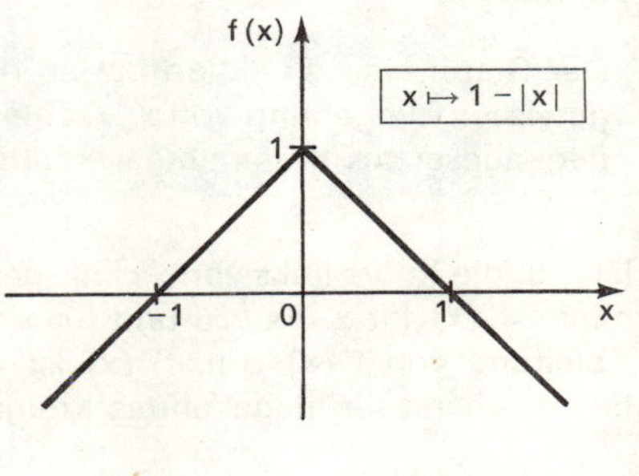

Fig. 5.9

C. Krümmungsverhalten

Definition:

Eine Kurve heißt *rechtsgekrümmt* (*linksgekrümmt*) in einem Intervall J, wenn die Steigung der Tangente in J streng monoton abnimmt (zunimmt) (Fig. 5.10).

Ein Kriterium für das Krümmungsverhalten liefert

Satz 5:

$f''(x) < 0$ für alle $x \in J \Rightarrow$ Der Graph der Funktion f ist in J rechtsgekrümmt.
$f''(x) > 0$ für alle $x \in J \Rightarrow$ Der Graph der Funktion f ist in J linksgekrümmt.

Beweis:

f'' ist die Ableitung von f'. Wenn $f''(x)$ in J negativ ist, so bedeutet dies nach Satz 2a, daß $f'(x)$ dort streng monoton abnimmt. Die Neigung der Tangente nimmt dann in dieser Umgebung ebenfalls streng monoton ab. Entsprechende Überlegungen ergeben sich für $f''(x_0) > 0$.

Bemerkung: Die umgekehrte Pfeilrichtung bei Satz 5 wäre falsch, wie die Funktion $f: x \mapsto f(x) = x^4$ in einer Umgebung des Nullpunktes zeigt. Dort ist der Graph linksgekrümmt, die Steigung wächst, sie geht von negativen Werten (für $x < 0$) über Null zu positiven Werten (für $x > 0$) über. Dennoch ergibt sich $f''(0) = 0$.

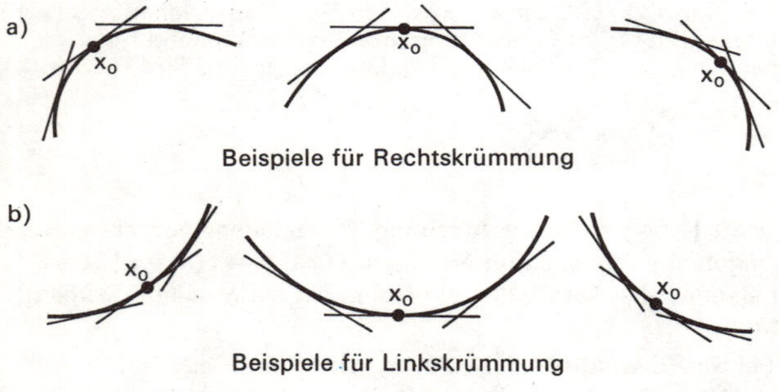

Fig. 5.10

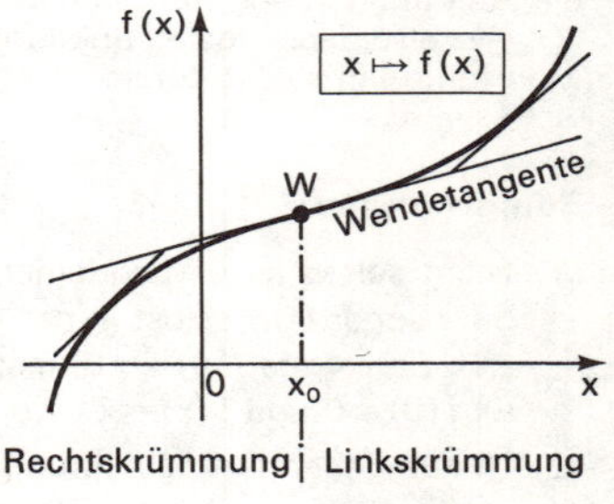

Fig. 5.11

D. Wendepunkte

Definition:

Der Graph einer Funktion hat an der Stelle x_0 einen *Wendepunkt*, wenn in einer gewissen Umgebung von x_0 rechts und links von dieser Stelle (Wendestelle) entgegengesetztes Krümmungsverhalten herrscht (Fig. 5.11).

Ist z. B. die Kurve links von x_0 linksgekrümmt und rechts von x_0 rechtsgekrümmt, dann nimmt $f'(x)$ für $x < x_0$ zu und für $x > x_0$ ab. $f'(x)$ hat also für x_0 ein Maximum. Die Ableitung von $f'(x)$ d.h. $f''(x)$ ist also, wenn sie existiert, nach Satz 3 dort Null. Entsprechend für umgekehrtes Krümmungsverhalten.

Eine notwendige Bedingung für eine Wendestelle ergibt sich aus

Satz 6:

$f''(x_0) = 0 \Leftarrow \left\{ \begin{array}{l} \text{Der Graph der zweimal differenzierbaren Funktion } f\colon x \mapsto f(x) \\ \text{hat an der Stelle } x_0 \text{ einen Wendepunkt.} \end{array} \right.$

Bemerkung: Die umgekehrte Pfeilrichtung bei Satz 6 wäre falsch; denn für $f\colon x \mapsto f(x) = x^4$ gilt $f''(0) = 0$, obwohl der Graph am Nullpunkt keinen Wendepunkt, sondern ein Minimum hat.

Aus der Definition des Wendepunktes und Satz 5 folgt unmittelbar als ein hinreichendes Kriterium der

Satz 7a:

$\left. \begin{array}{l} f''(x_0) = 0, \text{ während } f''(x) \text{ rechts und links von } x_0 \text{ in} \\ \text{einer gewissen Umgebung ungleiches Vorzeichen hat} \end{array} \right\} \Rightarrow \left\{ \begin{array}{l} x_0 \text{ ist eine Wendestelle} \\ \text{des Graphen von } f \end{array} \right.$

Satz 4, angewandt auf $f'(x)$, liefert eine andere Form dieses Kriteriums, den

Satz 7b:

$f''(x_0) = 0 \wedge f'''(x_0) \neq 0 \Rightarrow x_0$ ist eine Wendestelle des Graphen von f.

Bemerkung: Auch hier wäre die umgekehrte Pfeilrichtung falsch, wie $f\colon x \mapsto x^5$ am Nullpunkt zeigt.

Wenn an einer Wendestelle neben $f''(x_0) = 0$ auch $f'(x_0) = 0$ gilt, liegt ein Wendepunkt mit horizontaler Tangente vor. Wir sprechen in diesem Fall von einem *Terrassenpunkt* (vgl. Fig. 5.8). Frage: Muß an einer Stelle x_0, für die $f''(x_0) = 0$ gilt, immer ein Wendepunkt oder ein Extremwert vorliegen oder gibt es noch eine weitere Möglichkeit?

E. Zusammenfassung

Es empfiehlt sich im allgemeinen, die Diskussion des Graphen G_f einer Funktion f nach folgenden Gesichtspunkten durchzuführen:

1. Bestimmung des maximal zulässigen Definitionsbereichs von f (Für ganzrationale Funktionen ist $D_{max} = \mathbb{R}$.)
2. Symmetrieeigenschaften
3. Erste und zweite Ableitung sowie Nullstellen von f, gegebenenfalls Felderabstreichen, Nullstellen von f' und f''
4. Extremwerte, Steigen und Fallen
5. Wendepunkte, Krümmungsverhalten
6. Wertemenge von f, Verhalten am Rande von D_f oder des betrachteten Intervalls J

Aufgaben

1. a) Zeige ohne Berufung auf den Graphen, daß die Funktion f: $x \mapsto x^5 + x^3 + 2x$; $x \in \mathbb{R}$ umkehrbar ist und gib f^{-1} beschreibend an!

   b) Gegeben ist die Funktion f: $x \mapsto 1 + x^2 - \frac{1}{3}x^3$; $x \in \mathbb{R}$. Zeige, daß eine Einschränkung f_1 von f mit $D_{f_1} = \mathbb{R}^-$ umkehrbar ist und gib f_1^{-1} beschreibend an!

   c) Die Einschränkung φ_1 der Funktion φ: $x \mapsto \sin x$; $x \in \mathbb{R}$ mit $D_{\varphi_1} =]-\frac{\pi}{2}; \frac{\pi}{2}[$ ist umkehrbar. Warum? Gib φ_1^{-1} beschreibend an! Ist auch die Einschränkung φ_2 von φ mit $D_{\varphi_2} = [-\frac{\pi}{2}; \frac{\pi}{2}]$ umkehrbar?

2. Diskutiere f und zeichne den Graphen G_f in J!

   a) f: $x \mapsto \frac{1}{10}(x^3 + x)$; $J = [-3; 3]$

   b) f: $x \mapsto \frac{1}{20}x^5 + \frac{1}{4}x^4$; $J = [-5; 2]$

   c) f: $x \mapsto -x^3(x-2)$; $J = [-1; 2{,}5]$

   Zeichne in diesem Fall auch $G_{f'}$ in $J' = [-1; 2]$!

3. f: $x \mapsto \frac{1}{12}x^3 - 2x^2 + 16x - 42$

   Bestimme Extremwerte und Wendepunkte von G_f! Wie lauten die Gleichungen der Kurventangenten, die mit der positiven x-Richtung einen Winkel von 45° bilden?

4. Untersuche das Verhalten von f am Nullpunkt!

   a) f: $x \mapsto x^5$ b) f: $x \mapsto x^4 - x$ c) f: $x \mapsto x^3 + x$ d) f: $x \mapsto x^7 - x^4$

5. Was kann man über den Funktionsgraphen aussagen, wenn für die Ableitung des Funktionsterms gilt:

   a) (1) $f'(x) = x^2 - 1$ (2) $g'(x) = x^2$ (3) $h'(x) = x^2 + 1$

   b) $\varphi'(x) = x(x-4)(x-2)^2$

6. Bestimme die Wertemengen $f(J_1)$ bzw. $f(J_2)$!

   a) f: $x \mapsto x^2 - 10x + 10$; $x \in \mathbb{R}$ $J_1 = [-3; 3]$ bzw. $J_2 = [0; 6]$

   b) f: $x \mapsto x^3 - 3x^2 - 9x$; $x \in \mathbb{R}$ $J_1 = [-2; 4]$ bzw. $J_2 = [-3; 5]$

   c) f: $x \mapsto -x^3 + 9x^2 - 24x - 7$; $x \in \mathbb{R}$ $J_1 = [3; 6]$ bzw. $J_2 = [-1; 4]$

7. Was läßt sich über eine Funktion f aussagen, wenn für die 2. Ableitung gilt:

   a) $f''(x) = 1$ b) $f''(x) = x$ c) $f''(x) = x^2 - 1$ d) $f''(x) = x^2 + 1$

8. Die Ableitung einer ganzrationalen Funktion f mit $(1; 2) \in f$ ist f': $x \mapsto 6x - 2$. Wie heißt die Funktion?

9. Welche Daten (Zahl und Lage der Nullstellen; Zahl, sowie Abszissen und Ordinaten von Extremwerten und Wendepunkten; Verhalten für $x \to \pm\infty$; Symmetrieeigenschaften) einer Funktion f: $x \mapsto f(x)$ bleiben jeweils unverändert, wenn man folgende Transformation ausführt:

   a) $\bar{f}(x) = cf(x)$ b) $\bar{f}(x) = f(x) + c$ c) $\bar{f}(x) = f(x + c)$ d) $\bar{f}(x) = f(cx)$

10. Gegeben ist: f: $x \mapsto \frac{1}{7}|x^2 + 3x - 10|$.

    Wo ist f nicht differenzierbar? Zeichne G_f und $G_{f'}$ in $[-6; 6]$! Welche sprunghafte Richtungsänderung erfährt die Tangente beim Überschreiten jener Stellen, an denen die Funktion keine Ableitung hat? Wo ist $f(x) < \frac{7}{4}$?

11. Gegeben sind die Funktionen:

    a) f: $x \mapsto x^3 + 3x^2 - 4$ b) f: $x \mapsto \frac{1}{6}(x+1)(2x^2 - 17x + 41)$

    Suche jeweils die Nullstellen, Extremwerte und Wendepunkte des Graphen und stelle für diese Punkte die Tangentengleichungen auf!

12. Bestimme die Schnittwinkel der Graphen von

    f: $x \mapsto -x^3 + 2x^2 + x - 2$ und φ: $x \mapsto -2x^2 + 4x - 2$

    Für welche gemeinsamen x-Werte sind die zugehörigen Tangenten parallel?

13. Diskutiere die Funktionenschar $f_{a,b}$: $x \mapsto bx^2 - ax^4$ mit den Scharparametern $a > 0$, $b > 0$! Zeichnung für $a = \frac{1}{16} \wedge b = 1$ in $[-4{,}5; 4{,}5]$! 1 LE = 1 cm.

Vermischte Aufgaben

14. Wo ist der Graph von f: $x \mapsto \frac{1}{6}x^4 - \frac{1}{3}x^3 - 6x^2 + 1$ in $[-3; 3]$ am steilsten?

15. Die Menge der Funktionen 3. Grades kann man nach dem Vorzeichen des Koeffizienten von x^3 in zwei Klassen einteilen. Welche gemeinsame Eigenschaft haben die Graphen der Funktionen einer Klasse? In welchen Quadranten verlaufen sie für sehr große $|x|$?

16. Die Menge der Funktionen 3. Grades kann man in drei Klassen (I, II und III) einteilen, je nachdem die Zahl der Nullstellen der 1. Ableitung 0, 1 oder 2 ist.
    a) Gib für jede Klasse Eigenschaften an, die die Graphen der Funktionen dieser Klasse gemeinsam haben!
    b) Zu welchen Klassen gehören folgende Funktionen:
    (1) f: $x \mapsto x^3 - 2x^2 + 5x - 6$ (2) f: $x \mapsto x^3 - 2x^2 - 5x - 6$ (3) f: $x \mapsto x^3 - 3x^2 + 3x - 1$
    c) Welcher Koeffizient spielt für unsere Klasseneinteilung keine Rolle? Was bedeutet das für den Graphen der Funktion?
    d) Gib für die allgemeine Funktion 3. Grades f: $x \mapsto ax^3 + bx^2 + cx + d$ das Kriterium dafür an, daß die Funktion in die Klasse I, II oder III gehört!

17. Beweise:
    a) Der Graph einer Funktion 3. Grades hat immer genau einen Wendepunkt.
    b) Fehlt das quadratische Glied einer Funktion 3. Grades, so liegt der Wendepunkt des Graphen auf der y-Achse.

18. Gib die Menge aller ganzrationalen Funktionen an, die
    a) 3. Grades sind und deren Graphen die x-Achse im Ursprung berühren,
    b) 3. Grades sind und deren Graphen die x-Achse an der Stelle − 2 berühren,
    c) 4. Grades sind und deren Graphen die x-Achse an den Stellen a und b berühren,
    d) 4. Grades sind und deren Graphen im Ursprung die x-Achse zur Wendetangente haben!

19. Beweise: Wenn der Graph einer zweimal stetig differenzierbaren Funktion im Innern eines Intervalls eine steilste Stelle hat, dann ist dort ein Wendepunkt. Gilt die Umkehrung dieses Satzes?

20. Ermittle die Nullstellen und Extremwerte folgender Funktionen und zeichne die Graphen in den angegebenen Intervallen J:

    a) $$f: x \mapsto \begin{cases} -\frac{1}{2}x - 1 & \text{für } x \leqq -2 \\ x^2 - 2 & \text{für } -2 < x < 2 \\ \frac{1}{2}x + 1 & \text{für } x \geqq 2 \end{cases} \qquad J = [-4; 4]$$

    b) $$f: x \mapsto \begin{cases} \frac{1}{4}(x^3 - 9x^2 + 24x) & \text{für } x \leqq 4 \\ -x^2 + 8x - 12 & \text{für } x > 4 \end{cases} \qquad J = [-1; 6]$$

21. Fig. 5.12 stellt den Graphen von f′ dar. Was läßt sich über die Graphen von f und f″ aussagen?

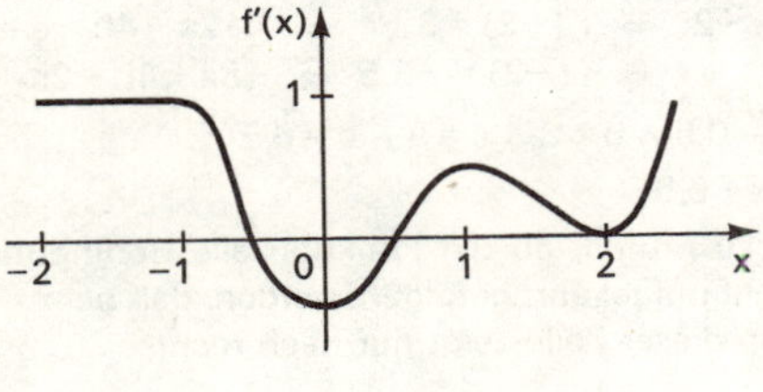

Fig. 5.12

22. Diskutiere und zeichne den Graphen der Funktion f: $x \mapsto y = f(x) = \frac{1}{50}(x^5 - 5x^4)$! Kennzeichne mit Farbstiften folgende Punktmengen:

$M_1 = \{P(x; y) \mid y = f(x) \wedge f''(x) > 0\}$

$M_2 = \{P(x; y) \mid y = f(x) \wedge f'(x) = 0\}$

$M_3 = \{P(x; y) \mid y = f(x) \wedge f'(x) < 0\}$

Bestimme $M_1 \cap M_2$, $M_1 \cap M_3$, $M_2 \cap M_3$!

23. Berechne von jeder der folgenden Funktionen den 1. und 2. Differentialquotienten am Nullpunkt und skizziere den Graphen in der Umgebung des Nullpunkts! Man erkennt daran die vielfältigen Möglichkeiten in bezug auf Steigung und Krümmungsverhalten.

f_1: $x \mapsto x^2$	f_2: $x \mapsto -x^2$	f_3: $x \mapsto x^3$	f_4: $x \mapsto -x^3$
f_5: $x \mapsto x^4$	f_6: $x \mapsto -x^4$	f_7: $x \mapsto x^2 + x$	f_8: $x \mapsto -x^2 + x$
f_9: $x \mapsto x^4 + x$	f_{10}: $x \mapsto -x^4 + x$	f_{11}: $x \mapsto x^3 + x$	f_{12}: $x \mapsto x^2 - x$
f_{13}: $x \mapsto -x^2 - x$	f_{14}: $x \mapsto x^4 - x$	f_{15}: $x \mapsto -x^4 - x$	f_{16}: $x \mapsto x^3 - x$

24. Gegeben ist die Funktionenschar f_a: $x \mapsto (1-a)x^2 + ax$; $x \in \mathbb{R}$ und $a \in \mathbb{R} \setminus \{0; 1\}$. Bestimme Nullstellen und Extremwerte und skizziere die Graphen in $J = [-3; 3]$ für folgende Werte der Formvariablen: $a = 2$; $a = \frac{3}{2}$; $a = \frac{3}{4}$; $a = -1$. 1 LE = 2 cm

25. Gegeben ist die Funktionenschar f_k: $x \mapsto f_k(x) = 3kx^3 - 3(k+1)x^2 + 4x$; $x \in \mathbb{R}$ mit $k \in \mathbb{R}$.

a) Zeichne den Graphen der Funktion f_k für $k = \frac{1}{3}$!

b) Für welche Werte von k liegt das lokale Maximum von f_k über der Geraden mit der Gleichung $y - 1 = 0$?

c) Für welche Werte von k schneidet die Tangente des Graphen im Punkt P (1; ?) die x-Achse links vom Ursprung?

5.3.3. Ganzrationale Funktionen mit vorgegebenen Eigenschaften

Im Bestimmungssatz in 5.2.3. wurde festgestellt, daß eine ganzrationale Funktion n-ten Grades durch n + 1 Wertepaare eindeutig bestimmt ist. Darüber hinaus läßt sich eine solche Funktion aber auch noch auf andere Weise durch vorgegebene Bedingungen festlegen. Dies geschieht durch n + 1 voneinander unabhängige Angaben, die für die n + 1 gesuchten Koeffizienten $a_0, a_1, a_2, \ldots, a_n$ die erforderliche Zahl von Gleichungen liefern.

Beispiel: Bestimme die ganzrationale Funktion 3. Grades, die folgende Bedingungen erfüllt: Bei $x = -1$ ist eine Nullstelle der Funktion. Bei $x = -2$ hat der Graph einen Wendepunkt mit der Wendetangentengleichung $3x - y + 2{,}5 = 0$.

Lösung: Die gesuchte Funktion hat die allgemeine Form

$$f: x \mapsto f(x) = ax^3 + bx^2 + cx + d$$

Aufgrund der Bedingungen lassen sich folgende Bestimmungsgleichungen aufstellen:

Nullstelle bei $x = -1$:	$\Leftrightarrow f(-1) = 0$	$\Leftrightarrow -a + b - c + d = 0$	I
Wendepunkt bei $x = -2$:	$\Rightarrow f''(-2) = 0$	$\Leftrightarrow -12a + 2b = 0$	II
Steigung $m = 3$ für $x = -2$:	$\Leftrightarrow f'(-2) = 3$	$\Leftrightarrow 12a - 4b + c = 3$	III
$W(-2; -3{,}5) \in G_f$:	$\Leftrightarrow f(-2) = -3{,}5$	$\Leftrightarrow -8a + 4b - 2c + d = -3{,}5$	IV

Hieraus ergibt sich $a = 0{,}5 \wedge b = 3 \wedge c = 9 \wedge d = 6{,}5$

Ergebnis: f: $x \mapsto 0{,}5x^3 + 3x^2 + 9x + 6{,}5$

Beachte: Zum Schluß ist noch zu prüfen, ob die Funktion alle Bedingungen erfüllt. Aus $f''(-2) = 0$ kann ja nicht umgekehrt gefolgert werden, daß bei $x = -2$ ein Wendepunkt liegt. Der Pfeil in dieser Zeile zeigt nur nach rechts.

Aufgaben

1. Bestimme die ganzrationale Funktion 3. Grades, deren Graph an der Stelle $x = -2$ die x-Achse schneidet und an der Stelle $x = 0$ einen Wendepunkt mit der Wendetangentengleichung $x - 3y + 6 = 0$ hat! Diskutiere die Funktion!

2. Gesucht ist jeweils die ganzrationale Funktion 2. Grades, deren Graph folgende Bedingungen erfüllt:
   a) Die Tangente im Kurvenpunkt A (1; 4) ist zu der durch die Gleichung $y = 4x$ gegebenen Geraden parallel. Für $x = \frac{3}{4}$ liegt ein Extremum vor.
   b) Die Symmetrieachse ist durch die Gleichung $x = -2$ gegeben. Die x-Achse wird an der Stelle $-0{,}5$ unter einem Winkel von 45° geschnitten.

3. Welche ganzrationale Funktion f vom 3. Grad erfüllt jeweils folgende Bedingungen:
   a) Der Nullpunkt ist Symmetriezentrum des Graphen. Bei P (− 2; − 4) liegt ein Minimum.
   b) $O(0; 0) \in G_f$. W (2; 1) ist Terrassenpunkt.

4. Der Graph G_f einer ganzrationalen Funktion 3. Grades hat in A (3; ?) die Gerade mit der Gleichung $y - 11x + 27 = 0$ als Tangente und in W (1; 0) einen Wendepunkt. Bestimme die Funktion und diskutiere sie!

5. a) Gesucht ist eine ganzrationale Funktion 4. Grades, deren Graph symmetrisch zur y-Achse ist. W (1; 0) ist ein Wendepunkt. Die beiden Wendetangenten schneiden sich senkrecht. Zwei Lösungen!
   b) Bestimme alle Nullstellen und Extremwerte der in a) gesuchten Funktionen! Zeichne jeweils den Graphen für $|x| \leqq 3$ mit 1 LE = 2 cm!

6. In der einparametrigen Funktionenschar $f_a\colon x \mapsto \frac{1}{2}(x^4 - ax^2)$ soll der Parameter $a \in \mathbb{R}$ so gewählt werden, daß der Graph G_{f_a} an der Stelle 1 einen Wendepunkt hat. Wo liegt dann der zweite Wendepunkt? Wo liegen die Extrema der Kurve? Stelle die Gleichungen der Wendetangenten auf und zeichne den Graphen im Bereich [− 3; 3]!

7. In der Kurvengleichung $y = x^3 + ax^2 + bx + c$ sind a, b und c so zu bestimmen, daß P (0; − 2) Wendepunkt wird und die Wendetangente zur Geraden mit der Gleichung $y = -3x$ parallel ist. Diskutiere die Kurve und zeichne sie im Bereich [− 2; 2]. Durch die Nullstelle auf der positiven x-Achse ist eine Gerade mit dem Richtungswinkel 45° gezogen. In welchen weiteren Punkten schneidet diese Gerade die Kurve?

8. Von einer ganzrationalen Funktion f ist bekannt, daß $(2; 3) \in f \wedge (-2; 3) \in f$. Außerdem ist $f''(x) = 12x^2 - 4$. Bestimme f!

9. Gesucht wird eine ganzrationale Funktion 4. Grades, deren Graph folgende Bedingungen erfüllt: Extremum O (0; 0), Wendepunkt W (2; 3). Die Wendetangente ist parallel zur Geraden mit der Gleichung $y = 2x$. (Vorsicht!)

Ergänzungen und Ausblicke

Anwendungen der Kurvendiskussion in der Physik

A. Aus der Optik

1931 erfand der estnische Optiker Bernhard Schmidt (1878–1935) einen neuen Fernrohryp für photographische Himmelsaufnahmen, den Schmidtspiegel, der heute auf keiner größeren Sternwarte fehlt. Vor einem sphärischen Hohlspiegel ist eine Korrekturlinse angebracht, die auf der einen Seite eben ist, während die Oberfläche der anderen Seite durch folgende Funktionsgleichung gegeben ist:

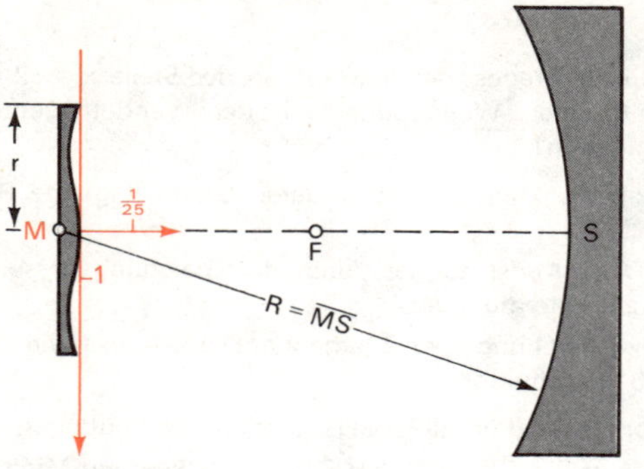

Fig. 5.13

$$y = \frac{x^4 - r^2x^2}{4(n-1)R^3};\ x \in [-r; r]$$

Dabei ist x der Abstand von der Linsenmitte, r der Linsenradius, R der Krümmungsradius des Spiegels, n der Brechungsindex des Glases (Fig. 5.13).

Diskutiere die Gleichung für $n = 1{,}5$, $R = 3r$ und zeichne den Graphen für $r = 8$ cm! Weil die Abweichung von der Ebene sehr gering ist, wählen wir auf beiden Achsen verschiedene Maßstäbe: x-Achse Einheit 0,5 cm, y-Achse Einheit 50 cm.

B. Aus der Mechanik

Ein Massenpunkt bewegt sich auf einer orientierten Geraden von einer Stelle O aus nach dem Weg-Zeit-Gesetz

$$s = t^3 - 24t^2 + 180t$$

(s Zentimeter ist der Abstand von O, t Sekunden nach dem Start).
Mit welcher Geschwindigkeit und in welcher Richtung beginnt der Punkt seine Bewegung? Wann und wo kehrt er um? Wie groß ist in den Umkehrpunkten die momentane Beschleunigung? Kommt er an die Ausgangsstelle zurück? Um welchen Betrag ändern sich Geschwindigkeit und Beschleunigung im Lauf der 4. Sekunde?

C. Aus der Gastheorie

Zur Beschreibung des Verhaltens sogenannter realer Gase[1] hat der holländische Physiker van der Waals im Jahre 1873 die folgende Zustandsgleichung aufgestellt:

$$\left(p + \frac{a}{V^2}\right)(V - b) = RT$$

Hierbei bezeichnen p den Gasdruck, V das Gasvolumen und T die absolute Temperatur des Gases, während a und b Materialkonstanten sind, deren Zahlenwerte von der Art des Gases abhängen. Die molare Gaskonstante R hat die Größe $8{,}316 \cdot 10^3\ \mathrm{J\ °K^{-1}\ kmol^{-1}}$. Man kann nun die Variable T als Parameter einer Kurvenschar mit der Gleichung $p = f_T(V)$ auffassen. Die einzelnen Kurven der Schar heißen dann Isothermen. Man beachte Fig. 5.14. Die Gleichung der Isotherme zum Parameterwert T lautet:

(1) $$p = \frac{RT}{V - b} - \frac{a}{V^2}$$

Wie Fig. 5.14 zeigt, schneidet der Graph einer Isotherme mit einem hohen Parameterwert für T (Annäherung an den Zustand der idealen Gase) die Parallelen zur V-Achse in genau einem Punkt, während für niedrige T-Werte drei Schnittpunkte möglich sind. Im zuletztgenannten Parameterbereich tritt bei Volumenabnahme trotz konstant bleibender Temperatur T eine Verflüssigung des Gases ein.

[1] Ein reales Gas nähert sich um so mehr dem Zustand eines idealen Gases, je weiter es vom Verflüssigungszustand entfernt ist.

Eine Sonderstellung nimmt die sogenannte kritische Isotherme mit dem Parameter T_k (kritische Temperatur) ein, die einen Wendepunkt W_k mit einer waagrechten Wendetangente besitzt. Die kritische Temperatur eines Gases gibt die Grenztemperatur an, oberhalb der eine Verflüssigung auch bei noch so hohen Drucken nicht möglich ist. Der kritische Punkt W_k hat die Koordinaten V_k und p_k, die man als kritisches Volumen bzw. als kritischen Druck bezeichnet.
Wir können nun mit den Mitteln der Differentialrechnung die Materialkonstanten a und b durch p_k und V_k ausdrücken (vgl. 5.1.2., Aufg. 5).
Aus (1) folgt durch Bildung der Ableitung[1]:

$$\frac{dp}{dV} = -\frac{RT}{(V-b)^2} + \frac{2a}{V^3} \quad \text{und weiter} \quad \frac{d^2p}{dV^2} = \frac{2RT}{(V-b)^3} - \frac{6a}{V^4}.$$

Für einen Wendepunkt $W_k(V_k, p_k)$ mit waagrechter Wendetangente gilt:

$$(2) \quad \frac{2a}{V_k^3} = \frac{RT_k}{(V_k-b)^2} \quad \text{sowie} \quad (3) \quad \frac{3a}{V_k^4} = \frac{RT_k}{(V_k-b)^3}$$

Daraus ergibt sich schließlich $b = \frac{1}{3}V_k$; $a = 3p_k V_k^2$.
Setzt man diese Werte in die van der Waalssche Zustandsgleichung ein und ersetzt $V:V_k$ durch $\bar{V}$, $p:p_k$ durch $\bar{p}$, $T:T_k$ durch $\bar{T}$, so erhält man die folgende reduzierte Zustandsgleichung, die für alle realen Gase in guter Näherung Gültigkeit hat:

$$\left(\bar{p} + \frac{3}{\bar{V}^2}\right)(3\bar{V} - 1) = 8\bar{T}$$

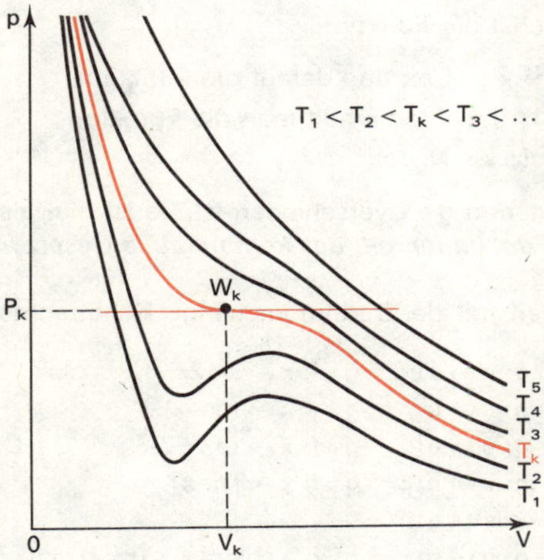

Fig. 5.14

[1] $\frac{d^2p}{dV^2}$ ist eine in der Physik und den Anwendungsgebieten der Mathematik häufig gebrauchte Schreibweise für die 2. Ableitung. Sie läßt erkennen, *nach welcher Variablen* zweimal differenziert wurde. Zur Erklärung der Schreibweise beachte man:

$$\frac{d^2p}{dV^2} = \frac{d}{dV}\left(\frac{dp}{dV}\right). \quad \text{Entsprechend:} \quad \frac{d^2f}{dx^2} = \frac{d}{dx}\left(\frac{df}{dx}\right)$$

6. WEITERFÜHRUNG DER DIFFERENTIALRECHNUNG

6.1. Zusammengesetzte Funktionen und Kettenregel

6.1.1. Definition der Verkettung

Bei der Funktion $\varphi: x \mapsto (2x+1)^2;\ x \in \mathbb{R}$ können wir für beliebiges x den Funktionswert dadurch erhalten, daß wir zunächst die „Zwischenvariable" $u := 2x+1$ einführen, d.h. auf x die Funktion $f: x \mapsto u = 2x+1;\ x \in \mathbb{R}$ anwenden und das so erhaltene u noch quadrieren, d.h. darauf noch die Funktion

$g: u \mapsto u^2;\ u \in \mathbb{R}$ anwenden.

Insgesamt können wir also schreiben

$$\varphi: x \mapsto g(f(x));\ x \in \mathbb{R}.$$

Die Funktion φ heißt die *Verkettung* (*Komposition*) der Funktionen f und g, geschrieben

$\varphi = g \circ f$ (gelesen g nach f. Beachte dabei die Reihenfolge!).

Eine Funktion, die wie φ als Verkettung von zwei oder mehr Funktionen dargestellt wird, nennt man eine *zusammengesetzte Funktion*[1].
Daß wir bei der Funktion g die Variable mit u (statt x) bezeichnet haben, diente nur zur Verdeutlichung des Sachverhaltes.
Wendet man umgekehrt zunächst die Funktion

$g: \quad x \mapsto u = x^2;\ x \in \mathbb{R}$ an und darauf die Funktion
$f: \quad u \mapsto 2u+1;\ u \in \mathbb{R}$, so erhält man die Funktion
$f \circ g: x \mapsto 2x^2+1;\ x \in \mathbb{R}$,

die offensichtlich von der Funktion $g \circ f$ verschieden ist, es ist hier also $f \circ g \neq g \circ f$.
Für die Verkettung von zwei Funktionen gilt das kommutative Gesetz im allgemeinen nicht.
Zur Verkettung von Funktionen mit der Definitionsmenge $\mathbb{R}$ betrachten wir weitere

Beispiele:

a) $f: x \mapsto 2x$; $g: u \mapsto \sin u$; $g \circ f: x \mapsto \sin 2x$
b) $f: x \mapsto \cos x$; $g: u \mapsto u^5$; $g \circ f: x \mapsto (\cos x)^5$
c) $f: x \mapsto 3x-2$; $g: u \mapsto u^7$; $g \circ f: x \mapsto (3x-2)^7$
d) $f: x \mapsto \sin x$; $g: u \mapsto |u|$; $g \circ f: x \mapsto |\sin x|$
Bilde selbst jeweils $f \circ g$!
e) $f: x \mapsto x^2-9$; $g: u \mapsto |u|$; $h: v \mapsto \cos v$; $h \circ (g \circ f): x \mapsto \cos|x^2-9|$
Statt $h \circ (g \circ f)$ schreibt man auch einfacher $h \circ g \circ f$; vgl. dazu Nr. 7 der nachfolgenden Aufgaben.

Bei Funktionen, die nicht auf ganz $\mathbb{R}$ definiert sind, muß man bei der Verkettung die Definitionsmengen besonders sorgfältig untersuchen:

[1] Vgl. die Hintereinanderschaltung von Abbildungen in der Geometrie.

1. Beispiel: Für den zusammengesetzten Term $\varphi(x) = \sqrt{x^2+2x-3}$ soll $D_{\varphi(x)}$ bestimmt werden.

Lösung: Wir können $\varphi(x)$ zerlegen in die Teilterme $f(x) = x^2+2x-3$ und $g(u) = \sqrt{u}$.
Für $f(x)$ ist zwar $D_{f(x)} = \mathbb{R}$, für $g(u)$ ist aber $D_{g(u)} = \mathbb{R}_0^+$.
$\varphi(x)$ kann daher nur für solche $x \in \mathbb{R}$ gebildet werden, für die $f(x) \geqq 0$ ist, also

$x^2+2x-3 = (x+1)^2-4 \geqq 0 \Leftrightarrow |x+1| \geqq 2 \Leftrightarrow x \geqq 1 \vee x \leqq -3.$

Daher ist $D_{\varphi(x)} = \{x \mid x \geqq 1 \vee x \leqq -3\}$.
Fig. 6.1 zeigt die zugehörigen Graphen.

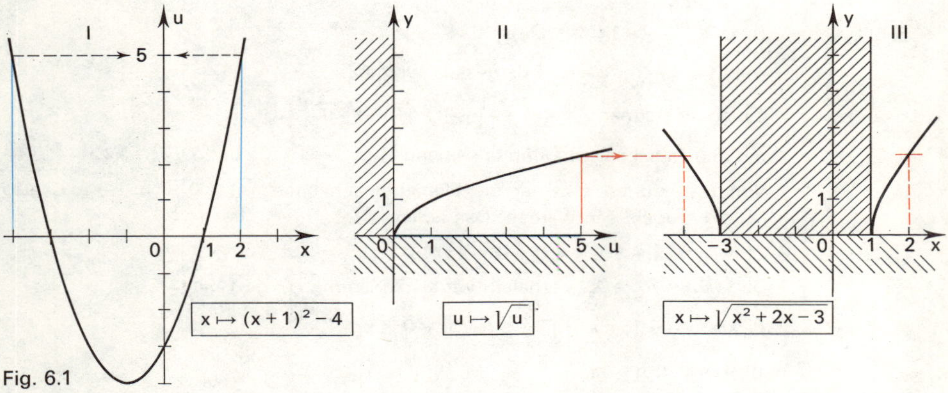

Fig. 6.1

Allgemein ist also die Verkettung $g \circ f\colon x \mapsto g(f(x))$ von zwei Funktionen g und f mit den Definitionsmengen D_g bzw. D_f nur dann für alle $x \in D_f$ definiert, wenn stets $f(x) \in D_g$ ist, d.h. wenn $f(D_f) \subseteqq D_g$ gilt. Anderenfalls muß man vorher zur Einschränkung von f mit der Definitionsmenge $D_f \cap \{x \mid f(x) \in D_g\}$ übergehen.
Wir erhalten also (vgl. Fig. 6.2):

$$g \circ f\colon x \mapsto g(f(x));\ x \in D_{g \circ f} = D_f \cap \{x \mid f(x) \in D_g\}$$

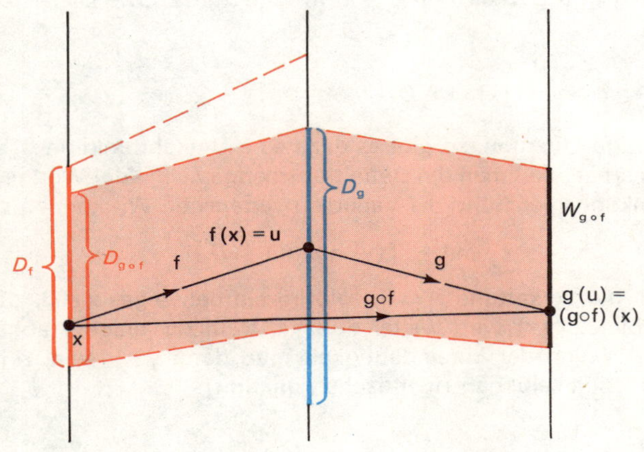

Fig. 6.2

2. Beispiel: $\varphi\colon x \mapsto \varphi(x) = \lg(x^2+1)$; $D_\varphi = [0; 3]$
soll in der Form $\varphi = g \circ f$ dargestellt werden.

Lösung: Als Zerlegungsterme von $\varphi(x)$ bieten sich an:
$u = f(x) = x^2 + 1$ und $g(u) = \lg u$. Für f muß die Definitionsmenge $D_f = D_\varphi = [0; 3]$ gewählt werden.
Nun ist $f(D_f) = [1; 10]$, da f auf D_f eine streng monoton zunehmende Funktion ist. Der Term $g(u)$ ist für $x \in [1; 10]$ definiert, also lautet die Zerlegung $\varphi = g \circ f$ mit

$f\colon x \mapsto x^2 + 1$; $D_f = [0; 3]$,
$g\colon u \mapsto \lg u$; $D_g = [1; 10]$.

3. Beispiel: $\varphi\colon x \mapsto \sqrt{\frac{1}{x^2} - 1}$; $x \in D_{\varphi(x)}$
soll in der Form $\varphi = g \circ f$ dargestellt werden.

Lösung: Zerlegungsterme: $u = f(x) = \frac{1}{x^2} - 1$; $g(u) = \sqrt{u}$
mit den (maximalen) Definitionsmengen $D_{f(x)} = \mathbb{R}\setminus\{0\}$ und $D_{g(u)} = \mathbb{R}_0^+$.
Von $D_{f(x)}$ dürfen also nur die Elemente x mit $u = f(x) \geqq 0$, d.h. $\frac{1}{x^2} \geqq 1$, also $|x| \leqq 1$, zugelassen werden. Das liefert:

$D_\varphi = D_f = \{x \mid -1 \leqq x < 0 \vee 0 < x \leqq 1\}$

Da $f(D_f) = \mathbb{R}_0^+ = D_{g(u)}$ erhalten wir als Zerlegung $\varphi = g \circ f$ mit

$f\colon x \mapsto \frac{1}{x^2} - 1$; $x \in \{x \mid -1 \leqq x < 0 \vee 0 < x \leqq 1\}$,
$g\colon u \mapsto \sqrt{u}$; $u \in \mathbb{R}_0^+$.

4. Beispiel: Mit den Termen $f(x) = \sin x - 2$; $g(u) = \sqrt{u}$
kann kein einziger Funktionswert $g(f(x))$ gebildet werden, da $f(x) < 0$ für alle $x \in \mathbb{R}$, aber $D_{g(u)} = \mathbb{R}_0^+$; $g \circ f$ ist daher nicht definiert. Die Verkettung $f \circ g$: $x \mapsto \sin\sqrt{x} - 2$ ist dagegen für alle $x \in \mathbb{R}_0^+$ definiert.

6.1.2. Verkettung von Funktion und Umkehrfunktion

Die Funktionen $f\colon x \mapsto x^2$; $x \in [2; 3]$ und $g\colon x \mapsto \sqrt{x}$; $x \in [4; 9]$ sind nach 2.2.2. B. Umkehrfunktionen zueinander. Für ihre Verkettungen erhält man $f \circ g\colon x \mapsto (\sqrt{x})^2 = x$ für alle $x \in [4; 9]$ und $g \circ f\colon x \mapsto \sqrt{x^2} = x$ für alle $x \in [2; 3]$. Dieser Zusammenhang gilt allgemein:

Ist $\quad f\colon x \mapsto y = f(x)$; $x \in D_f$

eine eineindeutige Funktion, so gibt es dazu eine Umkehrfunktion f^{-1}, die man nach 2.2.2. dadurch erhält, daß man die Definitionsmenge D_f mit der Wertmenge $W_f = f(D_f)$ und in der Funktionsgleichung die Variablen vertauscht. Wir können schreiben:

$$f^{-1}\colon x \mapsto y \quad \text{mit} \quad f(y) = x;\ x \in f(D_f)$$

Bilden wir nun die Verkettung $f^{-1} \circ f$, so wird ein beliebiges $x \in D_f$ zunächst durch f auf $f(x)$ abgebildet, $f(x)$ wird weiter durch f^{-1} auf dasjenige y abgebildet, für das $f(y) = f(x)$ ist. Wegen der Eineindeutigkeit muß dann $y = x$ sein, d.h. $f^{-1} \circ f$ bildet jedes $x \in D_f$ auf sich selbst ab (identische Funktion):

$$f^{-1} \circ f\colon x \mapsto x;\ x \in D_f.$$

Auch die Verkettung $f \circ f^{-1}$ liefert das gleiche Ergebnis, denn bildet f^{-1} zunächst jedes $x \in f(D_f)$ auf das $y \in D$ mit $f(y) = x$ ab, so wird dieses y durch f auf f(y), also gerade auf x selbst abgebildet. Wir erhalten damit folgenden

Satz:

Die Verkettung einer Funktion mit ihrer Umkehrfunktion liefert stets die identische Funktion:

$$f^{-1} \circ f\colon x \mapsto x;\ x \in D_f \quad \text{sowie} \quad f \circ f^{-1}\colon x \mapsto x;\ x \in f(D_f) = D_{f^{-1}}$$

6.1.3. Stetigkeit der Verkettung

In 3.5. haben wir festgestellt, daß sich die Stetigkeit von zwei Funktionen f und g auch auf ihre Summe, ihre Differenz, ihr Produkt und – soweit der Nenner nicht Null wird – auch auf ihren Quotienten überträgt. Betrachtet man die Terme zusammengesetzter Funktionen, wie z. B. $\varphi(x) = (2x+1)^2$ oder $\varphi(x) = |\sin x|$ und ihre Graphen, so kann man vermuten, daß auch die Verkettung von zwei stetigen Funktionen wieder eine stetige Funktion ergibt. Tatsächlich gilt der folgende

Satz:

Sind die Funktionen

$$f\colon x \mapsto f(x);\ x \in D_f \text{ an der Stelle } x_0 \in D_f \text{ und}$$
$$g\colon u \mapsto g(u);\ u \in D_g \text{ an der Stelle } u_0 = f(x_0) \in D_g \text{ stetig,}$$

so ist auch die Verkettung

$$g \circ f\colon x \mapsto g(f(x));\ x \in D_{g \circ f} \text{ an der Stelle } x_0 \text{ stetig.}$$

Beweis:

Wir müssen nach der Definition der Stetigkeit in 3.4. zeigen, daß es zu jedem $\varepsilon > 0$ eine Umgebung $U_\delta(x_0)$ gibt, so daß für alle $x \in U_\delta(x_0) \cap D_{g \circ f}$ der zugehörige Funktionswert $g(f(x))$ in $U_\varepsilon(g(f(x_0))) = U_\varepsilon(g(u_0))$ liegt.
Wegen der Stetigkeit von g an der Stelle u_0 muß es zunächst zu diesem ε eine Umgebung $U_\sigma(u_0)$ geben, für welche alle $u \in U_\sigma(u_0) \cap D_g$ ihre Funktionswerte $g(u)$ in $U_\varepsilon(g(u_0))$ haben. Zu diesem σ muß es aber (wegen der Stetigkeit von f an der Stelle x_0) eine Umgebung $U_\delta(x_0)$ von der Art geben, daß für alle $x \in D_f \cap U_\delta(x_0)$ gilt: $f(x) \in U_\sigma(f(x_0)) = U_\sigma(u_0)$.
Nimmt man nun ein beliebiges x aus eben dieser Umgebung $U_\delta(x_0)$, das zugleich in $D_{g \circ f} = D_f \cap \{x \mid f(x) \in D_g\}$ liegt, so gilt dafür:

$$g(f(x)) \in g(U_\sigma(u_0) \cap D_g) \subseteqq U_\varepsilon(g(u_0))$$

und das war zu zeigen. (Zur Veranschaulichung vgl. Fig. 6.3.)

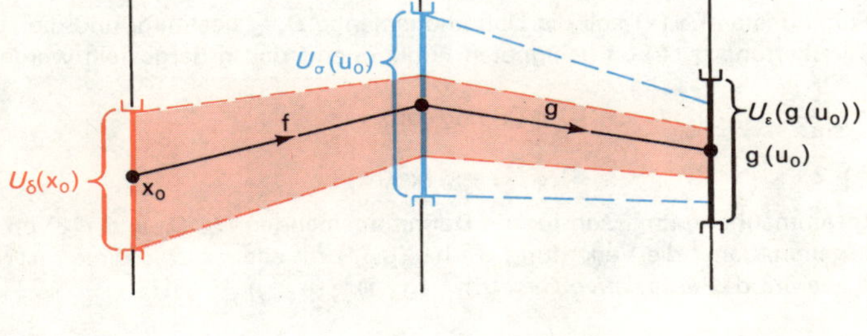

Fig. 6.3

Zur Verdeutlichung des Beweises ein einfaches

Beispiel: f: $x \mapsto 2x+1$; $x \in \mathbb{R}$ ist an der Stelle $x_0 = 1$ stetig und g: $u \mapsto u^2$; $u \in \mathbb{R}$ ist an der Stelle $u_0 = f(1) = 3$ stetig.

Dann ist auch $g \circ f$: $x \mapsto (2x+1)^2$; $x \in \mathbb{R}$ in $x_0 = 1$ stetig.
Wählt man mit den Bezeichnungen des Beweises etwa $\varepsilon = 0{,}1$, so muß $\sigma > 0$ so gewählt werden, daß für alle $u \in U_\sigma(3)$ gilt: $|u^2 - 9| < 0{,}1$. Man rechnet leicht nach, daß dies sicher für $\sigma = 0{,}01$ der Fall ist. Man hat dann $U_\delta(1)$ so zu wählen, daß $f(U_\delta(1)) \subseteq U_{0,01}(3)$, also $|(2x+1) - 3| < 0{,}01$ wird. Dazu genügt $\delta = 0{,}005$. Für alle $x \in U_{0,005}(1)$ ist dann tatsächlich $(2x+1)^2 \in U_{0,1}(9)$.

Aufgaben

1. Berechne den zusammengesetzten Funktionsterm $g(f(x))$ mit Hilfe der Substitution $u = f(x)$ und bringe den erhaltenen Term auf die einfachste Form!
   a) $f(x) = (x-1)^2 + 3$; $g(u) = 2u - 3$
   b) $f(x) = (\cos x)^2$; $g(u) = \dfrac{1+u}{1-u}$
2. Berechne ebenso $f(g(x))$ für die in Aufgabe 1 angegebenen Terme!
3. Zerlege den zusammengesetzten Term $\varphi(x)$ in Teilterme $u = f(x)$ und $y = g(u)$!
   a) $\varphi(x) = \tan \dfrac{x}{1+x^2}$ b) $\varphi(x) = \left(\dfrac{2+x}{1+x}\right)^4$
   c) $\varphi(x) = \lg \cos x$ d) $\varphi(x) = \lg \sqrt{x^2+1}$
4. Bei den folgenden zusammengesetzten Funktionstermen $\varphi(x)$ soll mit Hilfe einer geeigneten Zerlegung $D_{\varphi(x)}$ und die zugehörige Wertemenge W_φ bestimmt werden:
   a) $\varphi(x) = \sin \dfrac{\pi}{1+x^2}$ b) $\varphi(x) = (\cos x)^2 - 2\cos x - 8$
   c) $\varphi(x) = \tan\left(\dfrac{\pi}{4}\sqrt{1-x^2}\right)$ d) $\varphi(x) = \sqrt{\sin x}$
5. Bestimme geeignete Funktionen f und g (mit Definitionsmengen), deren Verkettung $g \circ f$ die Funktion φ ergibt!
   a) φ: $x \mapsto \tan \dfrac{x}{x+1}$; $x \in \left]0; \dfrac{\pi}{4-\pi}\right[$
   b) φ: $x \mapsto \sin\left(-\dfrac{1}{x}\right)$; $x \in \left]\dfrac{1}{\pi}; \infty\right[$
6. Für den Funktionsterm $\varphi(x)$ soll die Definitionsmenge $D_{\varphi(x)}$ bestimmt und die zugehörige Funktion φ als Verkettung $g \circ f$ von geeigneten Funktionen f und g dargestellt werden.
   a) $\varphi(x) = \dfrac{1}{\sin x}$ b) $\varphi(x) = \lg \cos x$
   c) $\varphi(x) = \sqrt{2+x-x^2}$ d) $\varphi(x) = \lg(x^2 - x)$
7. Welche Zusammenhänge müssen für die Definitionsmengen D_f, D_g und D_h von drei Funktionen f, g und h gelten, damit die Verkettung $\varphi = h \circ (g \circ f)$ für alle $x \in D_f$ definiert ist?
   Begründe, warum das *assoziative Gesetz* $h \circ (g \circ f) = (h \circ g) \circ f$ gilt!

6.1.4. Die Kettenregel

Wir wollen uns nun die Frage stellen, ob und wie eine zusammengesetzte Funktion zu differenzieren ist. Wir können zwar in Einzelfällen die Ableitungen angeben, z. B. bei $x \mapsto (2x+1)^2$, $x \mapsto (\sin x)^2$ oder $x \mapsto \cos 2x$ (wie lauten sie?). Doch schon die Beispiele $x \mapsto \sin x^2$ oder $x \mapsto \sqrt{x^2+1}$ zeigen uns, daß unsere bisherigen Kenntnisse im allgemeinen noch nicht ausreichen, um eine zusammengesetzte Funktion zu differenzieren, auch wenn wir die Ableitungen der Einzelfunktionen kennen. Wir wissen nicht einmal, ob die Verkettung differenzierbarer Einzelfunktionen überhaupt differenzierbar ist.
Ähnlich wie die Stetigkeit (vgl. 6.1.3.) überträgt sich erfreulicherweise auch die Differenzierbarkeit von den Einzelfunktionen auf deren Verkettung. Es gilt der folgende

Satz:

Ist $f\colon x \mapsto f(x);\ x \in D_f$ an der Stelle $x_0 \in D_f$ differenzierbar und $g\colon u \mapsto g(u);\ u \in D_g$ an der Stelle $u_0 = f(x_0) \in D_g$ differenzierbar, so ist auch die Verkettung $g \circ f$ an der Stelle x_0 differenzierbar und es gilt die sogenannte *Kettenregel*:

$$(g \circ f)'(x_0) = g'(u_0) \cdot f'(x_0) = g'(f(x_0)) \cdot f'(x_0)$$

Beweis:
Da g an der Stelle $u_0 = f(x_0)$ differenzierbar ist, gibt es eine Umgebung $U_\sigma(u_0) \subset D_g$ und nach dem Differenzierbarkeitsansatz (vgl. 4.1.2.) eine in D_g definierte und an der Stelle u_0 stetige Funktion ψ, so daß

$$g(u) = g(u_0) + (u - u_0)\,\psi(u), \tag{1}$$

wobei $\psi(u_0) = g'(u_0)$ ist.
Ebenso existiert, diesmal wegen der Differenzierbarkeit von f an der Stelle x_0, eine Umgebung $U_\delta(x_0) \subset D_f$ und eine in D_f definierte, an der Stelle x_0 stetige Funktion φ, so daß

$$f(x) - f(x_0) = (x - x_0)\,\varphi(x) \tag{2}$$

mit $\varphi(x_0) = f'(x_0)$.

Wegen der Stetigkeit von f können wir dabei den Radius dieser Umgebung von vorneherein so klein machen, daß für $x \in U_\delta(x_0)$ gilt $f(x) = u \in U_\sigma(u_0) \subset D_g$; daher liegt $U_\delta(x_0)$ auch in der Definitionsmenge der Funktion $g \circ f$ und für jedes x aus dieser Umgebung erhalten wir durch Einsetzen von (2) in (1) unter Berücksichtigung von $f(x) = u$ und $f(x_0) = u_0$:

$$g(f(x)) = g(f(x_0)) + (x - x_0)\,\varphi(x) \cdot \psi(f(x)) \tag{3}$$

Setzen wir $\varphi(x) \cdot \psi(f(x)) = \Phi(x)$, so hat (3) genau die Form des Differenzierbarkeitsansatzes für die Funktion $g \circ f$ an der Stelle x_0. Da f an der Stelle x_0 und ψ an der Stelle $f(x_0) = u_0 \in D_g$ stetig ist, ist nach 6.1.3. auch $\psi(f(x))$ an der Stelle x_0 stetig, und damit auch $\Phi(x)$ als Produkt der an der Stelle x_0 stetigen Funktionsterme $\psi(f(x))$ und $\varphi(x)$. $g \circ f$ ist also an der Stelle x_0 tatsächlich differenzierbar und für die Ableitung gilt

$$(g \circ f)'(x_0) = \Phi(x_0) = \psi(f(x_0)) \cdot \varphi(x_0) = g'(f(x_0)) \cdot f'(x_0), \quad \text{w.z.b.w.}$$

Bemerkungen

(1) Schreibt man die zur Funktionsgleichung $y = g(f(x))$ gehörige Ableitung $\frac{dy}{dx}$ und setzt wieder $f(x) = u$, so kann man die Kettenregel in der folgenden einprägsamen, auf Leibniz zurückgehenden Form schreiben:

$$\boxed{\frac{dy}{dx} = \frac{dy}{du} \cdot \frac{du}{dx}}$$

(2) Soweit in den nachfolgenden Beispielen und Aufgaben keine Angaben über die Definitionsmengen der beteiligten Funktionen gemacht werden, ist jeweils die größtmögliche Definitionsmenge zugrundezulegen, in der die Voraussetzungen für die Anwendung der Kettenregel gegeben sind.

1. Beispiel: $\varphi\colon x \mapsto \sin(x^2)$; $f\colon x \mapsto x^2 = u$; $g\colon u \mapsto \sin u$

$\varphi'\colon x \mapsto \cos u \cdot 2x = \mathbf{2x \cdot \cos(x^2)}$

2. Beispiel: $\varphi\colon x \mapsto \sqrt{x^2+1}$; $f\colon x \mapsto x^2+1 = u$; $g\colon u \mapsto \sqrt{u}$

$\varphi'\colon x \mapsto \frac{1}{2\sqrt{u}} \cdot (2x) = \frac{\mathbf{x}}{\sqrt{\mathbf{x^2+1}}}$; [1]

3. Beispiel: $\varphi\colon x \mapsto (2x+1)^2$; $f\colon x \mapsto 2x+1 = u$; $g\colon u \mapsto u^2$;

$\varphi'\colon x \mapsto 2u \cdot 2 = 2(2x+1) \cdot 2 = \mathbf{8x+4}$

Man hätte hier auch ausmultiplizieren können:

$\varphi\colon x \mapsto 4x^2+4x+1$ und als Ableitung dieser ganzen rationalen Funktion das gleiche Ergebnis erhalten.

4. Beispiel: $\varphi\colon x \mapsto \frac{1}{\sin x}$; $f\colon x \mapsto \sin x = u$; $g\colon u \mapsto \frac{1}{u}$;

$\varphi'\colon x \mapsto -\frac{1}{u^2} \cdot \cos x = -\frac{\mathbf{\cos x}}{\mathbf{(\sin x)^2}}$

5. Beispiel: $\varphi\colon x \mapsto \sin kx$, $(k \neq 0)$; $f\colon x \mapsto kx = u$; $g\colon u \mapsto \sin u$;

$\varphi'\colon x \mapsto (\cos u) \cdot k = \mathbf{k \cos kx}$

in Übereinstimmung mit dem direkt hergeleiteten Ergebnis in 4.2.2.

6. Beispiel: $\varphi\colon x \mapsto (\sin 2x)^3$; $f\colon x \mapsto 2x = u$; $g\colon u \mapsto \sin u = v$; $h\colon v \mapsto v^3$

Hier ist $\varphi = h \circ g \circ f$; entsprechend finden wir durch zweimaliges Anwenden der Kettenregel:

$\varphi'\colon x \mapsto 3v^2 \cdot \cos u \cdot 2 = 6(\sin u)^2 \cdot \cos u = \mathbf{6(\sin 2x)^2 \cos 2x}$.

7. Beispiel: Die beiden Funktionen

$f\colon x \mapsto \sqrt{x} = u$; $x \in \mathbb{R}_0^+$ und

$g\colon u \mapsto u^2$; $x \in \mathbb{R}_0^+$ sind Umkehrfunktionen zueinander, daher ist nach 6.1.2. $\varphi = g \circ f\colon x \mapsto x$; $x \in \mathbb{R}_0^+$.

In $\mathbb{R}^+$ ist die Differenzierbarkeit für alle beteiligten Funktionen gesichert. Es gilt einerseits $\varphi'\colon x \mapsto 1$; $x \in \mathbb{R}^+$, andererseits: $\varphi'\colon x \mapsto 2u \cdot f'(x) = 2\sqrt{x} \cdot f'(x)$.

Durch Gleichsetzen erhalten wir

$f'(x) \cdot 2\sqrt{x} = 1$, also $f'(x) = \frac{1}{2\sqrt{x}}$; $x \in \mathbb{R}^+$

in Übereinstimmung mit dem direkt hergeleiteten Ergebnis in 4.2.2. E.

Wir werden das hier gefundene Verfahren später noch öfters zur Differentiation einer Umkehrfunktion verwenden.

---

[1] Zur Ableitung der Wurzelfunktion vergleiche auch das 7. Beispiel und 4.2.2. E.

Aufgaben

Vorbemerkung: Soweit nichts anderes angegeben, ist die größtmögliche Definitionsmenge zugrundegelegt, innerhalb der die Voraussetzungen für die Anwendung der Kettenregel erfüllt sind.

1. Bilde die Ableitung folgender Funktionen φ:

a) $x \mapsto (3x+2)^5$ b) $x \mapsto (3x^2-2x+5)^4$

c) $x \mapsto (1-x)^5$ d) $x \mapsto \frac{1}{x^5}$

e) $x \mapsto \frac{1}{(1-x)^5}$ f) $x \mapsto \sin(-x)$

g) $x \mapsto \cos(ax+b)$ h) $x \mapsto (1-\sin x)^3$

i) $x \mapsto (\cos x)^2$ k) $x \mapsto \cos(x^2)$

l) $x \mapsto \sqrt{x^2-2x+3}$ m) $x \mapsto \frac{1}{\sqrt{x}}$

n) $x \mapsto \frac{1}{(\sin x)^3}$ o) $x \mapsto \frac{1}{\sqrt{x^2+1}}$

2. Differenziere die Funktion φ: $x \mapsto (\sin x)^2$; $x \in \mathbb{R}$ nach der Produktregel! Überprüfe das Ergebnis mit der Kettenregel! Zeige, daß auch die Benutzung der allgemeingültigen Beziehung $2(\sin x)^2 = 1-\cos 2x$ zum gleichen Ergebnis führt!

3. Differenziere die Funktion φ: $x \mapsto x\sqrt{x}$; $x \in \mathbb{R}^+$ zunächst nach der Produktregel und überprüfe das Ergebnis unter Berücksichtigung der Beziehung $\sqrt{x^3} = (\sqrt{x})^3$ auf zweierlei Arten mit Hilfe der Kettenregel!

4. Differenziere die Funktion f: $x \mapsto \sqrt[3]{x}$; $x \in \mathbb{R}^+$ mit Hilfe ihrer Umkehrfunktion (vgl. 7. Beispiel)!

5. Unter welchem Winkel ist die Tangente an den Graphen von f: $x \mapsto (\cos x)^2$; $x \in \mathbb{R}$ im Punkt P_0 mit der Abszisse $x_0 = 0{,}25$ gegen die x-Achse geneigt (auf Minuten genau)?

6. Differenziere die in $\mathbb{R}\setminus\{0\}$ definierten Funktionen:

a) f: $x \mapsto \sin\frac{1}{x}$ b) f: $x \mapsto x\sin\frac{1}{x}$ c) f: $x \mapsto x^2\sin\frac{1}{x}$

Untersuche das Verhalten der Funktionen und ihrer Differentialquotienten für $x \to 0$.

7. Gegeben ist die Funktion φ: $x \mapsto y = \sqrt{4-x^2}$; $D = D_{\varphi(x)}$

a) Differenziere φ und bestimme die Differenzierbarkeitsmenge D'!

b) Stelle die Gleichung der Normalen in einem beliebigen Punkt P (x; y) des Funktionsgraphen *H* auf und zeige, daß sie durch den Koordinatenursprung geht!

c) Zeichne *H* und erkläre das Ergebnis von Teilaufgabe b) geometrisch!
Hinweis: Berechne x^2+y^2!

8. f sei eine in $\mathbb{R}$ differenzierbare Funktion. Beweise und erläutere anschließend geometrisch:

a) Es ist $f'(-x) = \ f'(x)$, wenn f eine ungerade Funktion ist.

b) Es ist $f'(-x) = -f'(x)$, wenn f(x) eine gerade Funktion ist.

9. Es sei v: $x \mapsto v(x)$ eine an der Stelle x_0 differenzierbare Funktion mit $v(x_0) \neq 0$.

a) Beweise, daß dann die Funktion w: $x \mapsto \frac{1}{v(x)}$ an der Stelle x_0 folgende Ableitung hat:

$$w'(x_0) = -\frac{v'(x_0)}{(v(x_0))^2}$$

b) Differenziere mit der obigen Beziehung und der Produktregel folgende Funktionen:

(1) $f\colon x \mapsto \frac{\cos x}{x^2+1}$ (2) $\varphi\colon x \mapsto \tan x$ (3) $\psi\colon x \mapsto \frac{\sqrt{x}}{\sqrt{1-x^2}}$

Bestimme die Menge aller $x \in \mathbb{R}$, für welche die gefundenen Ableitungen gelten.

6.2. Mittelwertsätze

6.2.1. Der Satz von Rolle

Bei den Kurvendiskussionen in 5.3. haben wir häufig die Nullstellen von Funktionen und die ihrer Ableitungsfunktionen bestimmt. So hat z.B. die ganzrationale Funktion $f\colon x \mapsto x^3 - 3x;\ x \in \mathbb{R}$ Nullstellen bei $-\sqrt{3}$, 0 und $\sqrt{3}$; die zugehörige Ableitungsfunktion $f'\colon x \mapsto 3x^2 - 3;\ x \in \mathbb{R}$ hat Nullstellen bei -1 und $+1$. Zwischen je zwei benachbarten Nullstellen von f liegt also jeweils eine Nullstelle der Ableitung, der zugehörige Punkt des Graphen von f hat dort eine zur x-Achse parallele Tangente. Die Anschauung spricht dafür, daß diese Eigenschaft jeder Funktion zukommt, deren Graph zwischen zwei Nullstellen keinen „Knick" hat. Tatsächlich gilt der folgende

Satz von Rolle[1]

Eine im Intervall $[a;\ b]$ stetige, im Innern $]a;\ b[$ dieses Intervalls differenzierbare Funktion f mit der Eigenschaft $f(a) = f(b) = 0$ hat im Innern des Intervalls mindestens eine Stelle ξ, für die $f'(\xi) = 0$ ist.

Beweis (Fig. 6.4):

1. Fall: Im ganzen Intervall ist $f(x) = 0$. Die Funktion ist also konstant, ihre Ableitung ist im ganzen Intervall Null.
2. Fall: Es gibt eine Stelle x_0 im Innern des Intervalls, für die $f(x_0) > 0$ gilt. Da f stetig ist, gibt es nach dem Extremwertsatz für stetige Funktionen (vgl. 3.5.) einen größten Wert $f(\xi)$, der wegen $f(x_0) > 0$ im Innern des Intervalls erreicht wird.
Voraussetzungsgemäß ist f an der Stelle ξ differenzierbar, für $x \in [a, b]$ gilt daher nach dem Differenzierbarkeitsansatz an der Stelle ξ

$$f(x) = f(\xi) + (x - \xi)\,\varphi(x),$$

wobei φ eine an der Stelle ξ stetige Funktion mit $\varphi(\xi) = f'(\xi)$ ist. Formen wir um:

$$\varphi(x) = \frac{f(x) - f(\xi)}{x - \xi}, \qquad (x \neq \xi)$$

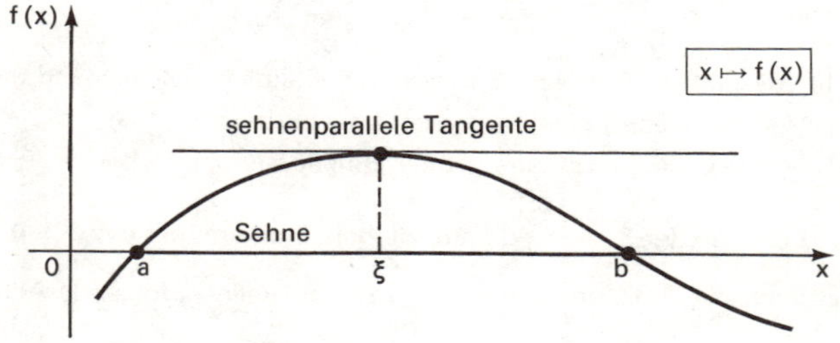

Fig. 6.4

[1] Michel Rolle (1652–1719), französischer Mathematiker

so ergibt sich wegen $f(x) \leqq f(\xi)$ durch Betrachtung der Vorzeichen von Zähler und Nenner

$$\varphi(x) \leqq 0 \quad \text{für} \quad x > \xi \quad \text{und} \quad \varphi(x) \geqq 0 \quad \text{für} \quad x < \xi.$$

Das liefert nur dann keinen Widerspruch zur Stetigkeit von φ an der Stelle ξ, wenn $\varphi(\xi) = f'(\xi) = 0$.

In entsprechender Weise läßt sich für $f(x_0) < 0$ eine Nullstelle der 1. Ableitung im Innern des Intervalls folgern.

Aufgaben

1. Bestätige die Aussage des Satzes von Rolle an der Funktion $f\colon x \mapsto x^3 - 4x^2 + 3x;\ x \in \mathbb{R}$!
2. Prüfe, ob für die folgenden Funktionen im angegebenen Intervall der Satz von Rolle anwendbar ist. Erkläre das Ergebnis!
   a) $f\colon x \mapsto |x| - 2;\ x \in [-2; 2]$
   b) $f\colon x \mapsto x - [x];\ x \in [0; 1]$
3. Für den Term $f(x) = \frac{1}{x^2} - 1$ gilt $f(1) = f(-1) = 0$. Warum kann der Satz von Rolle nicht auf das Intervall $[-1; 1]$ angewandt werden?
4. a) Warum vermutet man beim Graphen der Funktion $f\colon x \mapsto \frac{x-3}{x^2+1};\ x \in \mathbb{R}$ allein auf Grund der Nullstelle und des Wertes von $\lim\limits_{x \to \infty} f(x)$ rechts von $x = 3$ eine Stelle mit horizontaler Tangente?
   Warum läßt sich zum Nachweis der Satz von Rolle nicht unmittelbar auf den Term $f(x)$, wohl aber auf einen Term $f(x) - \varepsilon$ mit konstantem $\varepsilon > 0$ anwenden? Wie groß könnte man ε wählen?
   b) Bestätige die angestellten Überlegungen durch genaue Diskussion der Funktion mit Hilfe der 1. Ableitung!
5. Zeichne den Graphen der Funktion $f\colon x \mapsto 4 - \frac{x^2}{4};\ x \in [-4; 2]$!
   Stelle die Funktionsgleichung $y = g(x)$ der Sehne durch die beiden Endpunkte dieses Graphen auf und zeige, daß die Anwendung des Satzes von Rolle auf $f(x) - g(x)$ eine Stelle ξ liefert, für die der Graph von f parallel zur Sehne verläuft!

6.2.2. Der Mittelwertsatz der Differentialrechnung

Fassen wir in Fig. 6.4 das Intervall $[a; b]$ auf der x-Achse als Sehne des Graphen der Funktion f auf, so besagt der Satz von Rolle, daß es eine Stelle ξ gibt, für die der Graph von f parallel zur Sehne verläuft. Betrachten wir den Graphen einer beliebigen zwischen a und b differenzierbaren Funktion f (vgl. Fig. 6.5), so kann man die Steigung der Sehne [AB] als „Mittelwert" der Steigung zwischen den Punkten A (a; f (a))

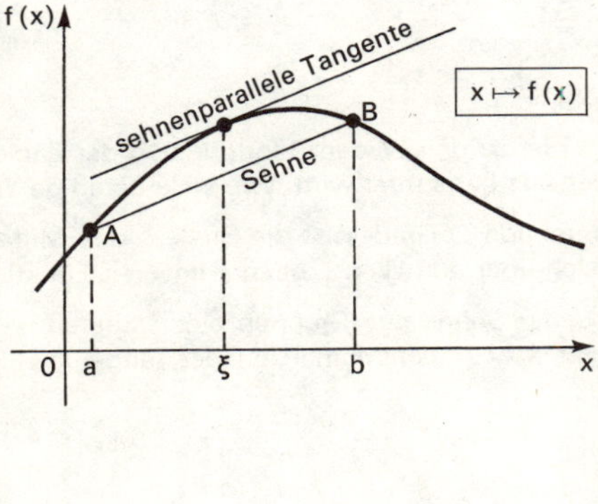

Fig. 6.5

und B (b; f (b)) bezeichnen. Der folgende wichtige Satz besagt nun, daß der Funktionsgraph unter entsprechenden Voraussetzungen wie beim Satz von Rolle einen Punkt enthält, in dem die Steigung der Tangente, also die Steigung des Graphen, mit diesem Mittelwert übereinstimmt:

Mittelwertsatz der Differentialrechnung:

Eine im Intervall [a; b] stetige, in dessen Innern]a; b[differenzierbare Funktion f hat im Innern des Intervalls mindestens eine Stelle ξ, für die gilt

$$f'(\xi) = \frac{f(b) - f(a)}{b - a}, \quad \text{also} \quad f(b) = f(a) + (b - a) f'(\xi).$$

Beweis (Fig. 6.5):

Der Beweis geht von der Überlegung aus, daß man für jedes $x \in [a; b]$ vom Funktionswert f (x) die Ordinate des zugehörigen Sehnenpunktes subtrahiert und dann den Satz von Rolle anwendet. Die Funktionsgleichung der Sehne durch die Punkte A (a; f (a)) und B (b; f (b)) lautet $y = s(x)$ mit

$$s(x) = f(a) + \frac{f(b) - f(a)}{b - a}(x - a); \; x \in [a; b].$$

Subtrahieren wir s (x) von f (x), so erhalten wir eine Hilfsfunktion

$$F\colon x \mapsto f(x) - s(x); \; x \in [a; b].$$

Es gilt $F(a) = F(b) = 0$, außerdem ist F in [a; b] stetig und in]a; b[differenzierbar, da f diese Eigenschaften nach Voraussetzung hat und s als lineare Funktion erst recht.

Also gibt es nach dem Satz von Rolle ein $\xi \in]a; b[$ mit $F'(\xi) = 0$, d. h.

$$f'(\xi) - \frac{f(b) - f(a)}{b - a} \cdot 1 = 0.$$

Aus dieser Gleichung folgt unmittelbar die Behauptung.

Bemerkungen

(1) Beachte die starke formale Ähnlichkeit des Mittelwertsatzes mit dem Differenzierbarkeitsansatz in 4.1.2.! Interpretiere sie für den Fall, daß $b \to a$ geht!

(2) Man schreibt den Mittelwertsatz der Differentialrechnung oft in einer etwas anderen Form: Man setzt $b = a + h$ und kann dann für die Zwischenstelle schreiben:
$\xi = a + \vartheta h$ mit $0 < \vartheta < 1$; (was ergäbe sich für $\vartheta = 0$ und für $\vartheta = 1$?). Der Mittelwertsatz lautet dann:

$$f(a + h) = f(a) + h \cdot f'(a + \vartheta h) \qquad \text{mit } 0 < \vartheta < 1$$

Aufgaben

1. Für die Funktion f: $x \mapsto x^3$; $x \in [-2; 2]$ ist zu den beiden Randpunkten der Zahlenwert ξ zu berechnen, dessen Existenz im Mittelwertsatz behauptet wird. Wie viele derartige Werte gibt es?

2. Beweise: Für jede ganze rationale Funktion 2. Grades ist die Stelle ξ des Mittelwertsatzes der Mittelpunkt des Intervalls. Was läßt sich über den Wert ξ bei der linearen Funktion sagen?

3. Nach dem Mittelwertsatz gibt es zu jeder Sehne des Graphen einer differenzierbaren Funktion eine parallele Tangente. Umgekehrt gibt es aber nicht immer zu jeder Tangente eine dazu parallele Sehne. Zeige dies an einem Beispiel!

6.3. Anwendungen des Mittelwertsatzes

6.3.1. Folgerungen über das globale Verhalten von Funktionen

Aus dem Wert der Ableitung einer differenzierbaren Funktion konnten wir schon bisher Rückschlüsse auf das lokale Verhalten der Funktion ziehen (vgl. 5.3.2.). Mit Hilfe des Mittelwertsatzes lassen sich aus der Ableitung auch Aussagen über das globale Verhalten einer Funktion gewinnen.
Wir wissen bereits unmittelbar aus der Definition der Ableitung, daß eine in einem Intervall konstante Funktion dort überall die Ableitung 0 hat. Davon können wir nun auch die Umkehrung beweisen:

Satz 1:

Eine in einem abgeschlossenen Intervall $[a; b]$ stetige Funktion f mit $f'(x) = 0$ für alle $x \in]a; b[$ ist in $[a; b]$ konstant, d. h. es gibt eine reelle Zahl c mit $f(x) = c$ für alle $x \in [a; b]$.

Beweis:

Wir setzen $f(a) = c$ und betrachten ein beliebiges $x \in]a; b]$. Im Intervall $[a; x]$ erfüllt f die Voraussetzungen des Mittelwertsatzes, also gibt es ein $\xi \in]a; x[$ mit $f(x) = f(a) + (x - a) f'(\xi)$. Da aber $f'(\xi) = 0$ für $\xi \in]a; x[$ muß $f(x) = f(a) = c$ sein.

Unmittelbar daraus folgt der für später wichtige

Satz 2:

Die Differenz zweier Funktionen, deren Ableitungen in einem Intervall übereinstimmen, ist dort konstant.

Beweis:

Ist $f'(x) = g'(x)$ für alle $x \in]a; b[$, so hat die Differenzfunktion $F = g - f$ dort die Ableitung $F'(x) = g'(x) - f'(x) = 0$; nach Satz 1 ist also $F(x) = c$ für alle $x \in]a; b[$, d. h. $g(x) = f(x) + c$.

Auch über das Verhalten von Funktionen, deren Ableitung in einem Intervall gleichbleibendes Vorzeichen hat, lassen sich mit Hilfe des Mittelwertsatzes Aussagen machen. Wir können damit den Satz 2a in Abschnitt 5.3.2. beweisen:

Satz 3:

Hat die im Intervall $[a; b]$ stetige Funktion f eine Ableitung $f'(x) > 0$ (bzw. $f'(x) < 0$) für alle $x \in]a; b[$, so ist f streng monoton zunehmend (bzw. streng monoton abnehmend).

Beweis:

Sind x_1 und x_2 zwei beliebig aus $[a; b]$ herausgegriffene Werte mit $x_1 < x_2$, so läßt sich auf das Intervall $[x_1; x_2]$ der Mittelwertsatz anwenden:

$$f(x_2) = f(x_1) + (x_2 - x_1) f'(\xi) \qquad \text{mit} \qquad \xi \in]x_1; x_2[$$

Ist $f'(x) > 0$ für alle $x \in]a; b[$, so gilt dies auch für alle $x \in]x_1; x_2[$, also auch für ξ. Mit $x_2 - x_1 > 0$ erhalten wir daher $f(x_2) > f(x_1)$, d. h. f ist streng monoton zunehmend.
Entsprechend verläuft der Beweis im Falle $f'(x) < 0$.

Aufgaben

1. Differenziere die Funktionen
   a) f: $x \mapsto (\sin x)^2 + (\cos x)^2$; $D = \mathbb{R}$
   b) f: $x \mapsto 2(\sin x)^2 + \cos 2x$; $D = \mathbb{R}$
   Welchen Schluß lassen die vereinfachten Ergebnisse zu?
   Was läßt sich nach Berechnung eines beliebigen Funktionswerts (z. B. f(0)) über das globale Verhalten der Funktionen sagen?

2. Entscheide mit Hilfe der Ableitung, in welchen Teilmengen der Definitionsmenge die Funktion f streng monoton zunehmend bzw. abnehmend ist:
   a) f: $x \mapsto (\sin x)^2$; $D = [0; 2\pi]$ b) f: $x \mapsto \frac{x^4}{4} - x^3 - 2x^2 + 1$; $D = \mathbb{R}$

3. Die Funktion f: $x \mapsto f(x)$ sei in einem offenen Intervall J zweimal differenzierbar und für zwei verschiedene Stellen $x_1, x_2 \in J$ gelte $f'(x_1) = f'(x_2) = 0$. Die Funktion ist außerdem zwischen x_1 und x_2 nicht konstant.
   a) Was kann daraus für die zweite Ableitung der Funktion gefolgert werden?
   b) Kann daraus auf die Existenz eines Wendepunkts zwischen x_1 und x_2 geschlossen werden? (Beweis oder Gegenbeispiel).

6.3.2. Lineare Approximation

A. Funktionswerte in der Umgebung eines bekannten Wertes

Nach dem Mittelwertsatz läßt sich der Unterschied zweier benachbarter Funktionswerte $f(a+h)$ und $f(a)$ einer in $a \leqq x \leqq a+h$ differenzierbaren Funktion f durch $h \cdot f'(a + \vartheta h)$ ausdrücken. Hierbei ist ϑ eine Zahl zwischen 0 und 1, deren Bestimmung unter Umständen gar nicht so einfach ist. Eine Berechnung von ϑ setzt im allgemeinen voraus, daß man die Funktionswerte $f(a)$ *und* $f(a+h)$ bereits kennt. Kennt man jedoch die Funktion f nur an der Stelle $x = a$ genau, so kann man für genügend kleines h die Differenz $f(a+h) - f(a)$ in guter Näherung durch $h \cdot f'(a)$ ersetzen, falls nur die „Schwankungsbreite" von $f'(x)$ in diesem Intervall genügend klein ist. Für den genauen Wert $f(a+h)$ haben wir dann einen Näherungswert (*Approximationswert*[1]):

$$f^*(a+h) = f(a) + hf'(a)$$

Bei festem a und variablem h ist die Funktion f^* eine lineare Funktion und daher besonders leicht zu berechnen. Wir sprechen deshalb von einer linearen Approximation des Funktionswertes. Der Graph von f^* hat eine einfache geometrische Bedeutung: Er ist eine Gerade durch $P_0(a; f(a))$ und hat in a die Steigung $f'(a)$. Es handelt sich also um die Tangente im Punkt P_0 (Fig. 6.6):

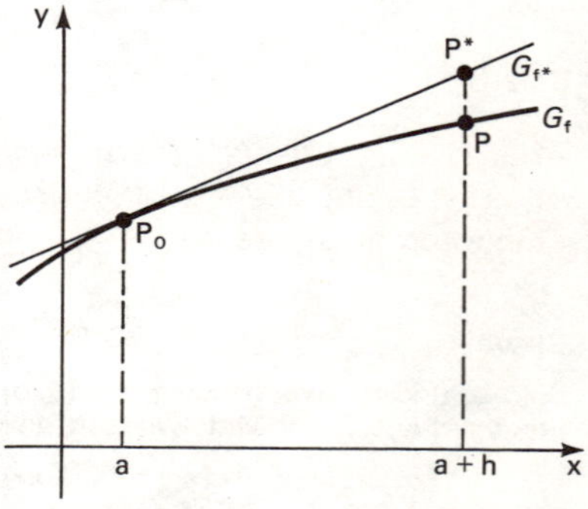

Fig. 6.6

[1] Vom lat. Adverb *proxime* = sehr nahe.

Bei der linearen Approximation eines Funktionswertes mit Hilfe des Mittelwertsatzes wird der Graph in der Umgebung des Punktes $P_0(a; f(a))$ *durch die Tangente in* P_0 *ersetzt.*

Beispiel: Näherungsweise Berechnung von $\sqrt{4{,}1}$, (vgl. 1.1.2.):
Es ist $f: x \mapsto \sqrt{x}$; für $a = 4$ ist $f(a) = \sqrt{4} = 2$ bekannt.
Ableitung $f': x \mapsto \frac{1}{2\sqrt{x}}$; $x \in \mathbb{R}^+$, also $f'(4) = \frac{1}{2\sqrt{4}} = \frac{1}{4}$
Dann erhalten wir als lineare Approximation:
$f^*(4+h) = 2 + \frac{1}{4}h$, also mit $h = 0{,}1$ für $\sqrt{4{,}1}$ den Näherungswert $f^*(4{,}1) = 2{,}025$.
Wie man leicht nachrechnet, ist $2{,}025^2 = 4{,}100625$; der auf 8 Dezimalen genaue Wert für $\sqrt{4{,}1}$ lautet $f(4{,}1) = 2{,}02484567$, so daß der Fehler nur etwa 0,08 ‰ beträgt.
Bemerkung: Selbstverständlich könnte man mit den gewonnenen Werten das Verfahren weiter fortsetzen (Iterationsverfahren, vgl. Ergänzungen zu 3.2). Mit $a = 4{,}100625$, $f(a) = 2{,}025$ und $h = -0{,}000625$ würde man den noch erheblich genaueren Näherungswert 2,02484568 erhalten.

B. Fehlerabschätzungen

Bei der näherungsweisen Berechnung eines Funktionswertes nach der soeben besprochenen Methode erhebt sich die Frage, welche Genauigkeit erzielt worden ist. Wir hatten den genauen Funktionswert $f(a+h) = f(a) + h \cdot f'(a + \vartheta h)$ mit geeignetem $\vartheta \in \,]0; 1[$ ersetzt durch $f^*(a+h) = f(a) + hf'(a)$.
Der Fehler $\delta = f(a+h) - f^*(a+h)$ beträgt daher $\delta = h[f'(a+\vartheta h) - f'(a)]$.
Ist die Funktion f' im Intervall $[a; a+h]$ selbst wieder differenzierbar, so können wir auf die Differenz in der eckigen Klammer erneut den Mittelwertsatz anwenden:

$$f'(a+\vartheta h) - f'(a) = \vartheta h f''(a + \vartheta_1 \vartheta h) \qquad \text{wobei auch } \vartheta_1 \in \,]0; 1[$$

Damit erhalten wir

$$|\delta| = |\vartheta h^2 f''(a + \vartheta_1 \vartheta h)| < |h^2 \cdot f''(a + \vartheta_1 \vartheta h)|$$

Da man die Werte ϑ und ϑ_1 im allgemeinen nicht kennt, schätzt man den Fehler meist noch durch Einsetzen des Maximums von $|f''(x)|$ im Intervall $[a; a+h]$ nach oben ab.

Im Beispiel von Abschnitt A mit $f: x \mapsto \sqrt{x}$; $a = 4$; $h = 0{,}1$ ist (z. B. nach der Kettenregel)

$$f'': x \mapsto -\frac{1}{4} \cdot \frac{1}{\sqrt{x^3}}, \ (x \in \mathbb{R}^+) \qquad \text{also:}$$

$$|\delta| < 0{,}01 \cdot \frac{1}{4} \cdot \frac{1}{\sqrt{(4 + \vartheta_1 \vartheta \cdot 0{,}1)^3}} < 0{,}01 \cdot \frac{1}{4} \cdot \frac{1}{8} = 0{,}0003125$$

In Wirklichkeit war der Fehler nur rund 0,0001543, also nicht einmal halb so groß.

C. Das Krümmungsverhalten eines Funktionsgraphen

Wenden wir die vorausgegangenen Fehlerbetrachtungen auf die Diskussion des Graphen *G* einer zweimal stetig differenzierbaren Funktion an, so stellen wir in einer genügend kleinen Umgebung der Stelle x_0 fest:
Der Unterschied zwischen Funktionswert und Näherungswert an der Stelle $x_0 + h$, oder geometrisch gesprochen, die Ordinatendifferenz zwischen dem Graphenpunkt P und dem Näherungspunkt P* auf der Tangente (Fig. 6.7) errechnet sich zu

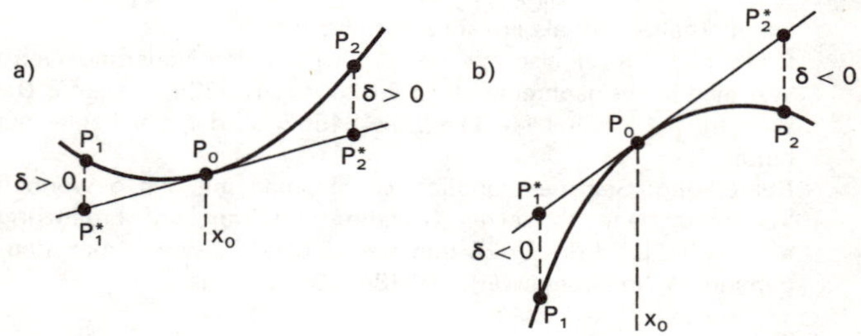

Fig. 6.7

$\delta = \vartheta h^2 f''(x_0 + \vartheta_1 \vartheta h)$. Das Vorzeichen des Fehlers ist daher gleich dem Vorzeichen von $f''(x)$ in der Umgebung von x_0. Daraus folgt: Ist $f''(x_0) > 0$, dann ist wegen der vorausgesetzten Stetigkeit $f''(x)$ auch noch in einer genügend kleinen Umgebung von x_0 positiv und damit auch der Fehler δ. Das heißt aber:
Die Tangente an den Graphen liegt in diesem Fall unterhalb des Graphen. Entsprechendes gilt für $f''(x_0) < 0$. Wir können somit das Krümmungsverhalten des Graphen einer bei x_0 zweimal stetig differenzierbaren Funktion auch in folgender Weise charakterisieren (vgl. 5.3.2. C.):

$f''(x_0) > 0 \Rightarrow$ Der Graph verläuft in der Umgebung von x_0 *oberhalb* der Tangente zu $P_0(x_0; f(x_0))$.
$f''(x_0) < 0 \Rightarrow$ Der Graph verläuft in der Umgebung von x_0 *unterhalb* der Tangente zu $P_0(x_0; f(x_0))$.

Darüber hinaus erkennt man: Ist $f''(x_0) = 0$ und wechselt $f''(x)$ an der Stelle x_0 das Vorzeichen, dann kreuzt die Tangente den Graphen oder mit anderen Worten:
An einem Wendepunkt durchdringt die Tangente den Graphen.

Aufgaben

1. Berechne mit Hilfe des Mittelwertsatzes angenähert:
   a) $f(x) = x^3 - 5x^2 + 2x + 3$ für $x = 6{,}02$
   b) $f(x) = \sqrt{16 + x^2}$ für $x = 3{,}05$
   c) $f(x) = 2x^4 - 1$ für $x = 10{,}005$
2. Berechne angenähert (lineare Approximation):
   a) $\sin 30°1'$ b) $\cos 0{,}002$ c) $\sin\left(\frac{\pi}{2} - 0{,}001\right)$ d) $\frac{1}{101}$ e) $\sqrt{81{,}5}$
3. Begründe die besonders in der Physik häufig verwendeten Näherungen für ein gegenüber 1 sehr kleines $|h|$ (man schreibt dafür auch $|h| \ll 1$):

a) $\sqrt{1+h} \approx 1 + \frac{1}{2}h$ b) $\frac{1}{1+h} \approx 1 - h$ c) $(1+h)^n \approx 1 + nh;\ n \in \mathbb{N}$

Schätze bei a) und b) die jeweils entstehenden Fehler nach oben hin ab!

4. Bestimme für die Näherungsberechnungen in Aufgabe 1 jeweils die Größenordnung des entstandenen Fehlers!

5. Die Seitenlänge eines Würfels wurde zu $a = 38{,}0$ cm gemessen mit einem maximalen Meßfehler von $h = \pm 0{,}001$ cm. Wie groß ist die sich ergebende Unsicherheit für das Volumen?
Anleitung: Berechne für die Volumenfunktion $f\colon x \mapsto x^3$ näherungsweise die Differenz $f(a \pm h) - f(a)$!

6. Nach der Einsteinschen Relativitätstheorie ist die Masse m eines Körpers, der sich relativ zu einem Bezugssystem mit der Geschwindigkeit v bewegt, größer als seine Masse m_0, wenn er im Bezugssystem ruht. Es gilt die Gleichung

$$m = \frac{m_0}{\sqrt{1-\beta^2}},$$

wobei $\beta = v:c$ und c die Lichtgeschwindigkeit im Vakuum bedeutet $(0 \leqq \beta < 1)$.
Berechne näherungsweise das Verhältnis von Masse m zur „Ruhemasse" m_0 für $v = \frac{1}{10}c$! Wieviel Prozent beträgt der Fehler, wenn man bei dieser Geschwindigkeit noch $m \approx m_0$ setzt?

6.3.3. Anwendungen zur Grenzwertbestimmung

Der Mittelwertsatz bietet auch die Möglichkeit, eine Reihe von Grenzwerten auf sehr einfache Weise zu bestimmen.

Wir wählen als Beispiel den Grenzwert des Terms $f(x) = \frac{x^2 - 2x}{x^3 - 8}$ für $x \to 2$. Für $x = 2$ selbst ist $f(x)$ nicht definiert im Gegensatz zu den im Zähler und Nenner stehenden Termen $u(x) = x^2 - 2x$ bzw. $v(x) = x^3 - 8$. Da wir uns für die Umgebung der Stelle $x = 2$ interessieren, drücken wir $u(2+h)$ und $v(2+h)$ nach dem Mittelwertsatz aus:

$$u(2+h) = u(2) + hu'(2 + \vartheta_1 h) = 0 + h[2(2 + \vartheta_1 h) - 2] \quad \text{und}$$
$$v(2+h) = v(2) + hv'(2 + \vartheta_2 h) = 0 + 3h(2 + \vartheta_2 h)^2$$

Die zwischen 0 und 1 liegenden Zahlen ϑ_1 und ϑ_2 sind dabei zwar im allgemeinen voneinander verschieden, für $h \to 0$ erhalten wir aber sofort:

$$\lim_{h \to 0} f(2+h) = \lim_{h \to 0} \frac{u(2+h)}{v(2+h)} = \lim_{h \to 0} \frac{2 + 2\vartheta_1 h}{3(2 + \vartheta_2 h)^2} = \frac{2}{12} = \frac{1}{6}$$

Unser Beispiel führt uns auf folgende Verallgemeinerung:

Satz:

Sind zwei an der Stelle a stetige Funktionen u und v mit $u(a) = v(a) = 0$ in einer gemeinsamen (evtl. punktierten) Umgebung von a differenzierbar und existiert $\lim_{x \to a} \frac{u'(x)}{v'(x)}$, so gilt

$$\lim_{x \to a} \frac{u(x)}{v(x)} = \lim_{x \to a} \frac{u'(x)}{v'(x)}.$$ [1]

[1] Diese Beziehung, die auch in anderen Fällen gültig ist, wird oft „Regel von L'Hospital" genannt. Der französische Mathematiker Marquis de l'Hospital (1661–1704) veröffentlichte 1696 das erste Lehrbuch der Differentialrechnung. Dort wird diese Regel ohne Beweis angegeben. Gefunden wurde sie von dem Schweizer Mathematiker Johann Bernoulli (1667–1748).

Beweis:

Nach dem Mittelwertsatz ist

$$\lim_{x \to a} \frac{u(x)}{v(x)} = \lim_{h \to 0} \frac{u(a+h)}{v(a+h)} = \lim_{h \to 0} \frac{u(a) + h \cdot u'(a + \vartheta_1 h)}{v(a) + h \cdot v'(a + \vartheta_2 h)} = \lim_{h \to 0} \frac{u'(a + \vartheta_1 h)}{v'(a + \vartheta_2 h)} = \lim_{x \to a} \frac{u'(x)}{v'(x)}.$$

Bemerkung: Setzt man die Differenzierbarkeit der Funktionen u und v an der Stelle a selbst voraus, so folgt der Satz schon aus den Differenzierbarkeitsansätzen für u und v. Führe den Beweis selbst durch!

Beispiele:

a) $\lim\limits_{x \to 1} \frac{x^3 - x^2 + 2x - 2}{x^4 + 2x^2 - 3} = \lim\limits_{x \to 1} \frac{3x^2 - 2x + 2}{4x^3 + 4x} = \frac{3}{8}$

b) $\lim\limits_{x \to 0} \frac{\sin 2x}{\sin x} = \lim\limits_{x \to 0} \frac{2\cos 2x}{\cos x} = 2$

Manchmal kommt man erst durch wiederholte Anwendung dieses Verfahrens zum Ziel. Man muß sich allerdings jedesmal vergewissern, ob die Voraussetzungen für die Anwendung erfüllt sind:

Beispiel: $\lim\limits_{x \to 0} \frac{1 - \cos x}{x^2} = \lim\limits_{x \to 0} \frac{\sin x}{2x} = \lim\limits_{x \to 0} \frac{\cos x}{2} = \frac{1}{2}$

Aufgaben

1. Bestimme folgende Grenzwerte mit Hilfe des Mittelwertsatzes:

a) $\lim\limits_{x \to 2} \frac{x^2 - 2x}{x - 2}$ b) $\lim\limits_{x \to -3} \frac{x^2 + 3x}{x^2 - 9}$

c) $\lim\limits_{x \to 0} \frac{\sin x}{x}$ d) $\lim\limits_{x \to 3} \frac{x^3 - 3x^2 + 2x - 6}{x^2 - 11x + 24}$

e) $\lim\limits_{x \to 0} \frac{x^2 \sin x}{x^2 - \sin x}$ f) $\lim\limits_{x \to \frac{\pi}{2}} \frac{1 - \sin x}{2x - \pi \sin x}$

g) $\lim\limits_{x \to 0} \frac{\sin x}{x + \sin x}$ h) $\lim\limits_{x \to 0} \frac{1 - \cos x}{x^2 + x}$

i) $\lim\limits_{x \to 0} \left(\frac{1}{\sin x} - \frac{1}{x} \right)$ k) $\lim\limits_{x \to \frac{\pi}{2}} \left(x - \frac{\pi}{2} \right) \tan x$

2. An welchen Stellen kann f: $x \mapsto \frac{x^3 - 4x^2 + 4x}{2x^3 + 2x^2 - 12x}$ nicht definiert werden?
Berechne die Grenzwerte für diese Stellen!

3. Wie verhält sich der Term $f(x) = \frac{x^2 - 2x + 3}{x - 3}$ für $x \to 3$?
Warum darf der obige Satz nicht angewandt werden? Was liefert die direkte Anwendung des Mittelwertsatzes?

6.4. Optimierungsprobleme (Extremwertaufgaben)

Bei einer Reihe von Extremwertaufgaben ist die zu untersuchende Größe von *zwei* Variablen abhängig. Letztere sind jedoch durch eine Nebenbedingung untereinander verknüpft, so daß sich das Problem auf die Diskussion einer Funktion mit *einer* Variablen zurückführen läßt.

1. Beispiel — Für welche Abszisse x hat der Punkt P (x; y) auf dem Graphen *G* der Funktion $x \mapsto ax^2$; $D = [-2; 3]$ die kleinste Entfernung vom Punkt A (0; 5)?

Lösung (Fig. 6.8):
Für die Entfernung[1] eines beliebigen Punktes P (x; y) von A (0; 5) gilt

$$e = \overline{AP} = \sqrt{x^2 + (y-5)^2}.$$

e ist also ein Term, der zunächst von den beiden Variablen x und y abhängt, die jedoch nicht unabhängig voneinander gewählt werden können: Da P (x; y) auf *G* liegen muß, sind sie nämlich durch die *Nebenbedingung* $y = ax^2$ und $x \in [-2; 3]$ untereinander verknüpft. Setzen wir dieses y ein, so erhalten wir für e einen Term, der – von der Formvariablen a abgesehen – nur noch von x abhängt:

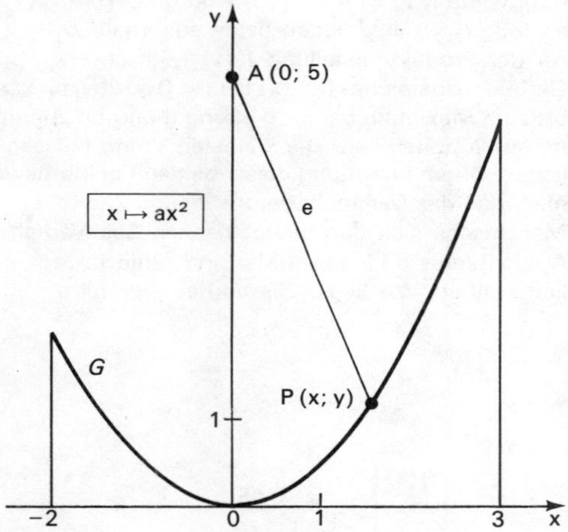

Fig. 6.8

$$e_a(x) = \sqrt{x^2 + (ax^2 - 5)^2} = \sqrt{a^2x^4 - (10a - 1)x^2 + 25}$$

Wir haben also das Minimum der Funktion: $x \mapsto e_a(x)$; $D = [-2; 3]$ zu ermitteln.
Für die weitere Behandlung der Aufgabe bedeutet es eine wesentliche Vereinfachung, wenn wir anstelle der (nichtnegativen!) Entfernung e_a ihr Quadrat betrachten. Für nichtnegative Zahlen e_a und $\bar{e}_a$ gilt ja $e_a < \bar{e}_a \Leftrightarrow e_a^2 < \bar{e}_a^2$.
Wenn also $\bar{e}_a$ ein größter oder kleinster Wert im Vergleich zu den Nachbarwerten ist, so gilt dies auch für $\bar{e}_a^2$ und umgekehrt. Wir suchen daher denjenigen Wert von x, für den die Funktion $f_a\colon x \mapsto a^2x^4 - (10a-1)x^2 + 25$; $D = [-2; 3]$ ein Minimum annimmt. Da f_a im Innern $D' =]-2; 3[$ des Definitionsbereichs differenzierbar ist, kann (nach 5.3.2. Satz 3) ein lokales Minimum nur dort vorliegen, wo $f_a'(x) = 0$ wird, also $f_a'(x) = 4a^2x^3 - 2(10a-1)x = 0$ mit $x \in]-2; 3[$.
Diese Gleichung liefert unabhängig von a immer die in *D'* gelegene Lösung $x_1 = 0$ und für $10a - 1 \geqq 0$, also $a \geqq \frac{1}{10}$, zusätzlich die weiteren Lösungen $x_2 = \frac{1}{a}\sqrt{5a - \frac{1}{2}}$ und $x_3 = -\frac{1}{a}\sqrt{5a - \frac{1}{2}}$, soweit diese noch in *D'* liegen.

[1] Genauer müßte man e als die Maßzahl der Entfernung bezeichnen. Zur Vereinfachung der Sprechweise wollen wir jedoch hier und in weiteren Beispielen und Aufgaben dieses Abschnitts auf diese exaktere Formulierung verzichten, soweit sich dadurch keine Mißverständnisse ergeben.

Um die Art der Extrema zu bestimmen, bilden wir $f_a''(x) = 12a^2x^2 - 2(10a-1)$; $x \in D'$ und setzen ein:

Für $a < \frac{1}{10}$ ist $f_a''(0) = -2(10a-1) > 0$, also hat von allen Punkten der Parabeln mit $a < \frac{1}{10}$ der Ursprung die kleinste Entfernung von A (Fig. 6.9).

Für $a > \frac{1}{10}$ ist dagegen $f_a''(0) = -2(10a-1) < 0$, also liegt für den Ursprung ein lokales Maximum vor. Dagegen ist $f_a''(x_{2,3}) = 12 \cdot (5a - \frac{1}{2}) - 2 \cdot (10a-1) = 4 \cdot (10a-1) > 0$. Wenn x_2 und x_3 zu D' gehören, liegen dort also tatsächlich lokale Minima vor. Wir beschränken uns auf folgende Fälle (vgl. Fig. 6.10 bis 6.12):

a = 2: Es ist $x_{2,3} = \pm\frac{1}{2} \cdot \sqrt{9{,}5} \approx \pm 1{,}54$, also gehören x_2 und x_3 zu D', dort liegen die beiden (symmetrischen!) Minima, es handelt sich um globale Minima, da die Funktionswerte in den Randpunkten wieder größer sind.

a = 1: $x_2 = \sqrt{4{,}5} \approx 2{,}12 \in D'$, dort liegt das Minimum; $x_3 = -\sqrt{4{,}5}$ gehört nicht mehr zu D. Die Randwerte $f_1(-2)$ und $f_1(3)$ sind größer als $f_1(x_2)$.

a = 0,3: $x_{2,3} = \pm\frac{10}{3}$ liegen beide außerhalb D.

An der Produktdarstellung $f_a'(x) = 4a^2x(x-x_2)(x-x_3)$ erkennt man sofort, daß innerhalb des Definitionsbereiches $f_{0,3}'(x)$ für $x < 0$ positiv, für $x > 0$ negativ ist, daher muß $f_{0,3}(x)$ für $x \in [-2; 0[$ bis zum Maximum bei $x = 0$ streng monoton zunehmen, für $x \in]0; 3]$ von dort aus wieder streng monoton abnehmen. Die kleinsten Werte müssen daher auf den Rändern bei $x = -2$ oder $x = 3$ liegen. Durch Ermittlung dieser beiden Funktionswerte oder durch Symmetrieüberlegungen findet man, daß das Minimum bei $x = 3$ liegt.

Man mache sich den geometrischen Sachverhalt für verschiedene $a \in \mathbb{R}$ durch einen Kreis um A mit Radius 5 LE selbst klar und führe für $a > \frac{1}{10}$ eine vollständige Fallunterscheidung bezüglich a durch. Wie liegen die Verhältnisse für $a = \frac{1}{10}$?

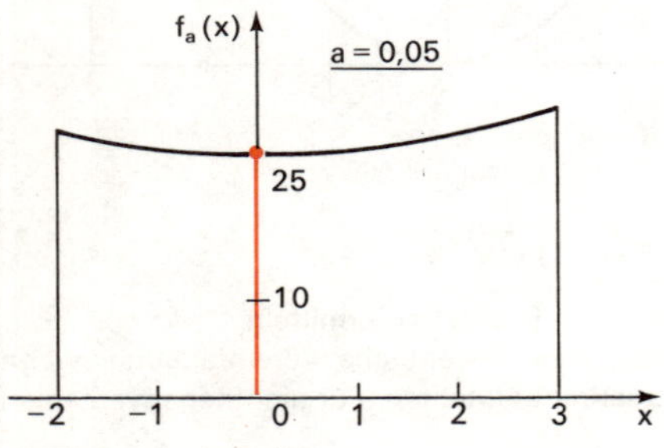

Fig. 6.9

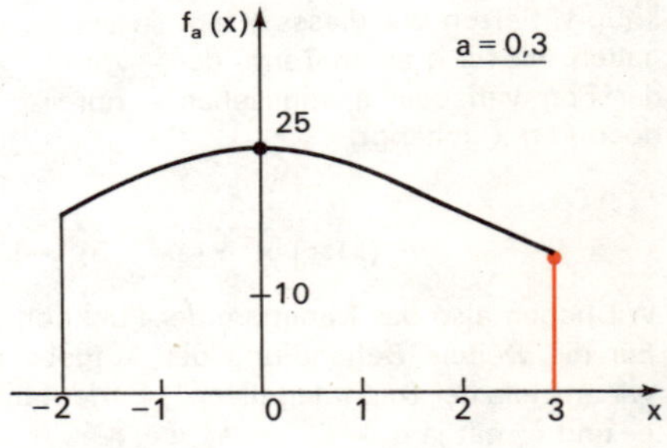

Fig. 6.10

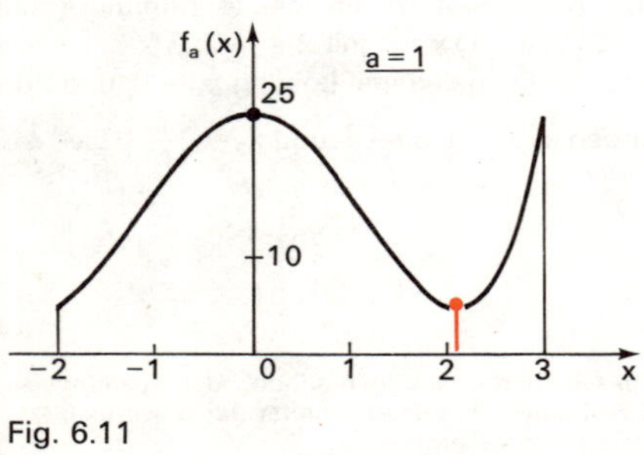

Fig. 6.11

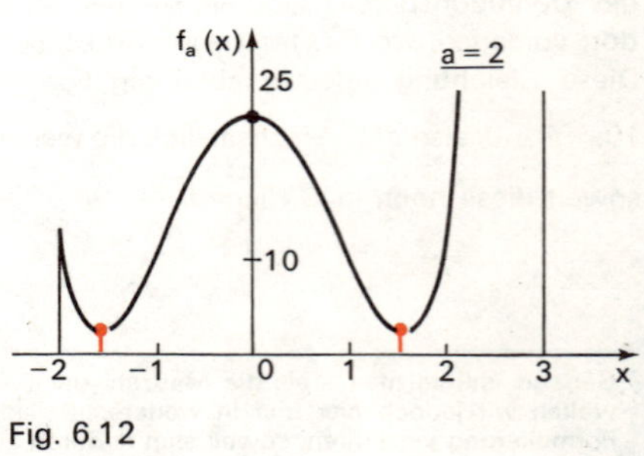

Fig. 6.12

Abschließend heben wir den mathematischen Kern dieses Beispiels noch einmal heraus:
Ein von zwei Variablen abhängender Term $T(x; y)$ soll unter der Nebenbedingung, daß y als Funktion von x abhängt, z. B. $x \mapsto y = \varphi(x)$ mit $x \in D$, einen Extremwert annehmen. Infolge der Nebenbedingung ist nur eine Variable wirklich unabhängig. Setzt man $y = \varphi(x)$ in den Term $T(x; y)$ ein, so erhält man $T(x; \varphi(x)) = f(x)$ mit $x \in D$ als einen nur noch von x abhängigen Funktionsterm. Von der Funktion $f\colon x \mapsto f(x);\ x \in D$ hat man dann den Extremwert zu ermitteln. Im Innern des Definitionsbereiches ist bei einer differenzierbaren Funktion f die Bedingung $f'(x) = 0$ notwendig für ein lokales Extremum (siehe 5.3.2.). Unser Beispiel hat uns aber bereits gezeigt, daß das Extremum auch an den Rändern des Definitionsbereiches angenommen werden kann, wobei dort die Ableitung – soweit sie überhaupt existiert – nicht Null sein muß.
Bei rechts- oder linksseitig beschränkten Definitionsbereichen müssen daher die Randwerte immer besonders untersucht werden.
Eine solche Beschränkung des Definitionsbereiches kann von der Problemstellung her (z. B. aus geometrischen Gründen) notwendig sein, wie das folgende Beispiel zeigt:

2. Beispiel: Einem gleichschenkligen Dreieck mit der Basislänge b und der Höhe h soll ein Rechteck einbeschrieben werden, dessen eine Seite auf der Basis liegt und dessen Umfang U eine maximale oder minimale Länge hat (Fig. 6.13).

Lösung:

Bezeichnen wir die Längen der Rechtecksseiten mit u und v, so ist $U = 2(u + v)$ mit der Nebenbedingung $u : b = (h - v) : h \Rightarrow u = b - \frac{bv}{h}$. Eingesetzt erhalten wir $U = 2b - \frac{2bv}{h} + 2v$. Geometrisch sinnvoll ist für v nur der Bereich $0 < v < h$, wir wollen diesmal jedoch die Ränder noch hinzunehmen und $D = [0; h]$ setzen. Die Ableitung $\frac{dU}{dv} = -\frac{2b}{h} + 2$ kann für $b \neq h$ niemals Null werden, die Extremwerte liegen daher am Rand von D. Das Rechteck entartet dort allerdings zur Strecke. Für $b < h$ ist U eine streng monoton zunehmende Funktion von v, das globale Minimum liegt daher bei $v = 0$ (Fig. 6.13 und 6.14), das globale Maximum bei $v = h$, während für $b > h$ das Umgekehrte gilt. Ist schließlich $b = h$, dann ist der Umfang konstant.

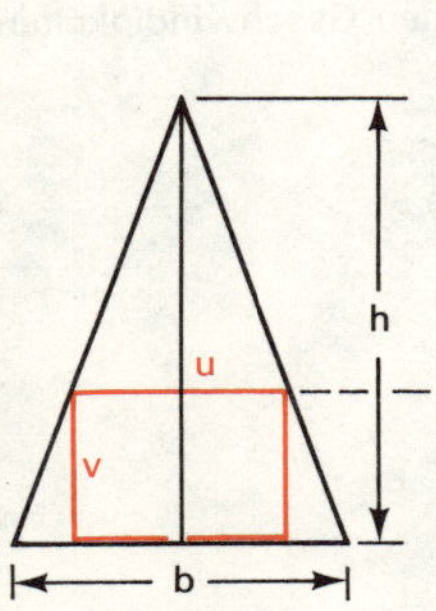

Fig. 6.13

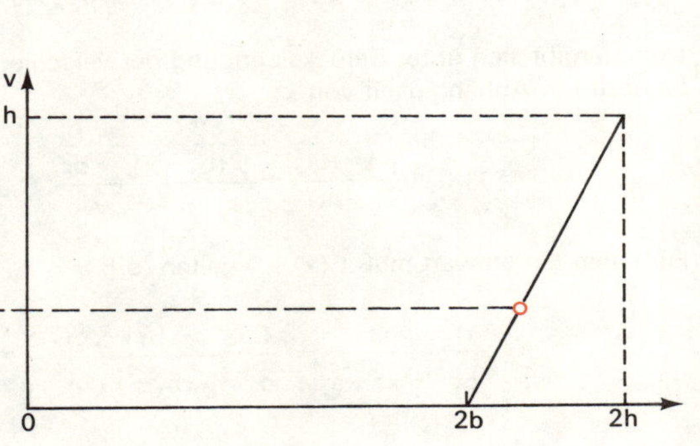

Fig. 6.14

Die Bestimmung von Extremwerten spielt bei zahlreichen praktischen und physikalischen Problemen eine Rolle, da es häufig darauf ankommt, von allen bestehenden Möglichkeiten die günstigste zu suchen. Man spricht daher auch von *Optimierung*[1].

3. Beispiel: Der Punkt A liegt in einer Rasenfläche I, an die sich geradlinig eine Ackerfläche II anschließt, in welcher sich der Punkt B befindet. Ein Läufer, der sich auf der Rasenfläche mit der Geschwindigkeit c_1, in der Ackerfläche aber nur noch mit der kleineren Geschwindigkeit c_2 fortbewegen kann, muß möglichst schnell von A nach B laufen. Welchen Weg hat er zu wählen?

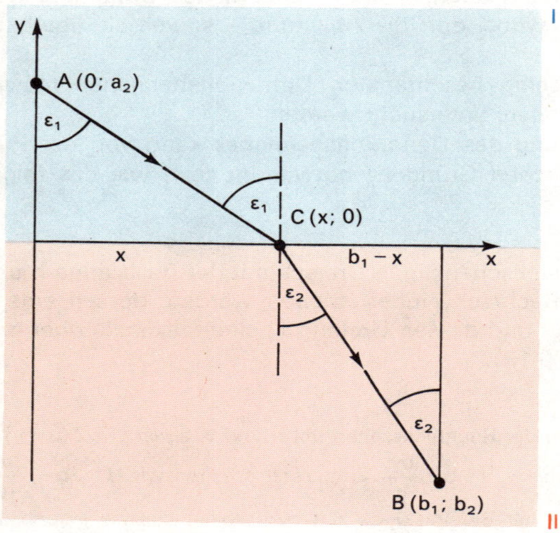

Fig. 6.15

Lösung:

Wir denken uns ein kartesisches Koordinatensystem so gelegt, daß die Grenze zwischen I und II auf die x-Achse und der Punkt A auf die y-Achse fällt (Fig. 6.15). Entscheidend ist nun, in welchem Punkt C (x; 0) die x-Achse überschritten wird, denn von A nach C und von C nach B muß sich der Läufer sicherlich auf dem kürzesten Weg, also geradlinig, bewegen. Es ist

$$\overline{AC} = \sqrt{x^2 + a_2^2}; \quad \overline{CB} = \sqrt{(b_1 - x)^2 + b_2^2}$$

Damit ergibt sich unter Berücksichtigung der verschiedenen Geschwindigkeiten für die gesamte Laufzeit t in Abhängigkeit von x:

$$t(x) = \frac{\sqrt{x^2 + a_2^2}}{c_1} + \frac{\sqrt{(b_1 - x)^2 + b_2^2}}{c_2}; \qquad x \in \mathbb{R}$$

Für einen Extremwert muß $t'(x) = 0$ gelten, d. h.:

$$\frac{1}{c_1} \cdot \frac{x}{\sqrt{x^2 + a_2^2}} - \frac{1}{c_2} \cdot \frac{b_1 - x}{\sqrt{(b_1 - x)^2 + b_2^2}} = 0$$

[1] vom lat. Wort *optimum*, das Beste.

Wir verzichten auf die Berechnung von x, entnehmen statt dessen der Figur 6.15:

$$\frac{x}{\sqrt{x^2+a_2^2}} = \sin\varepsilon_1 \quad \text{und} \quad \frac{b_1-x}{\sqrt{(b_1-x)^2+b_2^2}} = \sin\varepsilon_2.$$

Damit erhalten wir als kennzeichnende Eigenschaft des gesuchten Punktes C die Beziehung $c_2 \sin\varepsilon_1 - c_1 \sin\varepsilon_2 = 0$, woraus folgt:

$$\boxed{\frac{\sin\varepsilon_1}{\sin\varepsilon_2} = \frac{c_1}{c_2}} \quad \text{(B)}$$

Daß tatsächlich ein Minimum vorliegt, können wir auch ohne Bildung der zweiten Ableitung erkennen: Würde man C etwas nach links verlagern, so würde ε_1 kleiner und ε_2 größer werden, dann wäre aber $c_2 \sin\varepsilon_1 < c_1 \sin\varepsilon_2$, also $t'(x) < 0$. Entsprechend weist man $t'(x) > 0$ nach, wenn C etwas nach rechts verschoben wäre. Es muß also ein Minimum vorliegen. Vergleiche Beweis und Bemerkung zu 5.3.2. Satz 4!

Die Beziehung (B) ist aus der Physik als *Brechungsgesetz* von Snellius[1] bekannt, c_1 und c_2 sind dabei die Ausbreitungsgeschwindigkeiten des Lichtes in den Medien I und II, der Quotient $n = c_1 : c_2$ ist die Brechzahl. Beim Übergang von einem Medium in ein anderes bewegt sich also das Licht so, daß es seinen Weg in möglichst kurzer Zeit zurücklegt. Dieses Extremalprinzip ist unter dem Namen „Fermatsches Prinzip" in der geometrischen Optik von großer Bedeutung.[2]

Aufgaben

1. Einem gegebenen gleichschenkligen Dreieck ist ein Rechteck einzubeschreiben, dessen eine Seite auf der Basis liegt. In welchem Fall nimmt der Inhalt des Rechtecks einen Extremwert an?
2. Einem Dreieck mit der Höhe h soll ein Parallelogramm mit möglichst großem Flächeninhalt einbeschrieben werden. Wie groß muß die Parallelogrammhöhe gewählt werden?
3. a) Bestimme unter allen Rechtecken vom gleichen Umfang U dasjenige mit dem größten Flächeninhalt!

   b) Gibt es unter der Menge der Rechtecke mit dem gegebenen Flächeninhalt A eines mit kleinstem und eines mit größtem Umfang?
4. Von einem rechteckigen Stück Blech mit den Seitenlängen a und b werden an den Ecken Quadrate abgeschnitten. Biegt man die Randstücke hoch, so erhält man eine offene Dose. Wie groß muß man die Quadratseite wählen, damit

   (1) für $a = b$,

   (2) für $a = 8$ cm, $b = 5$ cm

   das Volumen einen Extremwert annimmt (Fig. 6.16)?

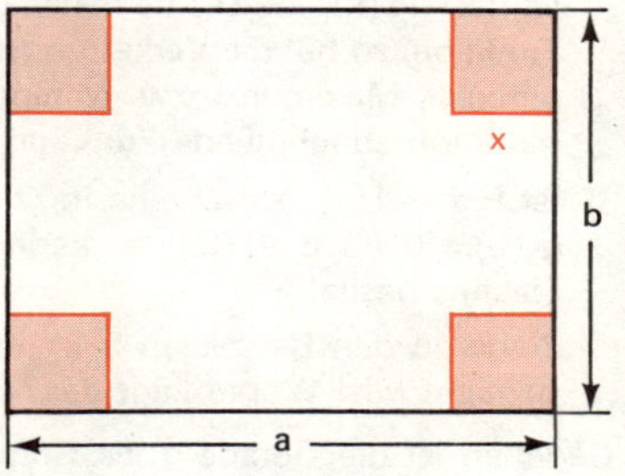

Fig. 6.16

[1] Willebrordus Snellius (1580–1626), niederländischer Mathematiker und Physiker.
[2] Pierre de Fermat (1601–1665), bedeutender französischer Mathematiker.

5. Umsatz- und Gewinnmaximierung[1]
Ein Fabrikant stellt durch eine Marktuntersuchung fest, daß er von einem Artikel, von dem er derzeit wöchentlich 15000 Stück zu je 2,50 DM verkauft, bei einer Preissenkung um 0,10 DM pro Stück (innerhalb gewisser Grenzen) wöchentlich 1000 Stück mehr verkaufen würde.

   a) Bei welcher wöchentlichen Stückzahl und bei welchem Stückpreis wäre sein *Umsatz* am größten?

   b) Bei welcher Stückzahl und bei welchem Stückpreis ist der *Gewinn* am größten, wenn sich die wöchentlichen Selbstkosten des Fabrikanten aus einem festen Grundbetrag von 24000 DM für Personal, Maschinenpark, Gebühren usw. und proportionalen Kosten in Höhe von 0,80 DM pro Stück zusammensetzen? Wie groß ist in diesem Fall der wöchentliche Gewinn? In welchem Bereich wird überhaupt ein Gewinn erzielt? Stelle Umsatz und Selbstkosten als Funktion der Stückzahl in einem gemeinsamen Schaubild dar!

6. Ein Läufer soll möglichst schnell, d.h. auf kürzestem Weg, von A nach B laufen, dabei aber vorher an der geradlinigen Mauer g anschlagen. Wie muß der Anschlagpunkt C (Fig. 6.17) gewählt werden?
Man mache sich die Lösung auch geometrisch durch Spiegelung des Punktes B an g klar.
Welche physikalische Aussage ergibt sich aus der Lösung für einen Lichtstrahl?

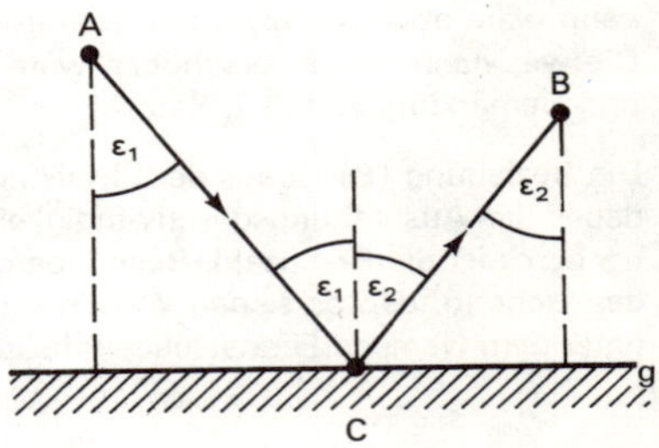

Fig. 6.17

7. Ein Verkehrsproblem.
Der Abstand s zweier Autos (gemessen zwischen den vorderen Stoßstangen), die mit der gleichen Geschwindigkeit v hintereinanderfahren, setzt sich additiv zusammen aus einem von v unabhängigen Mindestabstand d, einem Sicherheitsabstand $s_1 = bv$ für den Reaktionsweg und einem Sicherheitsabstand $s_2 = \frac{1}{2}\frac{v^2}{a}$ für den Bremsweg (a Betrag der Bremsverzögerung).
Welche Zeit Δt vergeht, bis die beiden Autos die gleiche Stelle passiert haben? Für welche Geschwindigkeit v wird Δt minimal (optimale Ausnützung der Straße)? Berechne v in ms^{-1} und $\mathrm{km \cdot h^{-1}}$ für $a = 5\,\mathrm{m \cdot s^{-2}}$ (trockene Fahrbahn), Reaktionszeit $b = 1$ s und $d = 10$ m! Wie viele Autos passieren dabei pro Stunde eine bestimmte Stelle (Verkehrsdichte)? Wie ändern sich die Ergebnisse, wenn die Sicherheitsabstände s_1 und s_2 beide nur noch zur Hälfte (!) eingehalten werden?

8. Im 1. Beispiel dieses Abschnitts haben wir statt der Entfernung $e_a(x)$ deren Quadrat $f_a(x) = [e_a(x)]^2$ auf Extremwerte untersucht. Beweise dazu allgemein:

   a) Ist $f\colon x \mapsto f(x);\ x \in D$ eine beliebige und $g\colon u \mapsto g(u)$ eine in $f(D)$ streng monoton zunehmende Funktion, so hat die Verkettungsfunktion $g \circ f\colon x \mapsto g(f(x));\ x \in D$ genau dort ein lokales oder globales Maximum bzw. Minimum, wo f ein solches hat. Wie ist der Satz für eine streng monoton abnehmende Funktion g zu modifizieren?

   b) Ist $f\colon x \mapsto f(x);\ x \in D$ eine in D und $g\colon u \mapsto g(u)$ eine in $f(D)$ differenzierbare Funktion mit $g'(u) \neq 0$ für $u \in f(D)$, so kann f nur dort ein lokales Extremum haben, wo auch $g \circ f$ ein solches besitzt.

   c) Zeige an den Beispielen $f\colon x \mapsto x^2 - 1;\ x \in \mathbb{R}$ und $g\colon u \mapsto u^2;\ u \in \mathbb{R}$, daß die Umkehrung von b) nicht gilt! Woran liegt das?

9. Gegeben ist die Gerade g als Graph der Funktion $f\colon x \mapsto \frac{3}{4}x + \frac{25}{4};\ x \in \mathbb{R}$. Bestimme denjenigen Punkt $P_0 \in g$ welcher vom Koordinatenursprung die kleinstmögliche Entfernung hat! Löse die Aufgabe auch geometrisch!

[1] Ähnliche Probleme siehe H. Wiedling: Wirtschaftsmathematik, ein Lehrprogramm für die Anwendung der Differentialrechnung auf wirtschaftliche Probleme (bsv-Lehrprogramme).

10. Auf der x-Achse eines rechtwinkligen Koordinatensystems bewegt sich der Punkt P_1 mit der konstanten Geschwindigkeit $v_1 = 3\,\text{cm}\cdot\text{s}^{-1}$ nach links, auf der y-Achse der Punkt P_2 mit der konstanten Geschwindigkeit $v_2 = 4\,\text{cm}\cdot\text{s}^{-1}$ nach unten. Zur Zeit $t = 0$ ist P_1 beim Punkt (7; 0) und P_2 beim Punkt (0; 6). Wann erreicht die Entfernung $\overline{P_1P_2}$ ihr Minimum?

11. Gegeben sind die Graphen G_1 und G_2 der beiden Funktionen $f_1\colon x \mapsto \frac{1}{4}(x-4)^2;\ x \in \mathbb{R}$ bzw. $f_2\colon x \mapsto -\frac{1}{16}x^2 + \frac{1}{2}x + 4;\ x \in \mathbb{R}$.
Die Schnittpunkte der beiden Graphen sind A und D. Die Gerade $g_a = \{P(x; y) \mid x = a \wedge y \in \mathbb{R}\}$ mit $0 < a < 8$ schneidet G_1 in B und G_2 in C. Für welchen Wert von a hat der Inhalt des Dreiecks ABC seinen größten Wert? Zeichnung für $x \in [-1; 9]$, 1 LE = 1 cm.

12. Welche Punkte P des Graphen der Funktion $f\colon x \mapsto \sqrt{10x};\ x \in \mathbb{R}_0^+$ haben vom Punkt Q (1; 0) die kleinste Entfernung? Stelle das Entfernungsquadrat $\overline{PQ}^2$ in Abhängigkeit von der Abszisse x des Punktes P graphisch dar!

13. Gegeben ist der Graph G der Funktion $f\colon x \mapsto \sqrt{8x - x^2};\ x \in D_{f(x)}$. Welche Punkte des Graphen haben vom Punkt P (4; 0) die kleinste Entfernung? Erkläre das überraschende Ergebnis!

14. Gegeben sind eine Parabel P durch $y = \frac{1}{2}x^2;\ x \in \mathbb{R}$ und eine Gerade g durch $y = 2x - 3;\ x \in \mathbb{R}$. Ermittle diejenigen Punkte der Parabel, deren Abstand von der Geraden ein Extremum annimmt! Zeige, daß dort die Parabel und die Gerade die gleiche Steigung haben! Was ändert sich, wenn man g durch die Gerade $\bar{g}$ mit $y = 2x;\ x \in \mathbb{R}$ ersetzt? Zeichnungen!

15. Die Tragfähigkeit T (x; y) eines Balkens mit rechteckigem Querschnitt der Breite x und der Höhe y errechnet sich nach dem Term $T(x; y) = \lambda x y^2$, wobei λ eine Materialkonstante ist. Aus einem zylindrischen Holzstamm soll ein derartiger Balken mit maximaler Tragfähigkeit geschnitten werden. Wie müssen x und y gewählt werden?

16. Von welchem Punkt der durch $y = x^2;\ x \in \mathbb{R}$ gegebenen Parabel erscheint die Sehne zwischen den Punkten P (2; 4) und Q (4; 16) unter dem größten Winkel? Unterscheide dabei die Parabelpunkte zwischen P und Q von den übrigen!

17. Zwei Ohmsche Widerstände R_1 und R_2, die hintereinandergeschaltet 450 Ω ergeben, sind so zu wählen, daß der Gesamtwiderstand R bei Parallelschaltung möglichst groß wird. Gib die physikalisch sinnvolle Definitionsmenge der zugehörigen Funktion $f\colon R_1 \mapsto R$ an und zeichne ihren Graphen!

18. Bei einem Segelboot bläst der Wind mit der Geschwindigkeit v_0 aus einer Richtung, die von der Fahrtrichtung um den Winkel φ abweicht. Unter welchem Winkel α (Fig. 6.18) muß man das Segel gegenüber der Fahrtrichtung setzen, damit man den Wind optimal ausnützt? Zeige, daß dazu das Segel senkrecht zur Winkelhalbierenden zwischen Fahrtrichtung und Windrichtung gesetzt werden muß!

Hinweis: Von der Windgeschwindigkeit v_0 greift nur die Komponente v_1 senkrecht zum Segel am Boot an. Zur Fortbewegung des Bootes dient davon wiederum nur die Komponente v_2 in Fahrtrichtung.

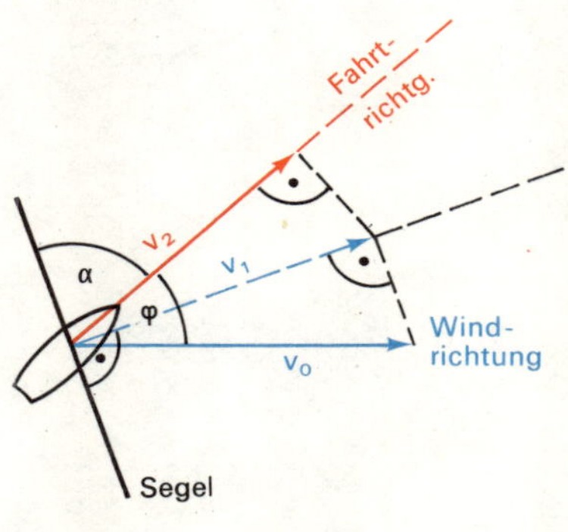

Fig. 6.18

Sach- und Namenverzeichnis